图灵程序
设计丛书

图解设计模式

【日】结城浩 著
杨文轩 译

人民邮电出版社
北 京

图书在版编目（CIP）数据

图解设计模式 /（日）结城浩著；杨文轩译. -- 北京：人民邮电出版社，2017.1
（图灵程序设计丛书）
ISBN 978-7-115-43949-9

Ⅰ. ①图… Ⅱ. ①结… ②杨… Ⅲ. ①Java语言－程序设计－图解 Ⅳ. ①TP312.8-64

中国版本图书馆CIP数据核字（2016）第264954号

内 容 提 要

本书以浅显易懂的语言逐一说明了 GoF 的 23 种设计模式。在讲解过程中，不仅搭配了丰富的图片，而且理论结合实例，用 Java 语言编写代码实现了设计模式的程序，让程序真正地运行起来，并提供了运用模式解决具体问题的练习题和答案。除此以外，本书在必要时还对 Java 语言的功能进行补充说明，以加深读者对 Java 的理解。本书适合对面向对象开发感兴趣、对设计模式感兴趣的人以及所有 Java 程序员阅读。

◆ 著　　[日] 结城浩
译　　杨文轩
责任编辑　傅志红
执行编辑　高宇涵　侯秀娟
责任印制　彭志环
◆ 人民邮电出版社出版发行　　北京市丰台区成寿寺路11号
邮编　100164　　电子邮件　315@ptpress.com.cn
网址　https://www.ptpress.com.cn
北京天宇星印刷厂印刷
◆ 开本：787×1092　1/16
印张：24.75　　2017年1月第1版
字数：682千字　　2024年11月北京第30次印刷
著作权合同登记号　图字：01-2016-3942号

定价：79.00元

读者服务热线：(010)84084456-6009　印装质量热线：(010)81055316
反盗版热线：(010)81055315
广告经营许可证：京东市监广登字20170147号

译者序

提起设计模式，GoF 的《设计模式：可复用面向对象软件的基础》一书可谓是设计模式世界中的“圣经”，几乎无人不知，无人不晓。不过，一来该书实际上源自 4 位作者的博士论文，学术性较强，初学者很难透彻理解书中内容。二来，虽说设计模式只是设计思想，不依赖于任何编程语言，但是各种编程语言的特性终究是不同的，而该书中的示例程序又是基于 C++ 和 Smalltalk 的。因此，对于使用 Java 语言编程的开发者来说，当然还是最希望能够阅读通过 Java 语言的示例程序来讲解设计模式的图书。

本书是结城浩先生除《程序员的数学》《图解密码技术（第 3 版）》《数学女孩》系列之外的又一力作，初版于 2001 年 6 月发行。当时，日本还没有通俗易懂地讲解设计模式的图书。就这一点而言，本书堪称日本第一。许多日本 IT 工程师在攻读硕士和博士学位时都学习过本书。如今，15 年过去了，本书历经多次重印，仍位居销售排行榜前列，足见其在日本 IT 类图书中的地位。

当然，在这 15 年间，IT 界也发生了翻天覆地的变化，各种开源框架层出不穷，机器学习大兴其道。但是，在面向对象编程中，设计模式的重要性却不曾改变。与以前一样，在大规模的企业系统开发中，Java 和 C# 仍处于主导地位。在这种大规模系统的开发中，设计模式可以帮助我们实现系统结构化，很好地支撑起系统的稳定性和可扩展性。而本书内容经典，时至今日仍然适用，作为设计模式的入门图书，非常适合于初学设计模式的开发者。

本书特色如下：

- 讲解了 23 种设计模式

本书对 GoF 书中的 23 种设计模式全部进行了讲解。通过了解这些模式，我们可以知道在哪些情况下应当使用哪种设计模式。在编程时，如果能够预测到系统中的某处可能发生什么样的变化，然后提前在系统中使用合适的设计模式，就可以帮助我们以最少量的修改来应对需求变更。设计模式是由前人的知识和经验浓缩而成的，是帮助我们快速提高开发水平的捷径。

- 讲解了对接口的理解

接口的使用方法是 Java 等面向对象编程语言的重要部分，只是满足于知道接口的基本语法是不行的。本书可以帮助我们加深对接口的重要性和使用方法的理解。

- 讲解了可复用代码的写法

需求变更是令所有开发者都会感到头疼的问题。当发生需求变更时，我们总是希望需要修改的代码能尽量集中在一起，不想大范围地修改代码。另外，我们也经常希望在新系统中沿用之前已经测试过的代码。本书就将教我们如何编写可复用的代码。

不过，设计模式是一把双刃剑。正确地使用它可以提高系统的适应性，误用则会反过来降低系统的适应性。下面的学习方法有助于我们尽快地掌握设计模式：

1. 了解设计模式

首先通过阅读图书和文章了解设计模式。除了阅读本书以外，还可以参考本书附录中介绍的许多讲解和讨论设计模式的优秀图书和文章。

2. 动手体验设计模式

自己动手编写示例程序，观察程序运行结果。在这个过程中，注意用心去感受代码。

3. 在项目中实践

当认为时机成熟时，可以尝试在项目中运用设计模式。遇到阻力时，可以用书中的知识和自己的理解去说服其他开发人员和项目经理。

4. 总结经验教训

误用设计模式并不可怕，可怕的是一错再错。在每次误用设计模式后都应当总结经验教训，这样才能真正地提高对设计模式的理解。

5. 与其他开发者交流讨论

与其他开发人员，特别是与经验丰富的开发人员交流讨论是快速掌握设计模式的行之有效的方法之一。在讨论候选的几种设计模式到底哪种更好的过程中，时常会出现“一语惊醒梦中人”的情况。

在此衷心希望各位读者朋友们能够爱上设计模式。

杨文轩

2016 年 10 月

引言

大家好，我是结城浩。欢迎阅读《图解设计模式》。

想必大家在编写程序的时候，也曾遇到“咦，好像之前编写过类似的代码”这样的情况。随着开发经验的增加，大家都会在自己的脑海中积累起越来越多的“模式”，然后会将这些“模式”运用于下次开发中。

Eric Gamma、Richard Helm、Ralph Johnson、John Vlissides 等 4 人将开发人员的上述“体会”和“内在积累”整理成了“设计模式”。这 4 人被称为 the Gang of Four，简称 GoF。

GoF 为常用的 23 种模式赋予了“名字”，并按照类型对它们进行了整理，编写成了一本书，这本书就是《设计模式：可复用面向对象软件的基础》（请参见附录 E 中的 [GoF]）。

大家应当都知道，当多个模块组合在一起工作时，接口是非常重要的。其实，这条原则不仅仅适用于计算机，也适用于人。当多位开发人员一起工作的时候，“人”这个接口也非常重要，而这个接口的基础就是“语言”。特别是脱离具体代码、只讨论程序的大致结构时，语言和图示就显得尤其重要。比如，另外一位开发人员提出的改进方案与我的方案究竟是否相同？是不是大框架相同而细节不同呢？如果有无限的时间与耐力，这些问题都是可以通过反复讨论解答出来的。但是，如果借助设计模式的术语来表达想法，我们就可以更加轻松地比较两人的观点，进而使讨论进行得更加顺利。

设计模式为开发人员提供了有益且丰富的词汇，让开发人员可以更容易地理解对方所要表达的意思。

本书将对 GoF 的 23 种设计模式逐一进行讲解，让那些面向对象的初学者也可以很轻松地理解这些设计模式。本书并非仅仅给出枯燥的设计模式理论，还会用 Java 语言编写实现了设计模式的示例程序，并让程序真正地运行起来。我们学习设计模式，并不是为了遥远的将来而打算，而是将它当作是一种有益的技巧，因为它可以帮助我们从全新的角度审视我们每天所编写的代码，从而帮助我们开发出更易于复用和扩展的软件。

本书的特点

◆用 Java 语言编写可实际运行的程序

我们会编写 Java 程序代码来实现 GoF 的 23 种设计模式。为了方便大家通读这些代码，所有的代码都只有 100 行左右，非常精简。而且，所有的代码中都没有“以下代码省略”的部分，且都经过笔者自己编译并运行过。

◆模式名称的讲解

设计模式的名称原本不是汉语，而是英语。开发人员如果不精通英语，就无法由设计模式的名称直接联想到它的作用。因此，本书还会讲解各设计模式的名称是什么意思，以及怎样用汉语表达。这样一来，那些不擅长英语的开发人员也可以很轻松地掌握设计模式。

◆模式之间的关联与练习题

设计模式不需要死记硬背。要想掌握模式，必须要多练习，比如试着在阅读程序时识别出模式，在编写程序时运用模式。因此，必须了解模式之间的关联，并练习运用模式解决具体问题。本书为大家设计了用于学习设计模式的练习题和答案。

◆ Java 语言的相关信息

本书不仅会讲解设计模式，还会向读者展示一些信息以帮助大家深入理解 Java。带有 Java 符号的内容表示这部分是和 Java 语言相关的信息。

◆模式插图

如果只阅读文字讲解内容，很难掌握这些模式。在本书中，我们在每章的首页中都放了一张图片来直观地展示所要学习的模式，这样可以帮助大家更加轻松地掌握模式。

本书的读者

本书适合以下读者阅读。

- 对面向对象开发感兴趣的人
- 对设计模式感兴趣的人
  （特别是阅读了 GoF 的著作但是难以理解的人）
- 所有 Java 程序员
  （特别是对抽象类和接口的理解不充分的人）

阅读本书需要掌握 Java 语言的基本知识。具体而言，至少需要理解类和接口、字段和方法，并能够编译和运行 Java 源代码。

虽然本书讲解的是设计模式，但必要时也会对 Java 语言的功能进行补充说明，因此读者还可以在阅读本书的过程中加深对 Java 的理解。特别是对于那些对抽象类和接口的目的理解不充分的读者来说，本书具有很大的参考价值。

此外，即使不了解 Java 语言也没关系。如果了解 C++ 语言，同样可以轻松理解本书中的内容。

如果想从零开始学习 Java 语言，建议读者在阅读本书前，先阅读笔者的拙作《Java 语言编程教程（修订版）》[①]（请参见附录 E [Yuki03]）。

另外，建议学习完本书的读者再去学习一下《图解 Java 多线程设计模式》[②]（请参见附录 E[Yuki02]）。

本书的结构

本书结构如下所示，各章基本上与 GoF 设计模式的章节相对应。但是笔者对设计模式的分类与 GoF 不同，因此章节划分也不尽相同。关于 GoF 对设计模式的分类，请参见附录 C。

- **在第 1 部分“适应设计模式”**中，我们将学习一些比较容易理解的设计模式，并以此来适应

① 原书名为『改訂版　Java 言語プログラミングレッスン』，尚无中文版。——译者注

② 侯振龙、杨文轩译，人民邮电出版社，2017 年 8 月。——译者注

设计模式的概念。

- 在第 1 章“Iterator 模式——一个一个遍历”中，我们将要学习从含有多个元素的集合中将各个元素逐一取出来的 Iterator 模式。
- 在第 2 章“Adapter 模式——加个‘适配器’以便于复用”中，我们将要学习 Adapter 模式，它可以用来连接具有不同接口（API）的类。

● 在**第 2 部分“交给子类”**中，我们将学习与类的继承相关的设计模式。

- 在第 3 章“Template Method 模式——将具体处理交给子类”中，我们将要学习在父类中定义处理框架，在子类中进行具体处理的 Template Method 模式。
- 在第 4 章“Factory Method 模式——将实例的生成交给子类”中，我们将要学习在父类中定义生成接口的处理框架，在子类中进行具体处理的 Factory Method 模式。

● 在**第 3 部分“生成实例”**中，我们将学习与生成实例相关的设计模式。

- 在第 5 章“Singleton 模式——只有一个实例”中，我们将要学习只允许生成一个实例的 Singleton 模式。
- 在第 6 章“Prototype 模式——通过复制生成实例”中，我们将要学习复制原型接口并生成实例的 Prototype 模式。
- 在第 7 章“Builder 模式——组装复杂的实例”中，我们将要学习通过各个阶段的处理以组装出复杂实例的 Builder 模式。
- 在第 8 章“Abstract Factory 模式——将关联零件组装成产品”中，我们将要学习像在工厂中将各个零件组装成产品那样生成实例的 Abstract Factory 模式。

● 在**第 4 部分“分开考虑”**中，我们将学习分开考虑易变得杂乱无章的处理的设计模式。

- 在第 9 章“Bridge 模式——将类的功能层次结构与实现层次结构分离”中，我们将要学习按照功能层次结构与实现层次结构把一个两种扩展（继承）混在一起的程序进行分离，并在它们之间搭建桥梁的 Bridge 模式。
- 在第 10 章“Strategy 模式——整体地替换算法”中，我们将要学习 Strategy 模式，它可以帮助我们整体地替换算法，使我们可以更加轻松地改善算法。

● 在**第 5 部分“一致性”**中，我们将学习能够让两个看上去不同的对象的操作变得统一，以及在不改变处理方法的前提下增加功能的设计模式。另外，我们还要学习“委托”。

- 在第 11 章“Composite 模式——容器与内容的一致性”中，我们将要学习让容器和内容具有一致性，从而构建递归结构的 Composite 模式。
- 在第 12 章“Decorator 模式——装饰边框与被装饰物的一致性”中，我们将要学习让装饰边框与被装饰物具有一致性，并可以任意叠加装饰边框的 Decorator 模式。

● 在**第 6 部分“访问数据结构”**中，我们将学习能够漫步数据结构的设计模式。

- 在第 13 章“Visitor 模式——访问数据结构并处理数据”中，我们将要学习在访问数据结构的同时重复套用相同操作的 Visitor 模式。
- 在第 14 章“Chain of Responsibility 模式——推卸责任”中，我们将要学习可以处理连接在一起的多个对象中某个地方的 Chain of Responsibility 模式。

● 在**第 7 部分“简单化”**中，我们将学习可以让类关系简单的设计模式。

- 在第 15 章“Facade 模式——简单窗口”中，我们将要学习 Facade 模式，该模式并不是单独地控制那些错综复杂地关联在一起的多个类，而是通过配置一个窗口类来改善系统整体的可操作性。

  - 在第 16 章“Mediator 模式——只有一个仲裁者”中，我们将要学习可以不与多个复杂的类打交道，而是准备一个窗口，然后通过与这个窗口打交道来简化程序的 Mediator 模式。
- **在第 8 部分“管理状态”**中，我们将学习与状态相关的设计模式。
  - 在第 17 章“Observer 模式——发送状态变化通知”中，我们将要学习将状态发生变化的类和发送状态变化通知的类分开实现的 Observer 模式。
  - 在第 18 章“Memento 模式——保存对象状态”中，我们将要学习可以保存对象现在的状态，并可以根据情况撤销操作，将对象恢复到以前状态的 Memento 模式。
  - 在第 19 章“State 模式——用类表示状态”中，我们将要学习用类来表现状态，以减少 `switch` 语句的 State 模式。
- **在第 9 部分“避免浪费”**中，我们将学习可以避免浪费、提高处理效率的设计模式。
  - 在第 20 章“Flyweight 模式——共享对象，避免浪费”中，我们将要学习当多个地方有重复对象时，通过共享对象来避免浪费的 Flyweight 模式。
  - 在第 21 章“Proxy 模式——只在必要时生成实例”中，我们将要学习除非必须“本人”处理，否则就只使用代理类来负责处理的 Proxy 模式。
- **在第 10 部分“用类来表现”**中，我们将学习用类来表现特殊东西的设计模式。
  - 在第 22 章“Command 模式——命令也是类”中，我们将要学习用类来表现请求和命令的 Command 模式。
  - 在第 23 章“Interpreter 模式——语法规则也是类”中，我们将要学习用类来表现语法规则的 Interpreter 模式。

本书中的示例程序

示例程序的获取方法

本书的示例程序可以从以下网址下载（点击“随书下载”）：

```
http://www.ituring.com.cn/book/1811
```

详细信息请参见附录 B。

从 Main 类启动示例程序

在 Java 中，只要类中定义了以下方法，就可以将该类作为程序的起点：

```
public static void main(string[])
```

但是在本书中，为了使读者能够更容易理解代码，各章的示例程序都使用 `Main` 类作为程序的起点。

关于本书中术语的注意事项

接口和 API

接口这个术语有多个意思。

一般而言，在提到“某个类的接口”时，多是指该类所持有的方法的集合。当想要对该类进行某些操作时，需要调用这些方法。

但是在 Java 中，也将“使用关键字 `interface` 声明的代码”称为接口。

这两个“接口”的意思有些相似，在使用时容易混乱，因此本书中采用以下方式加以区分。

- 接口（API）：通常的意思（API 是 application programming interface 的缩写）
- 接口：使用关键字 `interface` 声明的代码

模式、类和角色

在本书中，**模式**这个词表示设计模式的意思。例如，“GoF 一共在书中整理了 23 种模式”指的就是“GoF 一共在书中整理了 23 种设计模式”。另外，我们会将名为 Memento 的设计模式简称为“Memento 模式”。

类是指 Java 中的类，即以 `class` 关键字定义的程序。例如，在书中会有“这段程序中定义的是 `Gamer` 类”这种描述；而“`Memento` 类”则是指在程序上用 `class Memento { ... }` 定义的代码。

角色是本书中特有的说法。它是指模式（设计模式）中出现的类、接口和实例在模式中所起的作用。例如，在书中会有“由 `Gamer` 类扮演 Originator 角色”这种描述。当然，也存在角色的名字与类和接口的名字不一致的情况。

此处的内容很繁琐，但是当大家阅读本书时，就会理解笔者在这里想要表达的意思了。

致谢

首先需要向整理出设计模式的 Eric Gamma、Richard Helm、Ralph Johnson、John Vlissides 这 4 人表示感谢。

然后，还要向阅读笔者拙作，包括图书、连载杂志和电子邮件杂志的读者们表示感谢。另外，还要向笔者 Web 主页上的朋友们表示感谢。

笔者在编写本书的原稿、程序以及图示的过程中，也同时将它们公布在了互联网上，以供大家评审。在互联网上招募的评审人员不限年龄、国籍、性别、住址、职业，所有交流都是通过电子邮件和网络进行的。在此，笔者要向参与本书评审的朋友们表示感谢，特别是对给予了我宝贵意见、改进方案，向我反馈错误以及一直鼓励我的以下各位表示我最真挚的感谢（按五十音图顺序排列）：

新真千惠、池田史子、石井胜、石田浩二、井芹义博、宇田川胜俊、川崎昌博、榊原知香子、砂生贵光、佐藤贵行、铃木健司、铃木信夫、竹井章、藤森知郎、前田恭男、前原正英、三宅喜义、谷内上智春、山城俊介。

此外，对其他参与了评审工作的人员也一并表示感谢。

另外，还要向软银出版股份有限公司的图书总编野泽喜美男和第一图书编辑部的松本香织表示感谢。当我们一起商量这本书的选题时，他们都表示“这一定会是一本好书”，这让我倍受鼓舞。

最后要感谢我最爱的妻子和两个儿子，以及总是精神满满地支持我的岳母大人。

结城浩

2001 年 3 月 于武藏野

写于“修订版”前

《图解设计模式》一书自 2001 年初版发行以来，承蒙各位读者的厚爱，在此再次向各位读者表达我最真挚的感谢。

在这次“修订版”中，笔者重新全面地审视了本书的内容和表述。在修订中，也参考了读者朋友们发送给我的无数反馈意见和建议，真心谢谢你们。希望本书也能在读者朋友的工作和学习中发挥些许作用。

结城浩

2004 年 6 月

关于本书官网

读者可以从以下网址获取本书的最新信息：

http://www.hyuki.com/dp

该网址是作者本人运营的网站之一。

问答 Web

请将您读完这本书后的感想及意见发送到以下网址。

http://www.ituring.com.cn/book/1811

关于 UML

UML

UML 是让系统可视化、让规格和设计文档化的表现方法，它是 Unified Modeling Language（统一建模语言）的简称。

本书使用 UML 来表现各种设计模式中类和接口的关系，所以我们在这里稍微了解一下 UML，以方便后面的阅读。但是请大家注意，在说明中我们使用的是 Java 语言的术语。例如讲解时我们会用 Java 中的“字段”（field）取代 UML 中的“属性”（attribute），用 Java 中的“方法”（method）取代 UML 中的“操作”（operation）。

UML 标准的内容非常多，本节只对书中使用到的 UML 内容进行讲解。如果想了解更多 UML 内容，请访问以下网站。UML 的规范书也可以从该网站下载。

- UML Resource Page

  http://www.omg.org/uml/

类图

UML 中的**类图**（Class Diagram）用于表示类、接口、实例等之间相互的静态关系。虽然名字叫作类图，但是图中并不仅仅只有类。

类与层次结构

图 0-1 展示了一段 Java 程序及其对应的类图。

图 0-1　展示类的层次关系的类图

```
abstract class ParentClass {
    int field1;
    static char field2;
    abstract void methodA();
    double methodB() {
        // ...
    }
}

class ChildClass extends ParentClass {
    void methodA() {
        // ...
    }
    static void methodC() {
        // ...
    }
}
```

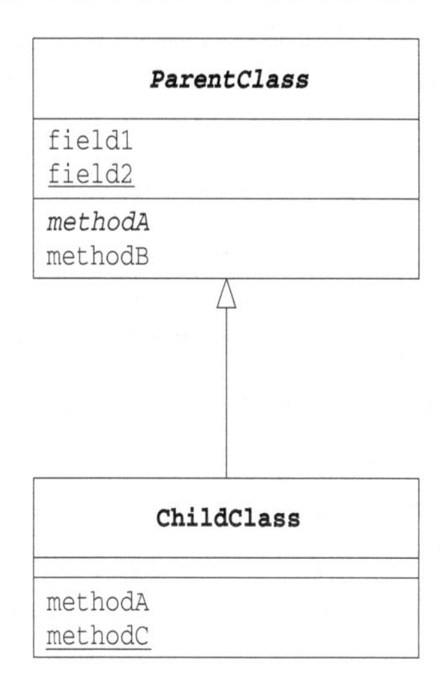

该图展示了 ParentClass 和 ChildClass 两个类之间的关系，其中的空心箭头表明了两者之间的层次关系。箭头**由子类指向父类**，换言之，这是表示继承（extends）的箭头。

ParentClass 是 ChildClass 的父类，反过来说，ChildClass 是 ParentClass 的子类。父类也称为基类或超类，子类也称为派生类。

图中的长方形表示类，长方形内部被横线自上而下分为了如下 3 个区域。

- **类名**
- **字段名**
- **方法名**

有时，图中除了会写出类名、字段名和方法名等信息外，还会写出其他信息（可见性、方法的参数和类型等）。反之，有时图中也会省略所有不必要的项目（因此，我们无法确保一定可以根据类图生成源程序）。

abstract 类（抽象类）的名字以斜体方式显示。例如，在图 0-1 中 ParentClass 是抽象类，因此它的名字以斜体方式显示。

static 字段（静态字段）的名字带有下划线。例如，在图 0-1 中 field2 是静态字段，因此名字带有下划线。

abstract 方法（抽象方法）的名字以斜体方式显示。例如，在图 0-1 中 methodA 是抽象方法，因此它以斜体方式显示。

static 方法（静态方法）的名字带有下划线。例如，在图 0-1 中 ChildClass 类的 methodC 是类的静态方法，因此它的名字带有下划线。

▶▶ 小知识：Java 术语与 C++ 术语

Java 术语跟 C++ 术语略有不同。Java 中的字段相当于 C++ 中的成员变量，而 Java 中的方法相当于 C++ 中的成员函数。

▶▶ 小知识：箭头的方向

UML 中规定的箭头方向是从子类指向父类。可能会有人认为子类是以父类为基础的，箭头从父类指向子类会更合理。

关于这一点，按照以下方法去理解有助于大家记住这条规则。在定义子类时需要通过 extends 关键字指定父类。因此，子类一定知道父类的定义，而反过来，父类并不知道子类的定义。只有在知道对方的信息时才能指向对方，因此箭头方向是从子类指向父类。

接口与实现

图 0-2 也是类图的示例。该图表示 PrintClass 类实现了 Printable 接口。为了强调接口与抽象类的相似性，本书的类图中会以斜体方式显示接口的名字。不过在其他书的类图中，接口名可能并非以斜体显示。带有空心三角的虚线箭头代表了接口与实现类的关系，箭头**从实现类指向接口**。换言之，这是表示实现（implements）的箭头。

UML 以 <<interface>> 表示 Java 的接口。

图 0-2 展示接口与实现类的类图

```
interface Printable {
    abstract void print();
    abstract void newPage();
}

class PrintClass implements Printable {
    void print() {
        // ...
    }
    void newPage() {
        // ...
    }
}
```

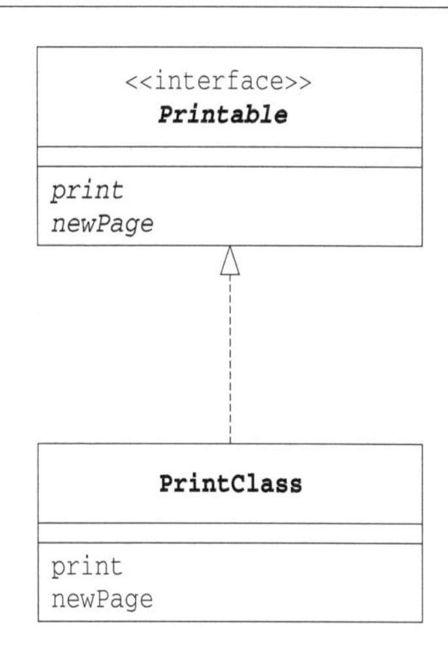

图 0-3 展示聚合关系的类图

```
class Color {
    // ...
}

class Fruit {
    Color color;
    // ...
}

class Basket {
    Fruit[] fruits;
    // ...
}
```

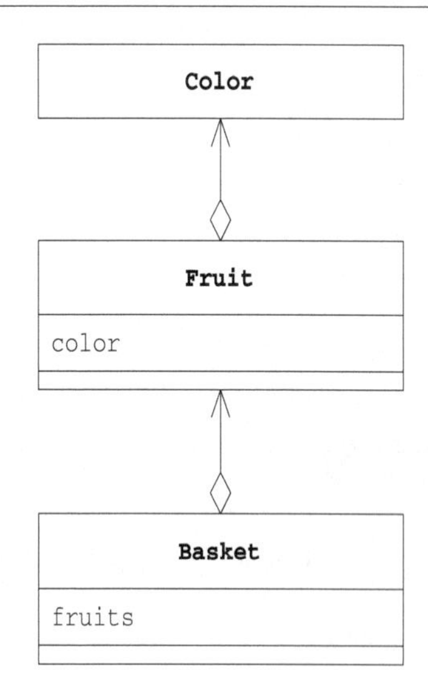

聚合

图 0-3 也是类图的示例。

该图展示了 `Color`（颜色）、`Fruit`（水果）、`Basket`（果篮）这 3 个类之间的关系。`Basket` 类中的 `fruits` 字段是可以存放 `Fruit` 类型数据的数组，在一个 `Basket` 类的实例中可以持有多个 `Fruit` 类的实例；`Fruit` 类中的 `color` 字段是 `Color` 类型，一个 `Fruit` 类实例中只能持有一个 `Color` 类的实例。通俗地说就是在篮子中可以放入多个水果，每个水果都有其自身的颜色。

我们将这种“持有”关系称为**聚合**（aggregation）。只要在一个类中持有另外一个类的实例——无论是一个还是多个——它们之间就是聚合关系。就程序上而言，无论是使用数组、`java.util.Vector` 或是其他实现方式，只要在一个类中持有另外一个类的实例，它们之间就是聚合关系。

在 UML 中，我们使用带有空心菱形的实线表示聚合关系，因此可以进行联想记忆，将聚合关系想象为在空心菱形的器皿中装有其他物品。

可见性（访问控制）

图 0-4 也是类图的示例。

图 0-4　标识出了可见性的类图

```
class Something {
    private   int privateField;
    protected int protectedField;
    public    int publicField;
    int packageField;
    private   void privateMethod() {
    }
    protected void protectedMethod() {
    }
    public    void publicMethod() {
    }
    void packageMethod() {
    }
}
```

Something
-privateField #protectedField +publicField ~packageField
-privateMethod #protectedMethod +publicMethod ~packageMethod

该图标识出了方法和字段的可见性。在 UML 中可以通过在方法名和字段名前面加上记号来表示可见性。

"+" 表示 public 方法和字段，可以从类外部访问这些方法和字段。

"-" 表示 private 方法和字段，无法从类外部访问这些方法和字段。

"#" 表示 protected 方法和字段，能够访问这些方法和字段的只能是该类自身、该类的子类以及同一包中的类。

"~" 表示只有同一包中的类才能访问的方法和字段。

类的关联

可以在类名前面加上黑三角表示类之间的关联关系，如图 0-5 所示。

图 0-5　类的关联

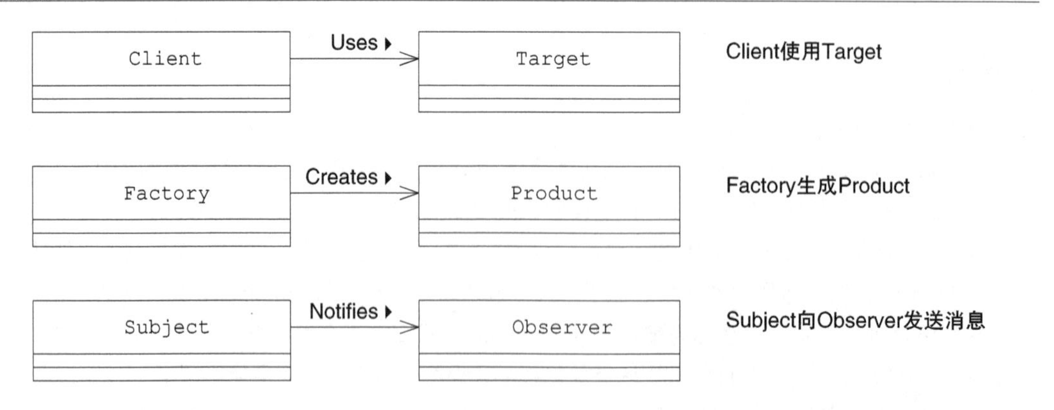

时序图

UML 的时序图（sequence diagram）用来表示程序在工作时其内部方法的调用顺序，以及事件的发生顺序。

类图中表示的是“不因时间流逝而发生变化的关系（静态关系）”，时序图则与之相反，表示的是“随时间发生变化的东西（动态行为）”。

处理流与对象间的协作

图 0-6 展示的是时序图的一个例子。

图 0-6　时序图示例（方法的调用）

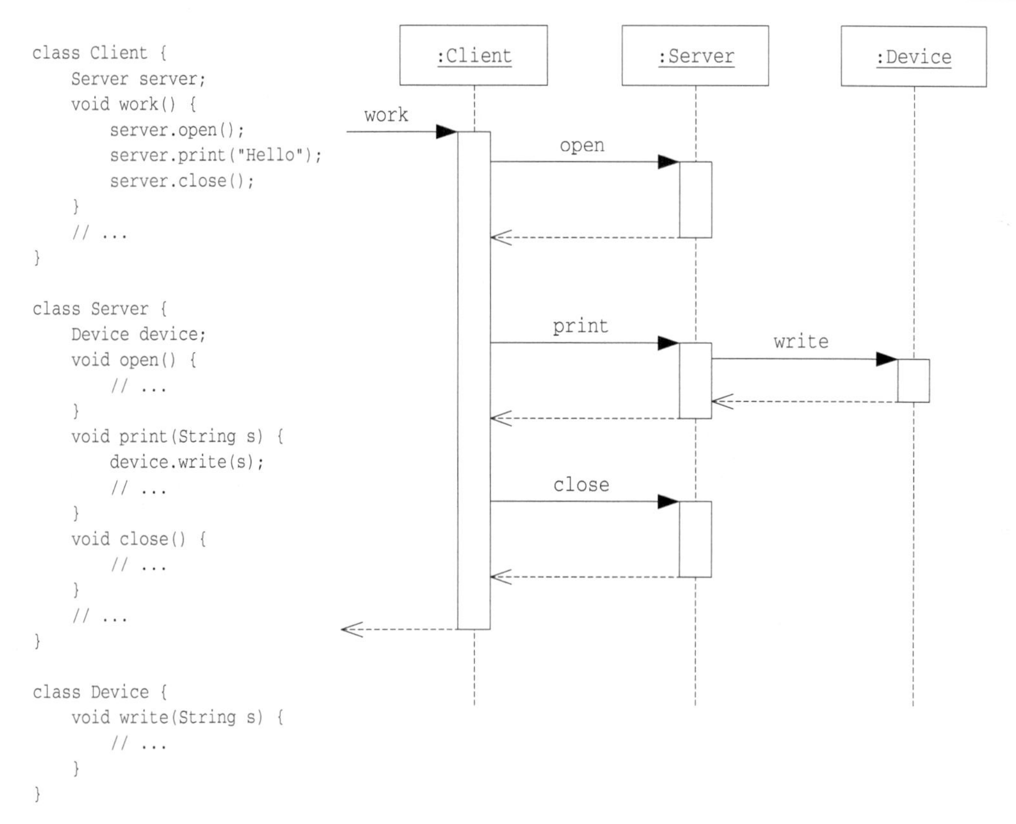

在图 0-6 中，右侧是时序图示例，左侧是与之对应的代码片段。

该图中共有 3 个实例，如图中最上方的 3 个长方形所示。在长方形内部写有类名，类名跟在冒号（:）之后，并带有下划线，如 `:Client`、`:Server`、`:Device`，它们分别代表 `Client` 类、`Server` 类、`Device` 类的实例。

如果需要，还可以在冒号（:）之前表示出实例名，如 `server:Server`。

每个实例都带有一条向下延伸的虚线，我们称其为**生命线**。这里可以理解为时间从上向下流逝，上面是过去，下面是未来。生命线仅存在于实例的生命周期内。

在生命线上，有一些细长的长方形，它们表示实例处于某种活动中。

横方向上有许多箭头，请先看带有 `open` 字样的箭头。黑色实线箭头（—►）表示**方法的调用**，这里表示 client 调用 server 的 open 方法。当 server 的 open 方法被调用后，server 实例处于活动中，因此在 open 箭头处画出了一个细长的长方形。

而在 open 箭头画出的长方形下方，还有一条指向 client 实例的虚线箭头（←┈┈），它表示**返回 open 方法**。在上图中，我们画出了所有的返回箭头，但是有些时序图也会省略返回箭头。

由于程序控制已经返回至 client，所以表示 server 实例处于活动状态的长方形就此结束了。

接着，client 实例会调用 server 实例的 print 方法。不过这次不同的是在 print 方法中，server 会调用 device 实例的 write 方法。

这样，我们就将多个对象之间的行为用图示的方式展示出来了。**时序图的阅读顺序是沿着生命线从上至下阅读**。然后当遇到箭头时，我们可以顺着箭头所指的方向查看对象间的协作。

学习设计模式之前

在学习设计模式之前，我们先来了解几个小知识，以便更好地理解设计模式。

设计模式并非类库

为了方便地编写 Java 程序，我们会使用类库，但是设计模式并非类库。

与类库相比，设计模式是一个更为普遍的概念。类库是由程序组合而成的组件，而设计模式则用来表现内部组件是如何被组装的，以及每一个组件是如何通过相互关联来构成一个庞大系统的。

我们以白雪公主的故事为例来思考一下。在讲述故事梗概时，我们并不需要知道在演绎这个故事的电影中到底是谁扮演白雪公主、谁扮演王子。与介绍演员相比，讲述白雪公主与王子之间的“关系”更加重要。因为并非特定的演员扮演的“白雪公主”才是白雪公主，不论谁来扮演这个角色，只要是按照白雪公主的剧本进行演出，她们都是白雪公主。重要的是在这个故事中有哪些出场人物，他们之间是什么样的关系。

设计模式也是一样的。在回答“什么是 Abstract Factory 模式”时，阅读具体的示例程序有助于我们理解答案，但是并非只有这段特定的代码才是 Abstract Factory 模式。重要的是在这段代码中有哪些类和接口，它们之间是什么样的关系。

但是类库中使用了设计模式

设计模式并非类库，但是 Java 标准类库中使用了许多设计模式。掌握了设计模式可以帮助我们理解这些类库所扮演的角色。

典型的例子如下所示，在以后单独介绍各种设计模式的章节中，我们还会进一步学习。

- `java.util.Iterator` 是用于遍历元素集合的接口，这里使用了 Iterator 模式（第 1 章）
- `java.util.Observer` 是用于观察对象状态变化的接口，这里使用了 Observer 模式（第 17 章）
- 以下的方法中使用了 Factory Method 模式（第 4 章）
  `java.util.Calendar` 类的 `getInstance` 方法
  `java.secure.SecureRandom` 类的 `getInstance` 方法
  `java.text.NumberFormat` 类的 `getInstance` 方法
- `java.awt.Component` 和 `java.awt.Container` 这两个类中使用了 Composite 模式（第 11 章）

示例程序并非成品

设计模式的目标之一就是提高程序的可复用性；也就是说，设计模式考虑的是怎样才能将程序作为“组件”重复使用。因此，不应当将示例程序看作是成品，而应当将其作为扩展和变更的基础。

- **有哪些功能可以被扩展**
- **扩展功能时必须修改哪些地方**
- **有哪些类不需要修改**

从以上角度看待设计模式可以帮助我们加深对设计模式的理解。

不只是看图，还要理解图

本书以图解的方式讲解设计模式，其中主要使用的有类图和时序图（请参见前面“关于 UML”中的内容）。这些图并非只是简单的画，只瞥一眼是无法理解其中内容的。

在看类图时，首先看长方形（类），然后看它们里面的方法，并确认哪些是普通方法、哪些是抽象方法。接着确认类之间的箭头的指向，弄清究竟是哪个类实现了哪个接口。只有像这样循序渐进，一步一步对图中的内容刨根问底才能真正理解这幅图的主旨。

相比于类图，时序图理解起来更加容易一些。按照时间顺序自上而下一步一步确认哪个对象调用了哪个对象，就可以慢慢理解每个对象在模式中所扮演的角色。

只瞥一眼图是无法理解图中深藏的内容的，必须深入理解这些图。

自己思考案例

不要只是阅读书中的案例，还需要自己尝试着思考一些案例。

另外，我们还需要在自己进行设计和编程时思考一下学习过的设计模式是否适用于当前场景。

理解角色——谁扮演白雪公主

设计模式如同电影一样，类和接口这些“角色”之间进行各种各样的交互，共同演绎一部精彩的电影。在电影中，每个人都必须按照自己的角色做出相应的行为。主人公的行为必须像主人公，敌人则必须对抗主人公。女主角也会出场，将剧情推向高潮。

设计模式也一样。在每种设计模式中，类和接口被安排扮演各自的角色。各个类和接口如果不能理解自己所扮演的角色，就无法深入理解电影整体的剧情，无法扮演好自己的角色。这可能导致主人公屈服于敌方，或是女主角变成了坏人；又或是将喜剧演成了悲剧，将纪实片演成了虚构片。

在接下来的每章中，我们都将学习一种设计模式。同时我们也需要了解设计模式中出现的角色。请大家在阅读示例程序时，不要只盯着代码本身，而要将关注点转移到角色身上来，在阅读代码的时候，要思考各个类和接口到底在模式中扮演着什么角色。

如果模式相同，即使类名不同，它们所扮演的角色也是相同的。认清它们所扮演的角色有助于我们理解模式。这样，哪怕换了演员，我们依然可以正确地理解剧情。

如果我们现在看的是《白雪公主》，那么不论谁扮演白雪公主，王子都会爱上白雪公主。最后的结局也一定是白雪公主接受了王子的吻，苏醒了过来。

那么接下来，让我们赶快进入正题，逐个学习设计模式吧。

目 录

第 3 部分 生成实例 43

第 5 部分 一致性 117

第 6 部分 访问数据结构 145

第 1 部分　适应设计模式

第 1 章　Iterator 模式

一个一个遍历

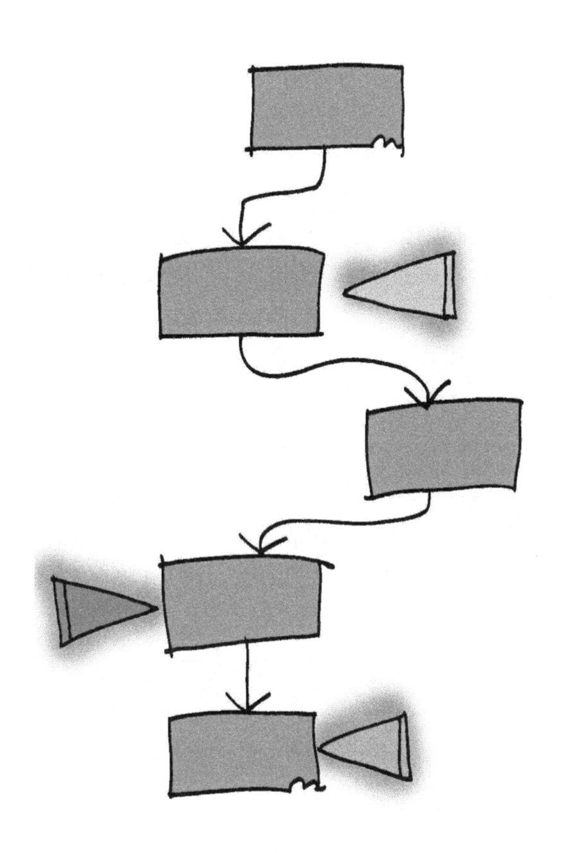

1.1 Iterator 模式

使用 Java 语言显示数组 arr 中的元素时，我们可以使用下面这样的 for 循环语句遍历数组。

```
for (int i = 0; i < arr.length; i++) {
    System.out.println(arr[i]);
}
```

请注意这段代码中的循环变量 i。该变量的初始值是 0，然后会递增为 1，2，3，...，程序则在每次 i 递增后都输出 arr[i]。我们在程序中经常会看到这样的 for 循环语句。

数组中保存了很多元素，通过指定数组下标，我们可以从中选择任意一个元素。

```
arr[0]   最开始的元素（第 0 个元素）
arr[1]   下一个元素（第 1 个元素）
            ⋮
arr[i]  （第 i 个元素）
            ⋮
arr[arr.length - 1]   最后一个元素
```

for 语句中的 i++ 的作用是让 i 的值在每次循环后自增 1，这样就可以访问数组中的下一个元素、下下一个元素、再下下一个元素，也就实现了从头至尾逐一遍历数组元素的功能。

将这里的循环变量 i 的作用抽象化、通用化后形成的模式，在设计模式中称为 **Iterator 模式**。

Iterator 模式用于在数据集合中按照顺序遍历集合。英语单词 Iterate 有反复做某件事情的意思，汉语称为“**迭代器**”。

我们将在本章中学习 Iterator 模式。

1.2 示例程序

首先，让我们来看一段实现了 Iterator 模式的示例程序。这段示例程序的作用是将书（Book）放置到书架（BookShelf）中，并将书的名字按顺序显示出来（图 1-1）。

图 1-1 示例程序的示意图

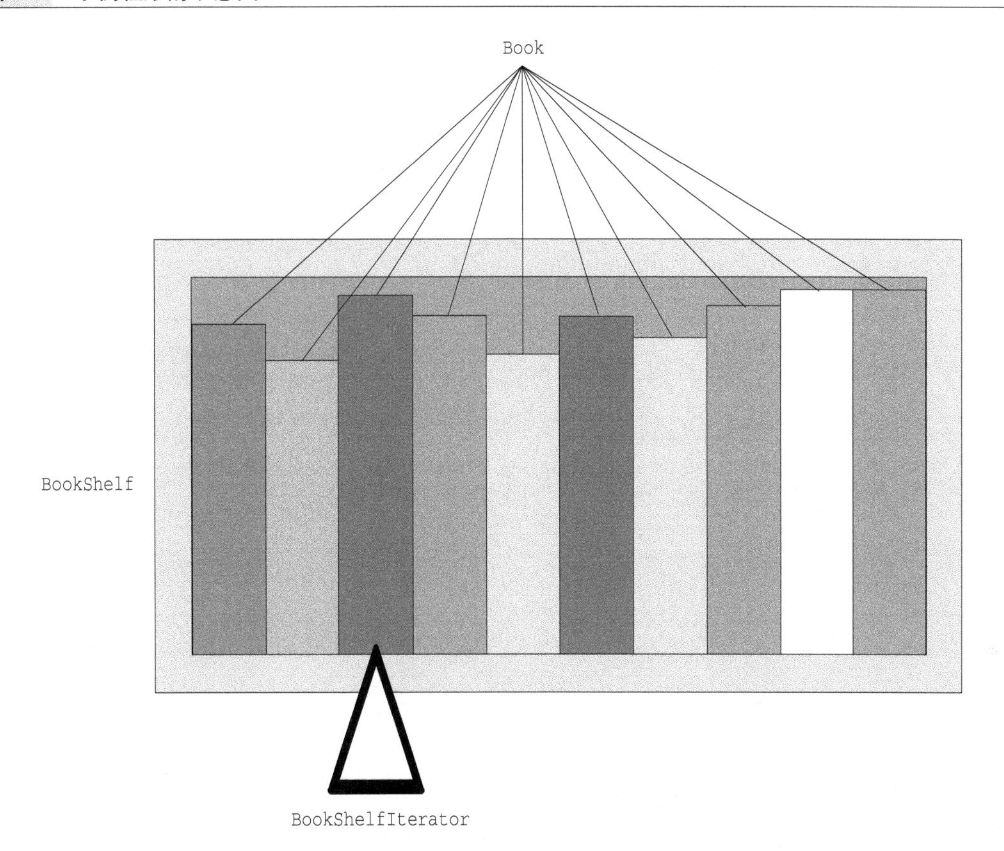

Aggregate 接口

`Aggregate` 接口（代码清单 1-1）是所要遍历的集合的接口。实现了该接口的类将成为一个可以保存多个元素的集合，就像数组一样。Aggregate 有“使聚集”“集合”的意思。

图 1-2 示例程序的类图

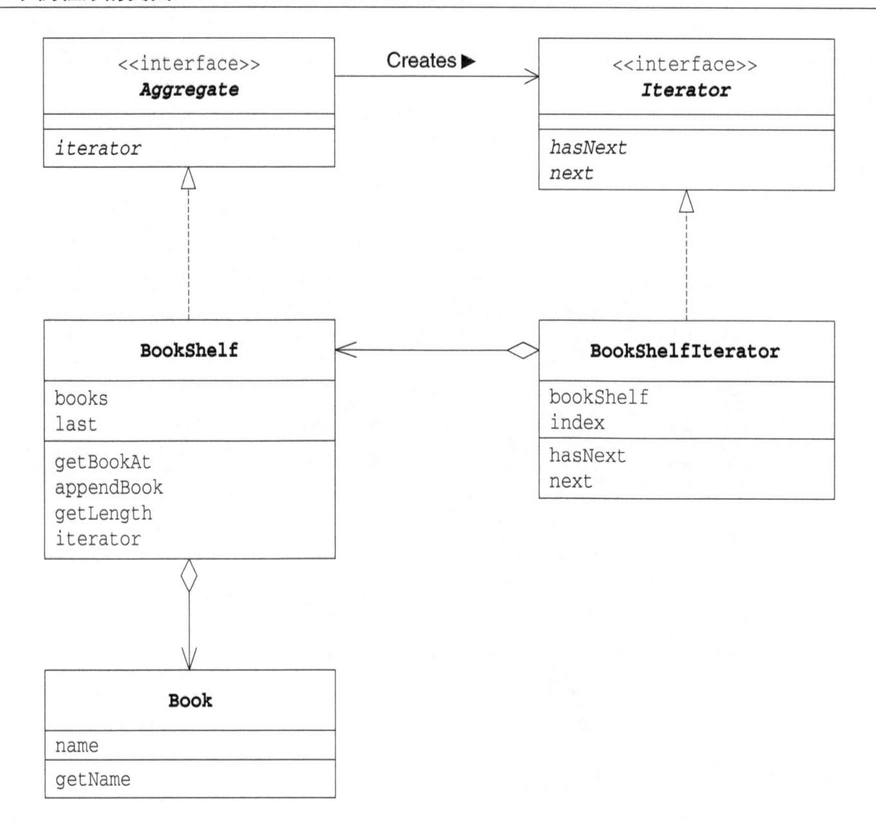

表 1-1 类和接口的一览表

名字	说明
Aggregate	表示集合的接口
Iterator	遍历集合的接口
Book	表示书的类
BookShelf	表示书架的类
BookShelfIterator	遍历书架的类
Main	测试程序行为的类

代码清单 1-1 Aggregate 接口（Aggregate.java）

```
public interface Aggregate {
    public abstract Iterator iterator();
}
```

在 Aggregate 接口中声明的方法只有一个——iterator 方法。该方法会生成一个用于遍历集合的迭代器。

想要遍历集合中的元素时，可以调用 iterator 方法来生成一个实现了 Iterator 接口的类的实例。

Iterator 接口

接下来我们看看 Iterator 接口（代码清单 1-2）。Iterator 接口用于遍历集合中的元素，其作用相当于循环语句中的循环变量。那么，在 Iterator 接口中需要有哪些方法呢？ Iterator 接口的定义方式有很多种，这里我们编写了最简单的 Iterator 接口。

代码清单 1-2　Iterator 接口（Iterator.java）

```
public interface Iterator {
    public abstract boolean hasNext();
    public abstract Object next();
}
```

这里我们声明了两个方法，即判断是否存在下一个元素的 hasNext 方法，和获取下一个元素的 next 方法。

hasNext 方法的返回值是 boolean 类型的，其原因很容易理解。当集合中存在下一个元素时，该方法返回 true；当集合中不存在下一个元素，即已经遍历至集合末尾时，该方法返回 false。hasNext 方法主要用于循环终止条件。

这里有必要说明一下 next 方法。该方法的返回类型是 Object，这表明该方法返回的是集合中的一个元素。但是，next 方法的作用并非仅仅如此。为了能够在下次调用 next 方法时正确地返回下一个元素，该方法中还隐含着将迭代器移动至下一个元素的处理。说“隐含”，是因为 Iterator 接口只知道方法名。想要知道 next 方法中到底进行了什么样的处理，还需要看一下实现了 Iterator 接口的类（BookShelfIterator）。这样，我们才能看懂 next 方法的作用。

Book 类

Book 类是表示书的类（代码清单 1-3）。但是这个类的作用有限，它可以做的事情只有一件——通过 getName 方法获取书的名字。书的名字是在外部调用 Book 类的构造函数并初始化 Book 类时，作为参数传递给 Book 类的。

代码清单 1-3　Book 类（Book.java）

```
public class Book {
    private String name;
    public Book(String name) {
        this.name = name;
    }
    public String getName() {
        return name;
    }
}
```

BookShelf 类

BookShelf 类是表示书架的类（代码清单 1-4）。由于需要将该类作为集合进行处理，因此它实现了 Aggregate 接口。代码中的 implements Aggregate 部分即表示这一点。此外，请注意在 BookShelf 类中还实现了 Aggregate 接口的 iterator 方法。

代码清单 1-4 BookShelf 类（BookShelf.java）

```
public class BookShelf implements Aggregate {
    private Book[] books;
    private int last = 0;
    public BookShelf(int maxsize) {
        this.books = new Book[maxsize];
    }
    public Book getBookAt(int index) {
        return books[index];
    }
    public void appendBook(Book book) {
        this.books[last] = book;
        last++;
    }
    public int getLength() {
        return last;
    }
    public Iterator iterator() {
        return new BookShelfIterator(this);
    }
}
```

这个书架中定义了 books 字段，它是 Book 类型的数组。该数组的大小（maxsize）在生成 BookShelf 的实例时就被指定了。之所以将 books 字段的可见性设置为 private，是为了防止外部不小心改变了该字段的值。

接下来我们看看 iterator 方法。该方法会生成并返回 BookShelfIterator 类的实例作为 BookShelf 类对应的 Iterator。当外部想要遍历书架时，就会调用这个方法。

BookShelfIterator 类

接下来让我们看看用于遍历书架的 BookShelfIterator 类（代码清单 1-5）。

代码清单 1-5 BookShelfIterator 类（BookShelfIterator.java）

```
public class BookShelfIterator implements Iterator {
    private BookShelf bookShelf;
    private int index;
    public BookShelfIterator(BookShelf bookShelf) {
        this.bookShelf = bookShelf;
        this.index = 0;
    }
    public boolean hasNext() {
        if (index < bookShelf.getLength()) {
            return true;
        } else {
            return false;
        }
    }
    public Object next() {
        Book book = bookShelf.getBookAt(index);
        index++;
        return book;
    }
}
```

因为 BookShelfIterator 类需要发挥 Iterator 的作用，所以它实现了 Iterator 接口。

bookShelf 字段表示 BookShelfIterator 所要遍历的书架。index 字段表示迭代器当前所指向的书的下标。

构造函数会将接收到的 BookShelf 的实例保存在 bookShelf 字段中，并将 index 初始化为 0。

hasNext 方法是 Iterator 接口中所声明的方法。该方法将会判断书架中还有没有下一本书，如果有就返回 true，如果没有就返回 false。而要知道书架中有没有下一本书，可以通过比较 index 和书架中书的总册数（bookShelf.getLength() 的返回值）来判断。

next 方法会返回迭代器当前所指向的书（Book 的实例），并让迭代器指向下一本书。它也是 Iterator 接口中所声明的方法。next 方法稍微有些复杂，它首先取出 book 变量作为返回值，然后让 index 指向后面一本书。

如果与本章开头的 for 语句来对比，这里的“让 index 指向后面一本书”的处理相当于其中的 i++，它让循环变量指向下一个元素。

Main 类

至此，遍历书架的准备工作就完成了。接下来我们使用 Main 类（代码清单 1-6）来制作一个小书架。

代码清单 1-6 Main 类（Main.java）

```
public class Main {
    public static void main(String[] args) {
        BookShelf bookShelf = new BookShelf(4);
        bookShelf.appendBook(new Book("Around the World in 80 Days"));
        bookShelf.appendBook(new Book("Bible"));
        bookShelf.appendBook(new Book("Cinderella"));
        bookShelf.appendBook(new Book("Daddy-Long-Legs"));
        Iterator it = bookShelf.iterator();
        while (it.hasNext()) {
            Book book = (Book)it.next();
            System.out.println(book.getName());
        }
    }
}
```

这段程序首先设计了一个能容纳 4 本书的书架，然后按书名的英文字母顺序依次向书架中放入了下面这 4 本书。

Around the World in 80 Days（《环游世界 80 天》）

Bible（《圣经》）

Cinderella（《灰姑娘》）

Daddy Long Legs（《长腿爸爸》）

为了便于理解，笔者特意选了这 4 本首字母分别为 A、B、C、D 的书。

通过 bookShelf.iterator() 得到的 it 是用于遍历书架的 Iterator 实例。while 部分的条件当然就是 it.hasNext() 了。只要书架上有书，while 循环就不会停止。然后，程序会通过 it.next() 一本一本地遍历书架中的书。

图 1-3 展示了上面这段代码的运行结果。

图 1-3 运行结果

```
Around the World in 80 Days
Bible
Cinderella
Daddy-Long-Legs
```

1.3 Iterator 模式中的登场角色

读完示例程序，让我们来看看 Iterator 模式中的登场角色。

◆ Iterator（迭代器）

该角色负责定义按顺序逐个遍历元素的接口（API）。在示例程序中，由 `Iterator` 接口扮演这个角色，它定义了 `hasNext` 和 `next` 两个方法。其中，`hasNext` 方法用于判断是否存在下一个元素，`next` 方法则用于获取该元素。

◆ ConcreteIterator（具体的迭代器）

该角色负责实现 Iterator 角色所定义的接口（API）。在示例程序中，由 `BookShelfIterator` 类扮演这个角色。该角色中包含了遍历集合所必需的信息。在示例程序中，`BookShelf` 类的实例保存在 `bookShelf` 字段中，被指向的书的下标保存在 `index` 字段中。

◆ Aggregate（集合）

该角色负责定义创建 Iterator 角色的接口（API）。这个接口（API）是一个方法，会创建出"按顺序访问保存在我内部元素的人"。在示例程序中，由 `Aggregate` 接口扮演这个角色，它里面定义了 `iterator` 方法。

◆ ConcreteAggregate（具体的集合）

该角色负责实现 Aggregate 角色所定义的接口（API）。它会创建出具体的 Iterator 角色，即 ConcreteIterator 角色。在示例程序中，由 `BookShelf` 类扮演这个角色，它实现了 `iterator` 方法。

图 1-4 是展示了 Iterator 模式的类图。

图 1-4 Iterator 模式的类图

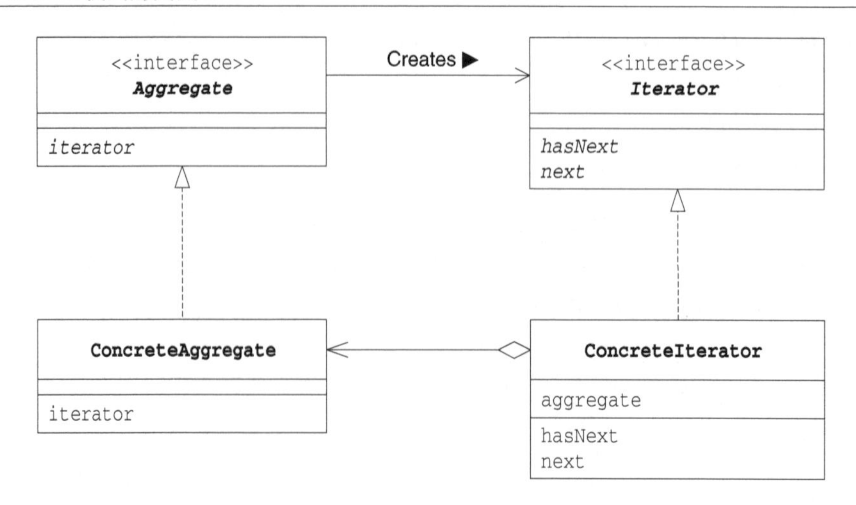

1.4 拓展思路的要点

不管实现如何变化，都可以使用 Iterator

为什么一定要考虑引入 Iterator 这种复杂的设计模式呢？如果是数组，直接使用 `for` 循环语句进行遍历处理不就可以了吗？为什么要在集合之外引入 Iterator 这个角色呢？

一个重要的理由是，引入 Iterator 后可以将遍历与实现分离开来。请看下面的代码。

```
while (it.hasNext()) {
    Book book = (Book)it.next();
    System.out.println(book.getName());
}
```

这里只使用了 `Iterator` 的 `hasNext` 方法和 `next` 方法，并没有调用 `BookShelf` 的方法。也就是说，**这里的 `while` 循环并不依赖于 `BookShelf` 的实现**。

如果编写 `BookShelf` 的开发人员决定放弃用数组来管理书本，而是用 `java.util.Vector` 取而代之，会怎样呢？不管 `BookShelf` 如何变化，只要 `BookShelf` 的 `iterator` 方法能正确地返回 `Iterator` 的实例（也就是说，返回的 `Iterator` 类的实例没有问题，`hasNext` 和 `next` 方法都可以正常工作），即使不对上面的 `while` 循环做任何修改，代码都可以正常工作。

这对于 `BookShelf` 的调用者来说真是太方便了。设计模式的作用就是帮助我们编写可复用的类。所谓"可复用"，就是指将类实现为"组件"，当一个组件发生改变时，不需要对其他的组件进行修改或是只需要很小的修改即可应对。

这样也就能理解为什么在示例程序中 `iterator` 方法的返回值不是 `BookShelfIterator` 类型而是 `Iterator` 类型了（代码清单 1-6）。这表明，这段程序就是要使用 `Iterator` 的方法进行编程，而不是 `BookShelfIterator` 的方法。

难以理解抽象类和接口

难以理解抽象类和接口的人常常使用 ConcreteAggregate 角色和 ConcreteIterator 角色编程，而不使用 `Aggregate` 接口和 `Iterator` 接口，他们总想用具体的类来解决所有的问题。

但是如果只使用具体的类来解决问题，很容易导致类之间的强耦合，这些类也难以作为组件被再次利用。为了弱化类之间的耦合，进而使得类更加容易作为组件被再次利用，我们需要引入抽象类和接口。

这也是贯穿本书的思想。即使大家现在无法完全理解，相信随着深入阅读本书，也一定能够逐渐理解。请大家将"不要只使用具体类来编程，要优先使用抽象类和接口来编程"印在脑海中。

Aggregate 和 Iterator 的对应

请大家仔细回忆一下我们是如何把 `BookShelfIterator` 类定义为 `BookShelf` 类的 ConcreteIterator 角色的。`BookShelfIterator` 类知道 `BookShelf` 是如何实现的。也正是因为如此，我们才能调用用来获取下一本书的 `getBookAt` 方法。

也就是说，如果 `BookShelf` 的实现发生了改变，即 `getBookAt` 方法这个接口（API）发生变化时，我们必须修改 BookShelfIterator 类。

正如 Aggregate 和 Iterator 这两个接口是对应的一样，ConcreteAggregate 和 ConcreteIterator 这两个类也是对应的。

容易弄错“下一个”

在 Iterator 模式的实现中，很容易在 next 方法上出错。该方法的返回值到底是应该指向当前元素还是当前元素的下一个元素呢？更详细地讲，next 方法的名字应该是下面这样的。

```
returnCurrentElementAndAdvanceToNextPosition
```

也就是说，next 方法是“返回当前的元素，并指向下一个元素”。

还容易弄错“最后一个”

在 Iterator 模式中，不仅容易弄错“下一个”，还容易弄错“最后一个”。hasNext 方法在返回最后一个元素前会返回 true，当返回了最后一个元素后则返回 false。稍不注意，就会无法正确地返回“最后一个”元素。

请大家将 hasNext 方法理解成“确认接下来是否可以调用 next 方法”的方法就可以了。

多个 Iterator

“将遍历功能置于 Aggregate 角色之外”是 Iterator 模式的一个特征。根据这个特征，可以针对一个 ConcreteAggregate 角色编写多个 ConcreteIterator 角色。

迭代器的种类多种多样

在示例程序中展示的 Iterator 类只是很简单地从前向后遍历集合。其实，遍历的方法是多种多样的。

- **从最后开始向前遍历**
- **既可以从前向后遍历，也可以从后向前遍历（既有 next 方法也有 previous 方法）**
- **指定下标进行“跳跃式”遍历**

学到这里，相信大家应该可以根据需求编写出各种各样的 Iterator 类了。

不需要 deleteIterator

Java

在 Java 中，没有被使用的对象实例将会自动被删除（垃圾回收，GC）。因此，在 iterator 中不需要与其对应的 deleteIterator 方法。

1.5 相关的设计模式

◆ Visitor 模式（第 13 章）

Iterator 模式是从集合中一个一个取出元素进行遍历，但是并没有在 `Iterator` 接口中声明对取出的元素进行何种处理。

Visitor 模式则是在遍历元素集合的过程中，对元素进行相同的处理。

在遍历集合的过程中对元素进行固定的处理是常有的需求。Visitor 模式正是为了应对这种需求而出现的。在访问元素集合的过程中对元素进行相同的处理，这种模式就是 Visitor 模式。

◆ Composite 模式（第 11 章）

Composite 模式是具有递归结构的模式，在其中使用 Iterator 模式比较困难。

◆ Factory Method 模式（第 4 章）

在 `iterator` 方法中生成 `Iterator` 的实例时可能会使用 Factory Method 模式。

1.6 本章所学知识

在本章中，我们学习了按照统一的方法遍历集合中的元素的 Iterator 模式。

接下来让我们做一下练习题吧。

1.7 练习题

答案请参见附录 A（P.294）

● 习题 1-1

在示例程序的 `BookShelf` 类（代码清单 1-4）中，当书的数量超过最初指定的书架容量时，就无法继续向书架中添加书本了。请大家不使用数组，而是用 `java.util.ArrayList` 修改程序，确保当书的数量超过最初指定的书架容量时也能继续向书架中添加书本。

第 2 章 Adapter 模式

加个“适配器”以便于复用

2.1　Adapter 模式

如果想让额定工作电压是直流 12 伏特的笔记本电脑在交流 100 伏特[①] 的 AC 电源下工作，应该怎么做呢？通常，我们会使用 AC 适配器，将家庭用的交流 100 伏特电压转换成我们所需要的直流 12 伏特电压。这就是适配器的工作，它位于实际情况与需求之间，填补两者之间的差异。适配器的英文是 Adapter，意思是"使……相互适合的东西"。前面说的 AC 适配器的作用就是让工作于直流 12 伏特环境的笔记本电脑适合于交流 100 伏特的环境（图 2-1）。

图 2-1　适配器的角色

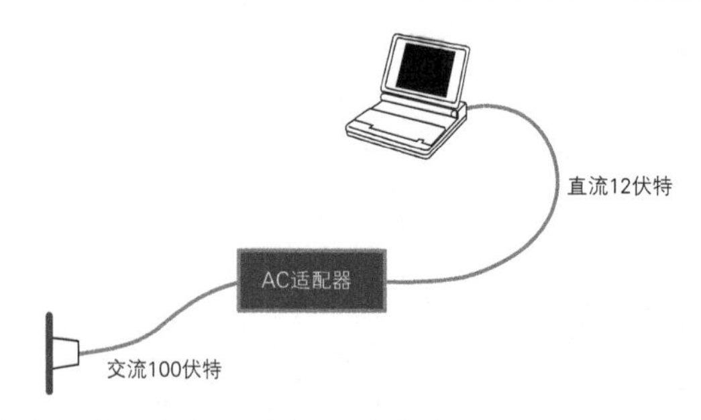

在程序世界中，经常会存在现有的程序无法直接使用，需要做适当的变换之后才能使用的情况。这种用于填补"现有的程序"和"所需的程序"之间差异的设计模式就是 **Adapter 模式**。

Adapter 模式也被称为 Wrapper 模式。Wrapper 有"包装器"的意思，就像用精美的包装纸将普通商品包装成礼物那样，替我们把某样东西包起来，使其能够用于其他用途的东西就被称为"包装器"或是"适配器"。

Adapter 模式有以下两种。

- **类适配器模式（使用继承的适配器）**
- **对象适配器模式（使用委托的适配器）**

本章将依次学习这两种 Adapter 模式。

2.2　示例程序（1）（使用继承的适配器）

首先，让我们来看一段使用继承的适配器的示例程序。这里的示例程序是一段会将输入的字符串显示为 `(Hello)` 或是 `*Hello*` 的简单程序。

目前在 `Banner` 类（Banner 有广告横幅的意思）中，有将字符串用括号括起来的 `showWithParen` 方法，和将字符串用 `*` 号括起来的 `showWithAster` 方法。我们假设这个 `Banner` 类是类似前文中的"交流 100 伏特电压"的"实际情况"。

假设 `Print` 接口中声明了两种方法，即弱化字符串显示（加括号）的 `printWeak`（weak 有弱化的意思）方法，和强调字符串显示（加 `*` 号）的 `printStrong`（strong 有强化的意思）方法。我们假设这个接口是类似于前文中的"直流 12 伏特电压"的"需求"。

---

① 日本的普通住宅区常用电压是 100 伏特，而国内居民区常用电压是 220 伏特，此处沿用了原文中的表述，故电压为 100 伏特。——译者注

现在要做的事情是使用 Banner 类编写一个实现了 Print 接口的类，也就是说要做一个将“交流 100 伏特电压”转换成“直流 12 伏特电压”的适配器。

扮演适配器角色的是 PrintBanner 类。该类继承了 Banner 类并实现了“需求”——Print 接口。PrintBanner 类使用 showWithParen 方法实现了 printWeak，使用 showWithAster 方法实现了 printStrong。这样，PrintBanner 类就具有适配器的功能了。电源的比喻和示例程序的对应关系如表 2-1 所示。

表 2-1 电源的比喻和示例程序的对应关系

	电源的比喻	示例程序
实际情况	交流 100 伏特	Banner 类（showWithParen、showWithAster）
变换装置	适配器	PrintBanner 类
需求	直流 12 伏特	Print 接口（printWeak、printStrong）

图 2-2 使用了“类适配器模式”的示例程序的类图（使用继承）

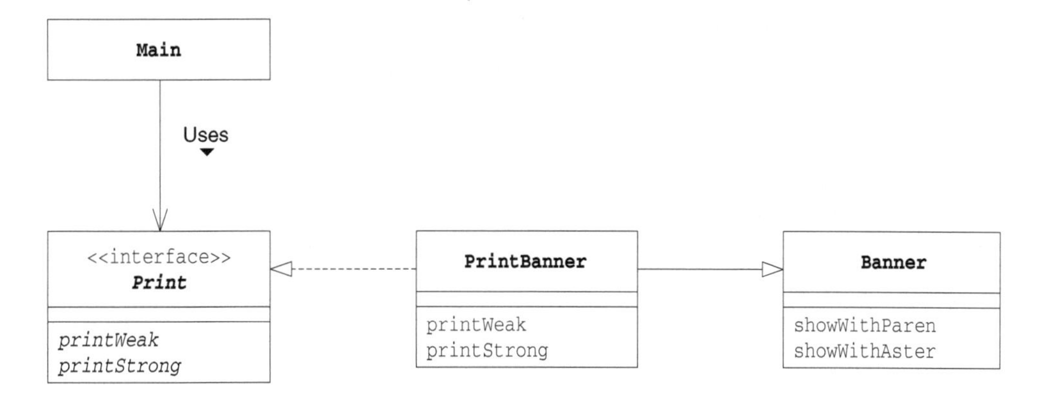

Banner 类

假设 Banner 类（代码清单 2-1）是现在的实际情况。

代码清单 2-1 Banner 类（Banner.java）

```
public class Banner {
    private String string;
    public Banner(String string) {
        this.string = string;
    }
    public void showWithParen() {
        System.out.println("(" + string + ")");
    }
    public void showWithAster() {
        System.out.println("*" + string + "*");
    }
}
```

Print 接口

假设 Print 接口（代码清单 2-2）是“需求”的接口。

代码清单 2-2 Print 接口（Print.java）

```
public interface Print {
    public abstract void printWeak();
    public abstract void printStrong();
}
```

PrintBanner 类

PrintBanner 类（代码清单 2-3）扮演适配器的角色。它继承（extends）了 Banner 类，继承了 showWithParen 方法和 showWithAster 方法。同时，它又实现（implements）了 Print 接口，实现了 printWeak 方法和 printStrong 方法。

代码清单 2-3 PrintBanner 类（PrintBanner.java）

```
public class PrintBanner extends Banner implements Print {
    public PrintBanner(String string) {
        super(string);
    }
    public void printWeak() {
        showWithParen();
    }
    public void printStrong() {
        showWithAster();
    }
}
```

Main 类

Main 类（代码清单 2-4）的作用是通过扮演适配器角色的 PrintBanner 类来弱化（带括号）或是强化 Hello（带 * 号）字符串的显示。

代码清单 2-4 Main 类（Main.java）

```
public class Main {
    public static void main(String[] args) {
        Print p = new PrintBanner("Hello");
        p.printWeak();
        p.printStrong();
    }
}
```

图 2-3 运行结果

```
(Hello)
*Hello*
```

请注意，这里我们将 PrintBanner 类的实例保存在了 Print 类型的变量中。在 Main 类中，我们是使用 Print 接口（即调用 printWeak 方法和 printStrong 方法）来进行编程的。对 Main 类的代码而言，Banner 类、showWithParen 方法和 showWithAster 方法被完全隐藏起来了。这就好像笔记本电脑只要在直流 12 伏特电压下就能正常工作，但它并不知道这 12 伏特的电压是由适配器将 100 伏特交流电压转换而成的。

Main 类并不知道 PrintBanner 类是如何实现的，这样就可以在不用对 Main 类进行修改的情况下改变 PrintBanner 类的具体实现。

2.3　示例程序（2）（使用委托的示例程序）

之前的示例程序展示了类适配器模式。下面我们再来看看对象适配器模式。在之前的示例程序中，我们使用“继承”实现适配，而这次我们要使用“委托”来实现适配。

▶▶小知识：关于委托

“委托”这个词太过于正式了，说得通俗点就是“交给其他人”。比如，当我们无法出席重要会议时，可以写一份委任书，说明一下“我无法出席会议，安排佐藤代替我出席”。委托跟委任的意思是一样的。在 Java 语言中，委托就是指将某个方法中的实际处理交给其他实例的方法。

Main 类和 Banner 类与示例程序（1）中的内容完全相同，不过这里我们假设 Print 不是接口而是类（代码清单 2-5）。

也就是说，我们打算利用 Banner 类实现一个类，该类的方法和 Print 类的方法相同。由于在 Java 中无法同时继承两个类（只能是单一继承），因此我们无法将 PrintBanner 类分别定义为 Print 类和 Banner 类的子类。

PrintBanner 类（代码清单 2-6）的 banner 字段中保存了 Banner 类的实例。该实例是在 PrintBanner 类的构造函数中生成的。然后，printWeak 方法和 printStrong 方法会通过 banner 字段调用 Banner 类的 showWithParen 和 showWithAster 方法。

与之前的示例程序中调用了从父类中继承的 showWithParen 方法和 showWithAster 方法不同，这次我们通过字段来调用这两个方法。

这样就形成了一种委托关系（图 2-4）。当 PrintBanner 类的 printWeak 被调用的时候，并不是 PrintBanner 类自己进行处理，而是将处理交给了其他实例（Banner 类的实例）的 showWithParen 方法。

图 2-4　使用了“对象适配器模式”的示例程序的类图（使用委托）

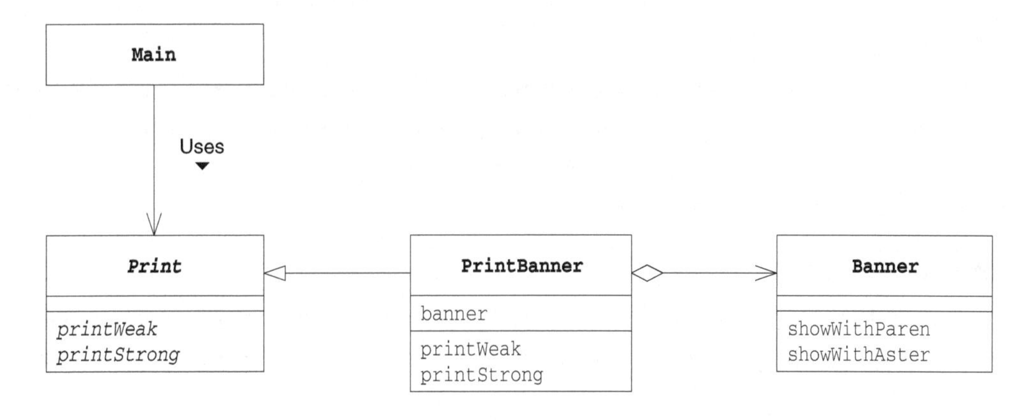

Print 类

代码清单 2-5 Print 类（Print.java）

```
public abstract class Print {
    public abstract void printWeak();
    public abstract void printStrong();
}
```

PrintBanner 类

代码清单 2-6 PrintBanner 类（PrintBanner.java）

```
public class PrintBanner extends Print {
    private Banner banner;
    public PrintBanner(String string) {
        this.banner = new Banner(string);
    }
    public void printWeak() {
        banner.showWithParen();
    }
    public void printStrong() {
        banner.showWithAster();
    }
}
```

2.4 Adapter 模式中的登场角色

在 Adapter 模式中有以下登场角色。

◆ Target（对象）

该角色负责定义所需的方法。以本章开头的例子来说，即让笔记本电脑正常工作所需的直流 12 伏特电源。在示例程序中，由 `Print` 接口（使用继承时）和 `Print` 类（使用委托时）扮演此角色。

◆ Client（请求者）

该角色负责使用 Target 角色所定义的方法进行具体处理。以本章开头的例子来说，即直流 12 伏特电源所驱动的笔记本电脑。在示例程序中，由 `Main` 类扮演此角色。

◆ Adaptee（被适配）

注意不是 Adapt-er（适配）角色，而是 Adapt-ee（被适配）角色。Adaptee 是一个持有既定方法的角色。以本章开头的例子来说，即交流 100 伏特电源。在示例程序中，由 `Banner` 类扮演此角色。

如果 Adaptee 角色中的方法与 Target 角色的方法相同（也就是说家庭使用的电压就是 12 伏特直流电压），就不需要接下来的 Adapter 角色了。

◆ Adapter（适配）

Adapter 模式的主人公。使用 Adaptee 角色的方法来满足 Target 角色的需求，这是 Adapter 模式的目的，也是 Adapter 角色的作用。以本章开头的例子来说，Adapter 角色就是将交流 100 伏特电压转换为直流 12 伏特电压的适配器。在示例程序中，由 PrintBanner 类扮演这个角色。

在类适配器模式中，Adapter 角色通过继承来使用 Adaptee 角色，而在对象适配器模式中，Adapter 角色通过委托来使用 Adaptee 角色。

图 2-5 和图 2-6 展示了这两种 Adapter 模式的类图。

图 2-5　类适配器模式的类图（使用继承）

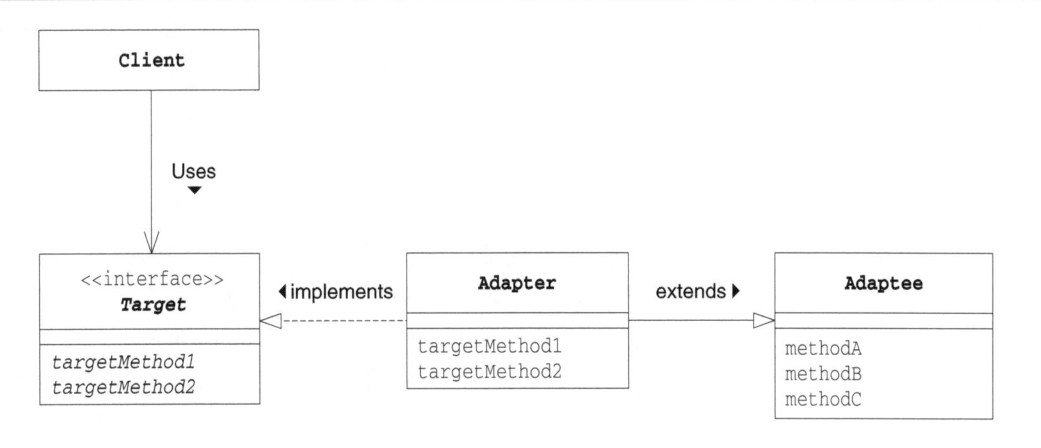

图 2-6　对象适配器模式的类图（使用委托）

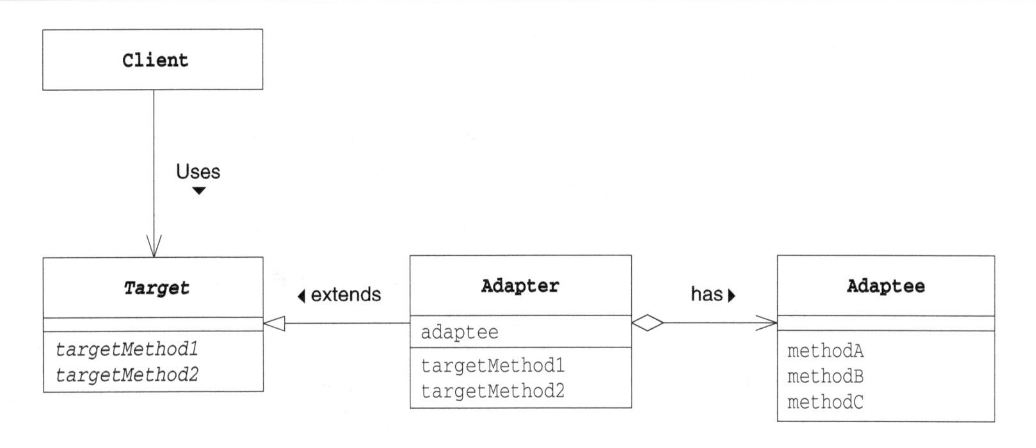

2.5 拓展思路的要点

什么时候使用 Adapter 模式

一定会有读者认为“如果某个方法就是我们所需要的方法，那么直接在程序中使用不就可以了吗？为什么还要考虑使用 Adapter 模式呢？”那么，究竟应当在什么时候使用 Adapter 模式呢？

很多时候，我们并非从零开始编程，经常会用到现有的类。特别是当现有的类已经被充分测试过了，Bug 很少，而且已经被用于其他软件之中时，我们更愿意将这些类作为组件重复利用。

Adapter 模式会对现有的类进行适配，生成新的类。通过该模式可以很方便地创建我们需要的方法群。当出现 Bug 时，由于我们很明确地知道 Bug 不在现有的类（Adaptee 角色）中，所以只需调查扮演 Adapter 角色的类即可。这样一来，代码问题的排查就会变得非常简单。

如果没有现成的代码

让现有的类适配新的接口（API）时，使用 Adapter 模式似乎是理所当然的。不过实际上，我们在让现有的类适配新的接口时，常常会有“只要将这里稍微修改下就可以了”的想法，一不留神就会修改现有的代码。但是需要注意的是，如果要对已经测试完毕的现有代码进行修改，就必须在修改后重新进行测试。

使用 Adapter 模式可以在完全不改变现有代码的前提下使现有代码适配于新的接口（API）。此外，在 Adapter 模式中，并非一定需要现成的代码。只要知道现有类的功能，就可以编写出新的类。

版本升级与兼容性

软件的生命周期总是伴随着版本的升级，而在版本升级的时候经常会出现“与旧版本的兼容性”问题。如果能够完全抛弃旧版本，那么软件的维护工作将会轻松得多，但是现实中往往无法这样做。这时，可以使用 Adapter 模式使新旧版本兼容，帮助我们轻松地同时维护新版本和旧版本。

例如，假设我们今后只想维护新版本。这时可以让新版本扮演 Adaptee 角色，旧版本扮演 Target 角色。接着编写一个扮演 Adapter 角色的类，让它使用新版本的类来实现旧版本的类中的方法。

图 2-7 展示了这些关系的类图（请注意它并非 UML 图）。

图 2-7 提高与旧版本软件的兼容性的 Adapter 模式

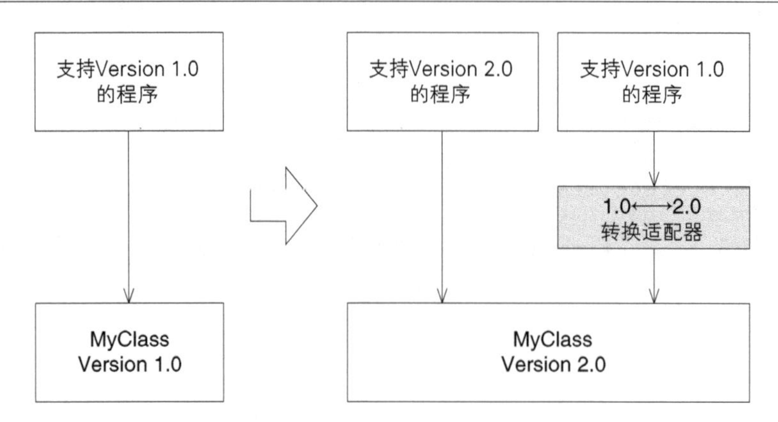

功能完全不同的类

当然，当 Adaptee 角色和 Target 角色的功能完全不同时，Adapter 模式是无法使用的。就如同我们无法用交流 100 伏特电压让自来水管出水一样。

2.6 相关的设计模式

◆ Bridge 模式（第 9 章）

Adapter 模式用于连接接口（API）不同的类，而 Bridge 模式则用于连接类的功能层次结构与实现层次结构。

◆ **Decorator 模式**（第 12 章）

Adapter 模式用于填补不同接口（API）之间的缝隙，而 Decorator 模式则是在不改变接口（API）的前提下增加功能。

2.7 本章所学知识

在本章中，我们学习了 Adapter 模式。Adapter 模式用于填补具有不同接口（API）的两个类之间的缝隙。此外，我们还学习了“使用继承”和“使用委托”这两种实现 Adapter 模式的方式和它们各自的特征。

现在大家应该对设计模式有些了解了，那么接下来让我们做两道练习题。

2.8 练习题

答案请参见附录 A（P.295）

●习题 2-1

Java 在示例程序中生成 `PrintBanner` 类的实例时，我们采用了如下方法，即使用 `Print` 类型的变量来保存 `PrintBanner` 实例。

```
Print p = new PrintBanner("Hello");
```

请问我们为什么不像下面这样使用 `PrintBanner` 类型的变量来保存 `PrintBanner` 的实例呢?

```
PrintBanner p = new PrintBanner("Hello");
```

●习题 2-2

在 `java.util.Properties` 类中，可以像下面这样管理键值对（属性）。

```
year=2004
month=4
day=21
```

`java.util.Properties` 类提供了以下方法，可以帮助我们方便地从流中取出属性或将属性写入流中。

```
void load(InputStream in) throws IOException
```
从 InputStream 中取出属性集合

```
void store(OutputStream out, String header) throws IOException
```
向 OutputStream 写入属性集合。header 是注释文字

请使用 Adapter 模式编写一个将属性集合保存至文件中的 `FileProperties` 类。

这里，我们假设在代码清单 2-7 中的 `FileIO` 接口（Target 角色）中声明了将属性集合保存至文件的方法，并假设 `FileProperties` 类会实现这个 `FileIO` 接口。

输入文件 `file.txt` 以及输出文件 `newfile.txt` 的内容请参见代码清单 2-9 和代码清单 2-10（以 # 开始的内容是 `java.util.Properties` 类自动附加的注释文字）。

当FileProperties类编写完成后，即使FileProperties类不了解java.util.Properties类的方法，只要知道FileIO接口的方法也可以对属性进行处理。还是以本章开头的电源的例子来说，java.util.Properties类相当于现在家庭中使用的100伏特交流电压，FileIO接口相当于所需要的直流12伏特电源，而FileProperties类则相当于适配器。

代码清单 2-7 FileIO 接口（FileIO.java）

```
import java.io.*;

public interface FileIO {
    public void readFromFile(String filename) throws IOException;
    public void writeToFile(String filename) throws IOException;
    public void setValue(String key, String value);
    public String getValue(String key);
}
```

代码清单 2-8 Main 类（Main.java）

```
import java.io.*;

public class Main {
    public static void main(String[] args) {
        FileIO f = new FileProperties();
        try {
            f.readFromFile("file.txt");
            f.setValue("year", "2004");
            f.setValue("month", "4");
            f.setValue("day", "21");
            f.writeToFile("newfile.txt");
        } catch (IOException e) {
            e.printStackTrace();
        }
    }
}
```

代码清单 2-9 输入文件（file.txt）

```
year=1999
```

代码清单 2-10 输出文件（newfile.txt）

```
#written by FileProperties
#Wed Apr 21 18:21:00 JST 2004
day=21
year=2004
month=4
```

第 2 部分　交给子类

第 3 章　Template Method 模式

将具体处理交给子类

3.1 Template Method 模式

什么是模板

模板的原意是指带有镂空文字的薄薄的塑料板。只要用笔在模板的镂空处进行临摹，即使是手写也能写出整齐的文字。虽然只要看到这些镂空的洞，我们就可以知道能写出哪些文字，但是具体写出的文字是什么感觉则依赖于所用的笔。如果使用签字笔来临摹，则可以写出签字似的文字；如果使用铅笔来临摹，则可以写出铅笔字；而如果是用彩色笔临摹，则可以写出彩色的字。但是无论使用什么笔，文字的形状都会与模板上镂空处的形状一致（图 3-1）。

图 3-1 用签字笔临摹模板

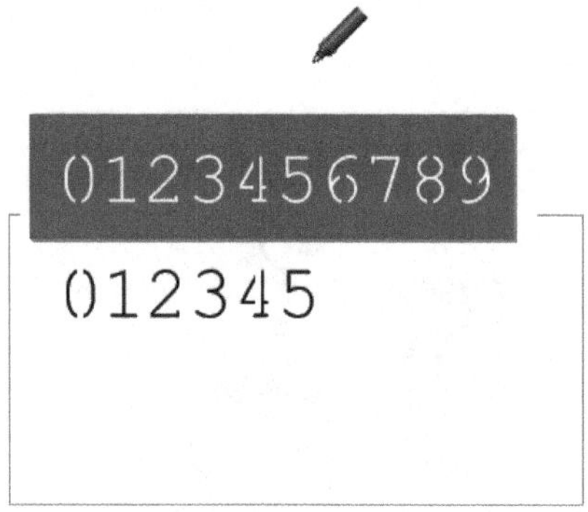

0123456789

012345

什么是 Template Method 模式

本章中所要学习的 Template Method 模式是带有模板功能的模式，组成模板的方法被定义在父类中。由于这些方法是抽象方法，所以只查看父类的代码是无法知道这些方法最终会进行何种具体处理的，唯一能知道的就是父类是如何调用这些方法的。

实现上述这些抽象方法的是子类。在子类中实现了抽象方法也就决定了具体的处理。也就是说，只要在不同的子类中实现不同的具体处理，当父类的模板方法被调用时程序行为也会不同。但是，不论子类中的具体实现如何，处理的流程都会按照父类中所定义的那样进行。

像这样**在父类中定义处理流程的框架，在子类中实现具体处理**的模式就称为 **Template Method 模式**。在本章中，我们将要学习 Template Method 模式的相关知识。

3.2 示例程序

首先让我们来看一段 Template Method 模式的示例程序。这里的示例程序是一段将字符和字符串循环显示 5 次的简单程序。

在示例程序中会出现 `AbstractDisplay`、`CharDisplay`、`StringDisplay`、`Main` 这 4 个类（图 3-2）。

在 `AbstractDisplay` 类中定义了 `display` 方法，而且在该方法中依次调用了 `open`、

print、close 这 3 个方法。虽然这 3 个方法已经在 AbstractDisplay 中被声明了，但都是没有实体的抽象方法。这里，调用抽象方法的 display 方法就是**模板方法**。

而实际上实现了 open、print、close 这 3 个抽象方法的是 AbstractDisplay 的子类 CharDisplay 类和 StringDisplay 类。

Main 类是用于测试程序行为的类。

表 3-1　类的一览表

名字	说明
AbstractDisplay	只实现了 display 方法的抽象类
CharDisplay	实现了 open、print、close 方法的类
StringDisplay	实现了 open、print、close 方法的类
Main	测试程序行为的类

图 3-2　示例程序的类图

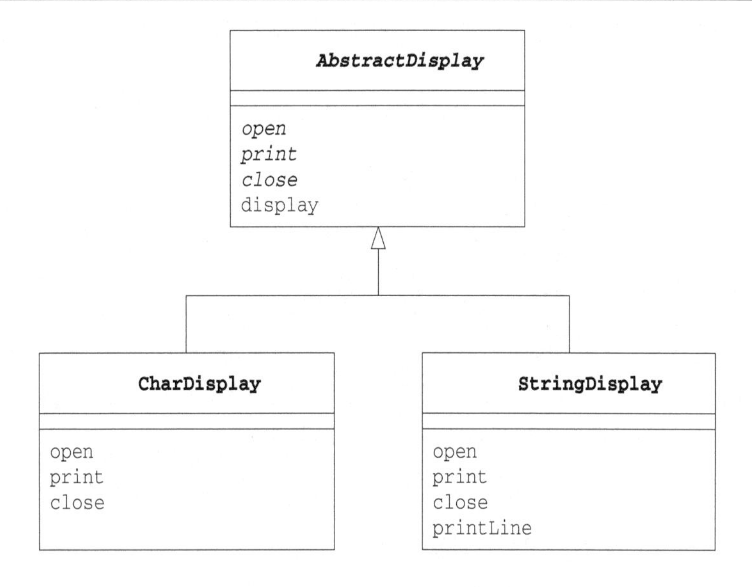

AbstractDisplay 类

AbstractDisplay 类（代码清单 3-1）有 4 个方法，分别是 display、open、print、close。其中只有 display 方法实现了，open、print、close 都是抽象方法。通过查看 AbstractDisplay 类中 display 方法的代码，我们可以知道 display 方法进行了以下处理。

- **调用 open 方法**
- **调用 5 次 print 方法**
- **调用 close 方法**

那么在 open 方法、print 方法、close 方法中各进行了什么处理呢？通过查看 AbstractDisplay 类的代码，我们可以知道这 3 个方法都是抽象方法。也就是说，如果仅仅查看 AbstractDisplay 类的代码，我们无法知道这 3 个方法中到底进行了什么样的处理。这是因为 open 方法、print 方法、close 方法的实际处理被交给了 AbstractDisplay 类的子类。

代码清单 3-1　AbstractDisplay 类（AbstractDisplay.java）

```
public abstract class AbstractDisplay { // 抽象类 AbstractDisplay
    public abstract void open();         // 交给子类去实现的抽象方法 (1)open
    public abstract void print();        // 交给子类去实现的抽象方法 (2) print
    public abstract void close();        // 交给子类去实现的抽象方法 (3) close
    public final void display() {        // 本抽象类中实现的 display 方法
        open();                          // 首先打开……
        for (int i = 0; i < 5; i++) {    // 循环调用 5 次 print……
            print();
        }
        close();            // ……最后关闭。这就是 display 方法所实现的功能
    }
}
```

CharDisplay 类

理解了前面的内容后，我们再来看看子类之一的 CharDisplay 类（代码清单 3-2）。由于 CharDisplay 类实现了父类 AbstractDisplay 类中的 3 个抽象方法 open、print、close，因此它并不是抽象类。

CharDisplay 类中的 open、print、close 方法的处理如表 3-2 所示。

表 3-2　CharDisplay 类中的 open、print、close 方法的处理

方法名	处理
open	显示字符串 "<<"
print	显示构造函数接收的 1 个字符
close	显示字符串 ">>"

这样，当 dipslay 方法被调用时，结果会如何呢？假设我们向 CharDisplay 的构造函数中传递的参数是 H 这个字符，那么最终显示出来的会是如下结果。

<<HHHHH>>

代码清单 3-2　CharDisplay 类（CharDisplay.java）

```
public class CharDisplay extends AbstractDisplay {  // CharDisplay 是 AbstractDisplay 的子类
    private char ch;                      // 需要显示的字符
    public CharDisplay(char ch) {         // 构造函数中接收的字符被
        this.ch = ch;                     // 保存在字段中
    }
    public void open() {                  // open 在父类中是抽象方法
                                          // 此处重写该方法
        System.out.print("<<");           // 显示开始字符 "<<"
    }
    public void print() {                 // 同样地，此处重写 print 方法
                                          // 该方法会在 display 中被重复调用
        System.out.print(ch);             // 显示保存在字段 ch 中的字符
    }
    public void close() {                 // 同样地，此处重写 close 方法
        System.out.println(">>");         // 显示结束字符 ">>"
    }
}
```

StringDisplay 类

接下来让我们看看另外一个子类——StringDisplay类（代码清单 3-3）。与 CharDisplay 类一样，它也实现了 open、print、close 方法。这次，这 3 个方法中会进行怎样的处理呢？

StringDisplay类中的 open、print、close 方法的处理如表 3-3 所示。

此时，如果 dipslay 方法被调用，结果会如何呢？假设我们向 CharDisplay 的构造函数中传递的参数是 "Hello,world." 这个字符串，那么最终结果会像下面这样，文字会被显示在方框内部。

```
+-------------+
|Hello, world.|
|Hello, world.|
|Hello, world.|
|Hello, world.|
|Hello, world.|
+-------------+
```

表 3-3 StringDisplay 类中的 open、print、close 方法的处理

方法名	处理
open	显示字符串 "+-----+"
print	在构造函数接收的字符串前后分别加上 "|" 并显示出来
close	显示字符串 "+-----+"

代码清单 3-3 StringDisplay 类（StringDisplay.java）

```
public class StringDisplay extends AbstractDisplay {     // StringDisplay 也是
                                                         // AbstractDisplay 的子类
    private String string;                          // 需要显示的字符串
    private int width;                              // 以字节为单位计算出的字符串长度
    public StringDisplay(String string) {           // 构造函数中接收的字符串被
        this.string = string;                       // 保存在字段中
        this.width = string.getBytes().length;      // 同时将字符串的字节长度也
                                                    // 保存在字段中，以供后面使用
    }
    public void open() {                            // 重写的 open 方法
        printLine();                                // 调用该类的 printLine 方法画线
    }
    public void print() {                           // print 方法
        System.out.println("|" + string + "|");     // 给保存在字段中的字符串前后分别加上 "|"
                                                    // 并显示出来
    }
    public void close() {                       // close 方法与
        printLine();                            // open 方法一样，调用 printLine 方法画线
    }
    private void printLine() {                  // 被 open 和 close 方法调用
                                                // 由于可见性是 private，因此只能在本类中被调用
        System.out.print("+");                  // 显示表示方框的角的 "+"
        for (int i = 0; i < width; i++) {       // 显示 width 个 "-"
            System.out.print("-");              // 组成方框的边框
        }
        System.out.println("+");                // 显示表示方框的角的 "+"
    }
}
```

Main 类

Main 类（代码清单 3-4）的作用是测试程序行为。在该类中生成了 CharDisplay 类和 StringDisplay 类的实例，并调用了 display 方法。

代码清单 3-4 Main 类（Main.java）

```
public class Main {
    public static void main(String[] args) {
        // 生成一个持有 'H' 的 CharDisplay 类的实例
        AbstractDisplay d1 = new CharDisplay('H');
        // 生成一个持有 "Hello, world." 的 StringDisplay 类的实例
        AbstractDisplay d2 = new StringDisplay("Hello, world.");
        // 生成一个持有 " 你好，世界。" 的 StringDisplay 类的实例
        AbstractDisplay d3 = new StringDisplay(" 你好，世界。");
        d1.display();  // 由于 d1、d2 和 d3 都是 AbstractDisplay 类的子类
        d2.display();  // 可以调用继承的 display 方法
        d3.display();  // 实际的程序行为取决于 CharDisplay 类和 StringDisplay 类的具体实现
    }
}
```

图 3-3 运行结果[①]

```
<<HHHHH>>              ← d1 的显示结果 (CharDisplay)
+-------------+        ← d2 的显示结果 (StringDisplay)
|Hello, world.|
|Hello, world.|
|Hello, world.|
|Hello, world.|
|Hello, world.|
+-------------+
+-------------+        ← d3 的显示结果 (StringDisplay)
| 你好，世界。   |
| 你好，世界。   |
| 你好，世界。   |
| 你好，世界。   |
| 你好，世界。   |
+-------------+
```

3.3 Template Method 模式中的登场角色

在 Template Method 模式中有以下登场角色。

◆ AbstractClass（抽象类）

AbstractClass 角色不仅负责实现模板方法，还负责声明在模板方法中所使用到的抽象方法。这些抽象方法由子类 ConcreteClass 角色负责实现。在示例程序中，由 AbstractDisplay 类扮演此角色。

◆ ConcreteClass（具体类）

该角色负责具体实现 AbstractClass 角色中定义的抽象方法。这里实现的方法将会在 AbstractClass

① 原文源代码的编码标准是 Shift_JIS，翻译为中文后编码标准变为了 UTF-8，一个全角字符占用的字节发生了变化，因此实际的代码运行结果会与图 3-2 稍有不同。——译者注

角色的模板方法中被调用。在示例程序中，由 CharDisplay 类和 StringDisplay 类扮演此角色。

图 3-4 展示了这两种 Template Method 模式的类图。

图 3-4　Template Method 模式的类图

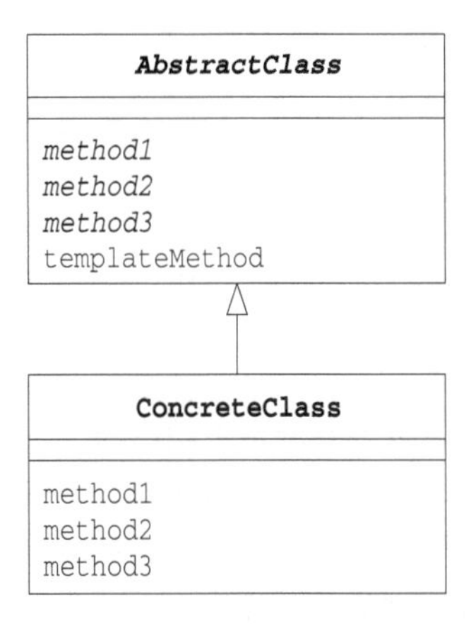

3.4　拓展思路的要点

可以使逻辑处理通用化

使用 Template Method 模式究竟能带来什么好处呢？这里，它的优点是由于在父类的模板方法中编写了算法，因此无需在每个子类中再编写算法。

例如，我们没使用 Template Method 模式，而是使用文本编辑器的复制和粘贴功能编写了多个 ConcreteClass 角色。此时，会出现 ConcreteClass1、ConcreteClass2、ConcreteClass3 等很多相似的类。编写完成后立即发现了 Bug 还好，但如果是过一段时间才发现在 ConcreteClass1 中有 Bug，该怎么办呢？这时，我们就必须将这个 Bug 的修改反映到所有的 ConcreteClass 角色中才行。

关于这一点，如果是使用 Template Method 模式进行编程，当我们在模板方法中发现 Bug 时，只需要修改模板方法即可解决问题。

父类与子类之间的协作

在 Template Method 模式中，父类和子类是紧密联系、共同工作的。因此，在子类中实现父类中声明的抽象方法时，必须要理解这些抽象方法被调用的时机。在看不到父类的源代码的情况下，想要编写出子类是非常困难的。

父类与子类的一致性

在示例程序中，不论是 CharDisplay 的实例还是 StringDisplay 的实例，都是先保存在 AbstractDisplay 类型的变量中，然后再来调用 display 方法的。

使用父类类型的变量保存子类实例的优点是，即使没有用 instanceof 等指定子类的种类，程序也能正常工作。

无论在父类类型的变量中保存哪个子类的实例，程序都可以正常工作，这种原则称为里氏替换原则[①]（The Liskov Substitution Principle，LSP）。当然，LSP 并非仅限于 Template Method 模式，它是通用的继承原则。

3.5 相关的设计模式

◆ **Factory Method 模式**（第 4 章）

Factory Method 模式是将 Template Method 模式用于生成实例的一个典型例子。

◆ **Strategy 模式**（第 10 章）

在 Template Method 模式中，可以**使用继承改变程序的行为**。这是因为 Template Method 模式在父类中定义程序行为的框架，在子类中决定具体的处理。

与此相对的是 Strategy 模式，它可以**使用委托改变程序的行为**。与 Template Method 模式中改变部分程序行为不同的是，Strategy 模式用于替换整个算法。

3.6 延伸阅读：类的层次与抽象类

父类对子类的要求

我们在理解类的层次时，通常是站在子类的角度进行思考的。也就是说，很容易着眼于以下几点。

- **在子类中可以使用父类中定义的方法**
- **可以通过在子类中增加方法以实现新的功能**
- **在子类中重写父类的方法可以改变程序的行为**

现在，让我们稍微改变一下立场，站在父类的角度进行思考。在父类中，我们声明了抽象方法，而将该方法的实现交给了子类。换言之，就程序而言，声明抽象方法是希望达到以下目的。

- **期待子类去实现抽象方法**
- **要求子类去实现抽象方法**

也就是说，子类具有实现在父类中所声明的抽象方法的责任。因此，这种责任被称为“子类责任”（subclass responsibility）。

抽象类的意义

对于抽象类，我们是无法生成其实例的。在初学抽象类时，有人会有这样的疑问：“无法生成实例的类到底有什么作用呢？”在学完了 Template Method 模式后，大家应该能够稍微理解抽象类的意义了吧。由于在抽象方法中并没有编写具体的实现，所以我们无法知道在抽象方法中到底进行了什

① Robert C.Martin，*C++ Report*，March 1996。http://retis.sssup.it/~lipari/courses/cpp09/lsp.pdf

么样的处理。但是我们可以决定抽象方法的名字，然后通过调用使用了抽象方法的模板方法去编写处理。虽然具体的处理内容是由子类决定的，不过**在抽象类阶段确定处理的流程**非常重要。

父类与子类之间的协作

父类与子类的相互协作支撑起了整个程序。虽然将更多方法的实现放在父类中会让子类变得更轻松，但是同时也降低了子类的灵活性；反之，如果父类中实现的方法过少，子类就会变得臃肿不堪，而且还会导致各子类间的代码出现重复。

在 Template Method 模式中，处理的流程被定义在父类中，而具体的处理则交给了子类。但是对于“如何划分处理的级别，哪些处理需要由父类完成，哪些处理需要交给子类负责”并没有定式，这些都需要由负责程序设计的开发人员来决定。

3.7 本章所学知识

在本章中，我们学习了在父类中定义处理的流程，在子类中实现具体处理内容的 Template Method 模式。此外，我们还分析了抽象类的意义和子类的责任。

在下一章中，我们将学习 Factory Method 模式——将 Template Method 模式用于生成实例的模式。

3.8 练习题

答案请参见附录 A（P.296）

● **习题 3-1**

Java java.io.InputStream 类使用了 Template Method 模式。请阅读官方文档（JDK 的 API 参考资料），从中找出需要用 java.io.InputStream 的子类去实现的方法。

● **习题 3-2**

Java 示例程序中的 AbstractDisplay 类（代码清单 3-1）的 display 方法如下所示。

```
public final void display() {
    ...
}
```

这里使用了修饰符 final，请问这是想表达什么意思呢?

● **习题 3-3**

Java 如果想要让示例程序中的 open、print、close 方法可以被具有继承关系的类和同一程序包中的类调用，但是不能被无关的其他类调用，应当怎么做呢?

● **习题 3-4**

Java Java 中的接口与抽象类很相似。接口同样也是抽象方法的集合，但是在 Template Method 模式中，我们却无法使用接口来扮演 AbstractClass 角色，请问这是为什么呢?

第 4 章　Factory Method 模式

将实例的生成交给子类

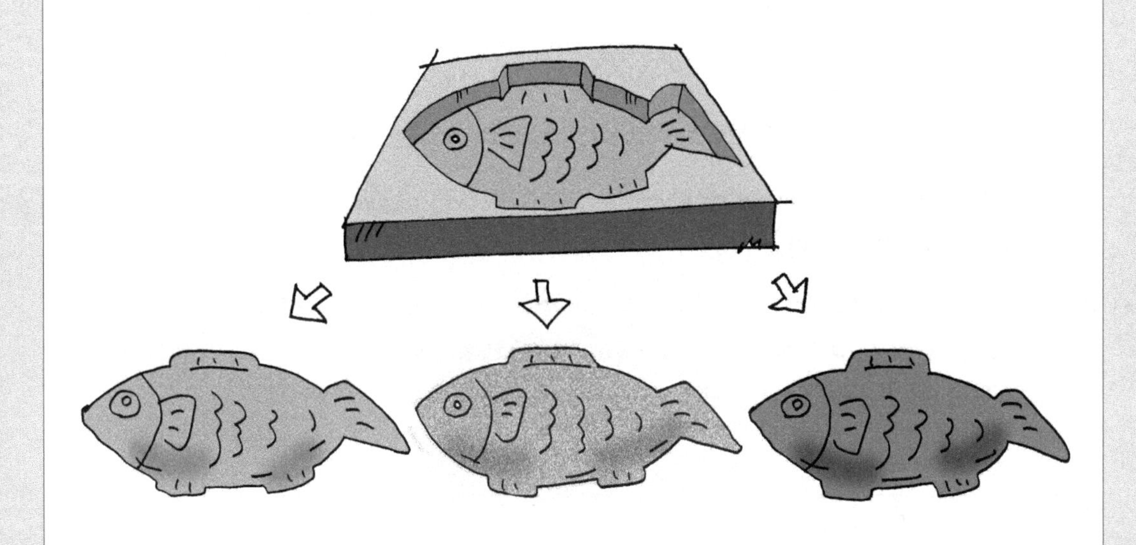

4.1 Factory Method 模式

在 Template Method 模式（第 3 章）中，我们在父类中规定处理的流程，在子类中实现具体的处理。如果我们将该模式用于生成实例，它就演变为本章中我们所要学习的 **Factory Method 模式**。

Factory 有"工厂"的意思。用 Template Method 模式来构建生成实例的工厂，这就是 Factory Method 模式。

在 Factory Method 模式中，父类决定实例的生成方式，但并不决定所要生成的具体的类，具体的处理全部交给子类负责。这样就可以将生成实例的框架（framework）和实际负责生成实例的类解耦。

4.2 示例程序

首先让我们来看一段 Factory Method 模式的示例程序。这段示例程序的作用是制作身份证（ID 卡），它其中有 5 个类（图 4-1）。

`Product` 类和 `Factory` 类属于 `framework` 包。这两个类组成了生成实例的框架。

`IDCard` 类和 `IDCardFactory` 类负责实际的加工处理，它们属于 `idcard` 包。

`Main` 类是用于测试程序行为的类。

在阅读示例程序时，请注意所阅读的代码属于 `framework` 包还是 `idcard` 包。

- **生成实例的框架（framework 包）**
- **加工处理（idcard 包）**

Java **注意** 开发对外公开的包时，有人推荐将域名反着写，形成世界上独一无二的包名。例如，将 `hyuki.com` 这个域名反过来，以 `com.hyuki` 作为包名的前面部分。不过，此处只是为了让读者更容易理解而举的例子，笔者并没有完全遵守该规则。

表 4-1 类的一览表

包	名字	说明
framework	Product	只定义抽象方法 use 的抽象类
framework	Factory	实现了 create 方法的抽象类
idcard	IDCard	实现了 use 方法的类
idcard	IDCardFactory	实现了 createProduct、registerProduct 方法的类
无名	Main	测试程序行为的类

图 4-1 示例程序的类图

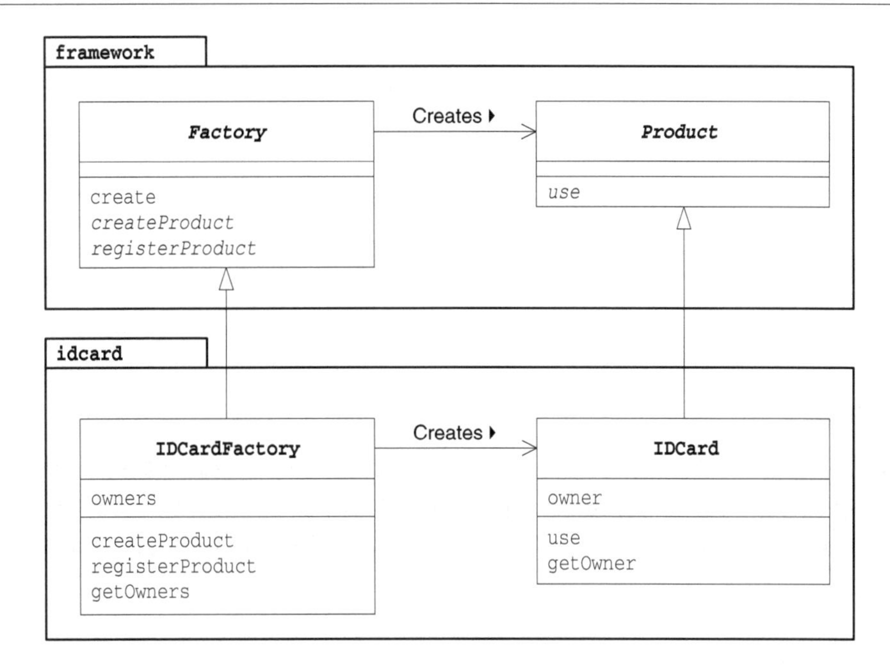

Product 类

framework 包中的 Product 类（代码清单 4-1）是用来表示“产品”的类。在该类中仅声明了 use 抽象方法。use 方法的实现则被交给了 Product 类的子类负责。

在这个框架中，定义了产品是“任意的可以 use 的”东西。

代码清单 4-1 Product 类（Product.java）

```
package framework;

public abstract class Product {
    public abstract void use();
}
```

Factory 类

在 framework 包中的 Factory 类（代码清单 4-2）中，我们使用了 Template Method 模式。该类还声明了用于“生成产品”的 createProduct 抽象方法和用于“注册产品”的 registerProduct 抽象方法。“生成产品”和“注册产品”的具体处理则被交给了 Factory 类的子类负责。

在这个框架中，我们定义了工厂是用来“调用 create 方法生成 Product 实例”的。而 create 方法的实现是先调用 createProduct 生成产品，接着调用 registerProduct 注册产品。

具体的实现内容根据 Factory Method 模式适用的场景不同而不同。但是，只要是 Factory Method 模式，在生成实例时就一定会使用到 Template Method 模式。

代码清单 4-2 Factory 类（Factory.java）

```
package framework;

public abstract class Factory {
    public final Product create(String owner) {
        Product p = createProduct(owner);
        registerProduct(p);
        return p;
    }
    protected abstract Product createProduct(String owner);
    protected abstract void registerProduct(Product product);
}
```

IDCard 类

之前我们已经理解了框架（framework 包）的代码。接下来让我们把关注点转移到负责加工处理的这一边（idcard 包）。我们先来编写表示 ID 卡的类，即 IDCard 类。为了能够明显地体现出与框架的分离，我们将这个类放在 idcard 包中。IDCard 类（代码清单 4-3）是产品 Product 类的子类。

代码清单 4-3 IDCard 类（IDCard.java）

```
package idcard;
import framework.*;

public class IDCard extends Product {
    private String owner;
    IDCard(String owner) {
        System.out.println("制作" + owner + "的ID卡。");
        this.owner = owner;
    }
    public void use() {
        System.out.println("使用" + owner + "的ID卡。");
    }
    public String getOwner() {
        return owner;
    }
}
```

IDCardFactory 类

IDCardFactory 类（代码清单 4-4）实现了 createProduct 方法和 registerProduct 方法。

createProduct 方法通过生成 IDCard 的实例来“生产产品”。

registerProduct 方法则通过将 IDCard 的 owner（持有人）保存到 owners 字段中来实现“注册产品”。

代码清单 4-4 IDCardFactory 类（IDCardFactory.java）

```
package idcard;
import framework.*;
import java.util.*;
```

```
public class IDCardFactory extends Factory {
    private List owners = new ArrayList();
    protected Product createProduct(String owner) {
        return new IDCard(owner);
    }
    protected void registerProduct(Product product) {
        owners.add(((IDCard)product).getOwner());
    }
    public List getOwners() {
        return owners;
    }
}
```

Main 类

在Main类（代码清单4-5）中，我们使用framework包和idcard包来制作和使用IDCard。

代码清单 4-5 Main 类（Main.java）

```
import framework.*;
import idcard.*;

public class Main {
    public static void main(String[] args) {
        Factory factory = new IDCardFactory();
        Product card1 = factory.create("小明");
        Product card2 = factory.create("小红");
        Product card3 = factory.create("小刚");
        card1.use();
        card2.use();
        card3.use();
    }
}
```

图 4-2 运行结果

```
制作小明的 ID 卡。
制作小红的 ID 卡。
制作小刚的 ID 卡。
使用小明的 ID 卡。
使用小红的 ID 卡。
使用小刚的 ID 卡。
```

4.3 Factory Method 模式中的登场角色

在 Factory Method 模式中有以下登场角色。通过查看 Factory Method 模式的类图（图 4-3），我们可以知道，父类（框架）这一方的 Creator 角色和 Product 角色的关系与子类（具体加工）这一方的 ConcreteCreator 角色和 ConcreteProduct 角色的关系是平行的。

图 4-3 Factory Method 模式的类图

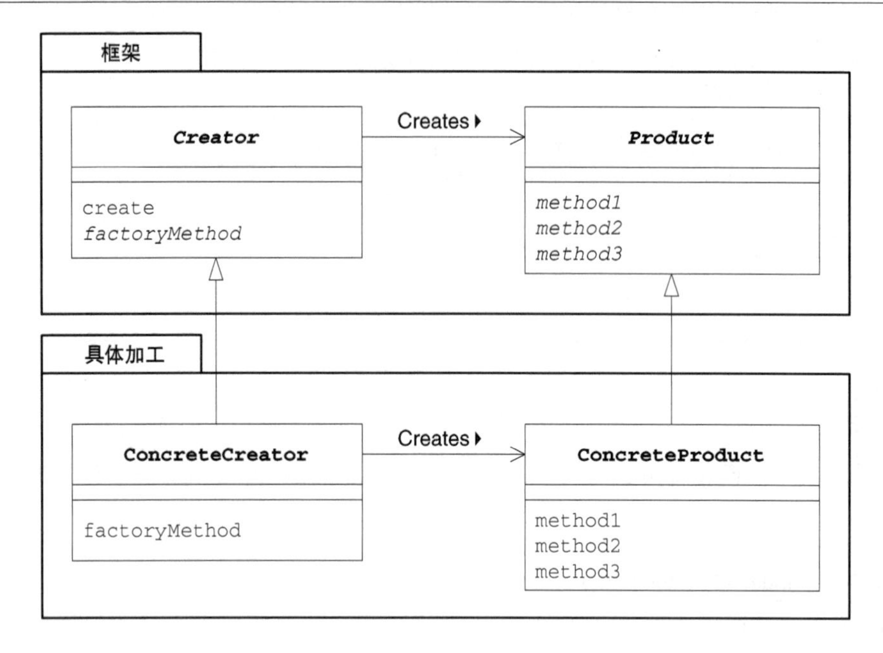

◆ Product（产品）

Product 角色属于框架这一方，是一个抽象类。它定义了在 Factory Method 模式中生成的那些实例所持有的接口（API），但具体的处理则由子类 ConcreteProduct 角色决定。在示例程序中，由 `Product` 类扮演此角色。

◆ Creator（创建者）

Creator 角色属于框架这一方，它是负责生成 Product 角色的抽象类，但具体的处理则由子类 `ConcreteCreator` 角色决定。在示例程序中，由 `Factory` 类扮演此角色。

Creator 角色对于实际负责生成实例的 ConcreteCreator 角色一无所知，它唯一知道的就是，只要调用 Product 角色和生成实例的方法（图 4-3 中的 `factoryMethod` 方法），就可以生成 `Product` 的实例。在示例程序中，`createProduct` 方法是用于生成实例的方法。**不用 new 关键字来生成实例，而是调用生成实例的专用方法来生成实例，这样就可以防止父类与其他具体类耦合。**

◆ ConcreteProduct（具体的产品）

ConcreteProduct 角色属于具体加工这一方，它决定了具体的产品。在示例程序中，由 `IDCard` 类扮演此角色。

◆ ConcreteCreator（具体的创建者）

ConcreteCreator 角色属于具体加工这一方，它负责生成具体的产品。在示例程序中，由 `IDCardFactory` 类扮演此角色。

4.4 拓展思路的要点

框架与具体加工

至此，我们分别学习了“框架”与“具体加工”这两方面的内容。它们分别被封装在 framework 包和 idcard 包中。

这里，让我们用相同的框架创建出其他的“产品”和“工厂”。例如，我们这次要创建表示电视机的类 Televison 和表示电视机工厂的类 TelevisonFactory。这时，我们只需要引入（import）framework 包就可以编写 televison 包。

请注意这里我们没有修改，也根本没有必要修改 framework 包中的任何内容，就可以创建出其他的“产品”和“工厂”。

请回忆一下，在 framework 包中我们并没有引入 idcard 包。在 Product 类和 Factory 类中，并没有出现 IDCard 和 IDCardFactory 等具体类的名字。因此，即使用已有的框架生成全新的类时，也完全不需要对 framework 进行修改，即不需要“将 televison 包引入到框架中”。关于这一点，我们称作是“framework 包不依赖于 idcard 包”。

生成实例——方法的三种实现方式

在示例程序中，Factory 类的 createProduct 方法是抽象方法，也就是说需要在子类中实现该方法。

createProduct 方法的实现方式一般有以下 3 种。

◆指定其为抽象方法

指定其为抽象方法。一旦将 createProduct 指定为抽象方法后，子类就必须实现该方法。如果子类不实现该方法，编译器将会报告编译错误。这也是示例程序所采用的方式。

```
abstract class Factory {
    public abstract Product createProduct(String name);
    ...
}
```

◆为其实现默认处理

为其实现默认处理。实现默认处理后，如果子类没有实现该方法，将进行默认处理。

```
class Factory {
    public Product createProduct(String name) {
        return new Product(name);
    }
    ...
}
```

不过，这时是使用 new 关键字创建出实例的，因此不能将 Product 类定义为抽象类。

◆在其中抛出异常

在其中抛出异常的方法。createProduct 方法的默认处理为抛出异常，这样一来，如果未在子类中实现该方法，程序就会在运行时出错（报错，告知开发人员没有实现 createProduct 方法）。

```
class Factory {
    public Product createProduct(String name) {
        throw new FactoryMethodRuntimeException();
    }
    ...
}
```

不过，需要另外编写 FactoryMethodRuntimeException 异常类。

使用模式与开发人员之间的沟通

不论是我们在第 3 章中学习的 Template Method 模式还是本章中学习的 Factory Method 模式，在实际工作中使用时，都会让我们感觉到比较困难。这是因为，如果仅阅读一个类的代码，是很难理解这个类的行为的。必须要理解父类中所定义的处理的框架和它里面所使用的抽象方法，然后阅读代码，了解这些抽象方法在子类中的实现才行。

通常，使用设计模式设计类时，必须要向维护这些类的开发人员正确地传达设计这些设计模式的意图。否则，维护人员在修改设计时可能会违背设计者最初的意图。

这时，我们建议在程序注释中和开发文档中记录所使用的设计模式的名称和意图。

4.5 相关的设计模式

◆ Template Method 模式（第 3 章）

Factory Method 模式是 Template Method 的典型应用。在示例程序中，create 方法就是模板方法。

◆ Singleton 模式（第 5 章）

在多数情况下我们都可以将 Singleton 模式用于扮演 Creator 角色（或是 ConcreteCreator 角色）的类。这是因为在程序中没有必要存在多个 Creator 角色（或是 ConcreteCreator 角色）的实例。不过在示例程序中，我们并没有使用 Singleton 模式。

◆ Composite 模式（第 11 章）

有时可以将 Composite 模式用于 Product 角色（或是 ConcreteProduct 角色）。

◆ Iterator 模式（第 1 章）

有时，在 Iterator 模式中使用 iterator 方法生成 Iterator 的实例时会使用 Factory Method 模式。

4.6 本章所学知识

在本章中，我们学习了使用 Template Method 模式生成实例的 Factory Method 模式。

大家习惯了设计模式的思考方式吗？在设计模式中，多个类和接口扮演各自的角色，互相协作进行工作。在分析设计模式时，不应当将其中一个类单独拿出来分析，必须着眼于类和接口之间的**相互关系**。只有白雪公主一个人的话，是演不了白雪公主这部话剧的。

当然，世上也有独自一人可以演出的“独角戏”。在下一章中，我们将学习类似于“独角戏”的设计模式。

4.7 练习题

答案请参见附录 A（P.296）

●习题 4-1

Java 在示例程序中，`IDCard` 类（代码清单 4-3）的构造函数并不是 `public`，请问这是想表达什么意思呢？

```
public class IDCard extends Product {
    ...
    IDCard(String owner) {
        ...
        this.owner = owner;
    }
    ...
}
```

●习题 4-2

请修改示例程序，为 `IDCard` 类（代码清单 4-3）添加卡的编号，并在 `IDCardFactory` 类中保存编号与所有者之间的对应表。

●习题 4-3

Java 为了强制调用方向 `Product` 类（代码清单 4-1）的子类的构造函数中传入“产品名字”作为参数，我们采用了如下的定义方式。但是在编译代码时却出现了编译错误，请问这是为什么呢？

```
public abstract class Product {
    public abstract Product(String name);
    public abstract void use();
}
```

第 3 部分　生成实例

第 5 章　Singleton 模式

只有一个实例

5.1 Singleton 模式

程序在运行时，通常都会生成很多实例。例如，表示字符串的 `java.lang.String` 类的实例与字符串是一对一的关系，所以当有 1000 个字符串的时候，会生成 1000 个实例。

但是，当我们想在程序中表示某个东西只会存在一个时，就会有“只能创建一个实例”的需求。典型的例子有表示程序所运行于的那台计算机的类、表示软件系统相关设置的类，以及表示视窗系统（window system）的类。

当然，只要我们在编写程序时多加注意，确保只调用一次 `new MyClass()`，就可以达到只生成一个实例的目的。但是，如果我们不想“必须多加注意才能确保生成一个实例”，而是要达到如下目的时，应当怎么做呢?

- **想确保任何情况下都绝对只有 1 个实例**
- **想在程序上表现出“只存在一个实例”**

像这样的确保只生成一个实例的模式被称作 **Singleton 模式**。Singleton 是指只含有一个元素的集合。因为本模式只能生成一个实例，因此以 Singleton 命名。

在本章中，我们将学习 Singleton 模式。

5.2 示例程序

首先让我们来看一段 Singleton 模式的示例程序。

表 5-1 类的一览表

名字	说明
Singleton	只存在一个实例的类
Main	测试程序行为的类

图 5-1 是示例程序的类图。构造函数 `Singleton` 前带有“-”，表示 `Singleton` 函数是 `private`。此外，`getInstance` 方法带有下划线，表示该方法是 `static` 方法（这是 UML 的规则，请参见 P.xii）。

图 5-1 示例程序的类图

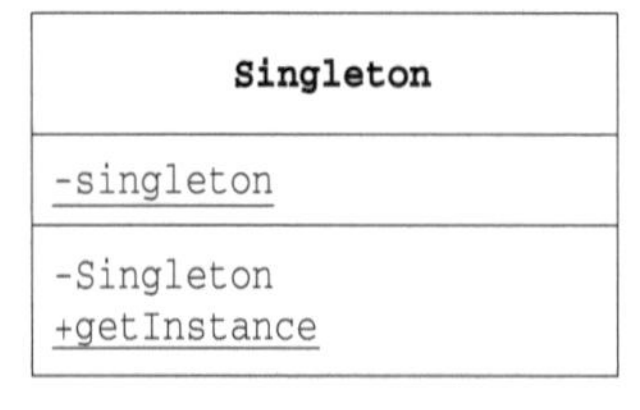

Singleton 类

`Singleton` 类（代码清单 5-1）只会生成一个实例。`Singleton` 类定义了 `static` 字段（类的成员变量）`singleton`，并将其初始化为 `Singleton` 类的实例。初始化行为仅在该类被加载时进行一次。

Singleton 类的**构造函数是 private** 的，这是为了禁止从 Singleton 类外部调用构造函数。如果从 Singleton 类以外的代码中调用构造函数 new Singleton()，就会出现编译错误。如果程序员十分小心，不会使用 new 关键字生成实例，就不需要定义构造函数为 private。但是这样的话，Singleton 模式也就没有意义了。Singleton 模式的作用在于可以确保任何情况下都只能生成一个实例。为了达到这个目的，必须设置构造函数为 private。

为了便于测试 Singleton 类的行为，我们在构造函数中输出了“生成了一个实例。”这一信息。

我们还准备了 getInstance 方法，以便于程序从 Singleton 类外部获取 Singleton 类唯一的实例。在本例中，方法名为 getInstance，不过并不是必须用这个名字。但是作为获取唯一实例的方法，通常情况下都会这样为其命名。

代码清单 5-1 Singleton 类（Singleton.java）

```
public class Singleton {
    private static Singleton singleton = new Singleton();
    private Singleton() {
        System.out.println("生成了一个实例。");
    }
    public static Singleton getInstance() {
        return singleton;
    }
}
```

Main 类

Main 类（代码清单 5-2）使用了 Singleton 模式。在 Main 类中，我们调用了两次 Singleton 类的 getInstance 方法，来获取 Singleton 类的实例，并将返回值分别保存在 obj1 和 obj2 中。然后通过表达式 obj1 == obj2 是否成立来判断 obj1 和 obj2 是否为同一个实例。

代码清单 5-2 使用 Singleton 模式的 Main 类（Main.java）

```
public class Main {
    public static void main(String[] args) {
        System.out.println("Start.");
        Singleton obj1 = Singleton.getInstance();
        Singleton obj2 = Singleton.getInstance();
        if (obj1 == obj2) {
            System.out.println("obj1 与 obj2 是相同的实例。");
        } else {
            System.out.println("obj1 与 obj2 是不同的实例。");
        }
        System.out.println("End.");
    }
}
```

图 5-2 展示了程序的运行结果。

图 5-2 运行结果

```
Start.
生成了一个实例。
obj1 与 obj2 是相同的实例。
End.
```

5.3 Singleton 模式中的登场角色

在 Singleton 模式中有以下登场角色。

◆ Singleton

在 Singleton 模式中，只有 Singleton 这一个角色。Singleton 角色中有一个返回唯一实例的 `static` 方法。该方法总是会返回同一个实例。

图 5-3 Singleton 模式的类图

Singleton
-singleton
-Singleton +getInstance

5.4 拓展思路的要点

为什么必须设置限制

Singleton 模式对实例的数量设置了限制。为什么要在程序中特意设置这个限制呢？设置限制其实就是为程序增加一项前提条件。

当存在多个实例时，实例之间相互影响，可能会产生意想不到的 Bug。

但是，如果我们可以确保只有一个实例，就可以在这个前提条件下放心地编程了。

何时生成这个唯一的实例

Java

稍微注意一下示例程序的运行结果（图 5-2）就会发现，在“`Start.`”之后就显示出了“生成了一个实例。”

程序运行后，在第一次调用 `getInstance` 方法时，`Singleton` 类会被初始化。也就是在这个时候，`static` 字段 `singleton` 被初始化，生成了唯一的一个实例。

关于类的初始化的详细信息，请参见 *The Java Language Specification*（附录 E[JLS]）一书中的“12.4 Initialization of Classes and Interfaces”一节。

5.5 相关的设计模式

在以下模式中，多数情况下只会生成一个实例。

- AbstractFactory 模式（第 8 章）
- Builder 模式（第 7 章）
- Facade 模式（第 15 章）
- Prototype 模式（第 6 章）

5.6 本章所学知识

在本章中，我们学习了确保只能生成一个实例的 Singleton 模式。我们在 Singleton 模式中定义了用于获取唯一一个实例的 static 方法，同时，为了防止不小心使用 new 关键字创建实例，还将构造函数设置为 private。

在下一章中，我们将学习不根据类创建实例，而是根据一个实例来创建另外一个实例的模式。

5.7 练习题

答案请参见附录 A（P.298）

●习题 5-1

在下面的 TicketMaker 类（代码清单 5-3）中，每次调用 getNextTicketNumber 方法都会返回 1000,1001,1002... 的数列。我们可以用它生成票的编号或是其他序列号。在现在该类的实现方式下，我们可以生成多个该类的实例。请修改代码，运用 Singleton 模式确保只能生成一个该类的实例。

代码清单 5-3　非 Singleton 模式的 TicketMaker 类（TicketMaker.java）

```java
public class TicketMaker {
    private int ticket = 1000;
    public int getNextTicketNumber() {
        return ticket++;
    }
}
```

●习题 5-2

请编写 Triple 类，实现最多只能生成 3 个 Triple 类的实例，实例编号分别为 0,1,2 且可以通过 getInstance(int id) 来获取该编号对应的实例（在第 10 章中也出现了这样的类）。

●习题 5-3

某位开发人员编写了如下的 Singleton 类（代码清单 5-4）。但这并非严格的 Singleton 模式。请问是为什么呢？

代码清单 5-4 为何不是严格的 Singleton 模式（Singleton.java）

```
public class Singleton {
    private static Singleton singleton = null;
    private Singleton() {
        System.out.println("生成了一个实例。");
    }
    public static Singleton getInstance() {
        if (singleton == null) {
            singleton = new Singleton();
        }
        return singleton;
    }
}
```

提示 该问题与多线程有关。该问题参考了 *Java in Practice* 一书（请参见附录 E 中的 [Warren]）。

第 6 章　Prototype 模式

通过复制生成实例

6.1 Prototype 模式

我们通常会使用以下方式生成 Something 类的实例。

```
new Something()
```

在 Java 中，我们可以使用 new 关键字指定类名来生成类的实例。像这样使用 new 来生成实例时，是必须指定类名的。但是，在开发过程中，有时候也会有“在不指定类名的前提下生成实例”的需求。例如，在以下情况下，我们就不能根据类来生成实例，而要根据现有的实例来生成新的实例。

（1）对象种类繁多，无法将它们整合到一个类中时

第一种情况是需要处理的对象太多，如果将它们分别作为一个类，必须要编写很多个类文件。

（2）难以根据类生成实例时

第二种情况是生成实例的过程太过复杂，很难根据类来生成实例。例如，我们假设这里有一个实例，即表示用户在图形编辑器中使用鼠标制作出的图形的实例。想在程序中创建这样的实例是非常困难的。通常，在想生成一个和之前用户通过操作所创建出的实例完全一样的实例的时候，我们会事先将用户通过操作所创建出的实例保存起来，然后在需要时通过复制来生成新的实例。

（3）想解耦框架与生成的实例时

第三种情况是想要让生成实例的框架不依赖于具体的类。这时，不能指定类名来生成实例，而要事先“注册”一个“原型”实例，然后通过复制该实例来生成新的实例。

根据实例生成实例与使用复印机复印文档相类似。即使不知道原来的文档中的内容，我们也可以使用复印机复制出完全相同的文档，无论多少份都行。

在本章中，我们将要学习不根据类来生成实例，而是根据实例来生成新实例的 **Prototype 模式**。Prototype 有“原型”“模型”的意思。在设计模式中，它是指根据实例原型、实例模型来生成新的实例。

在 Java 语言中，我们可以使用 clone 创建出实例的副本。在本章中，我们将学习 clone 方法与 Cloneable 接口的使用方法。

6.2 示例程序

首先让我们来看一段使用了 Prototype 模式的示例程序。以下这段示例程序的功能是将字符串放入方框中显示出来或是加上下划线显示出来。

示例程序中的类和接口的一览表请参见表 6-1。Product 接口和 Manager 类属于 framework 包，负责复制实例。虽然 Manager 类会调用 createClone 方法，但是对于具体要复制哪个类一无所知。不过，只要是实现了 Product 接口的类，调用它的 createClone 方法就可以复制出新的实例。

MessageBox 类和 UnderlinePen 类是两个实现了 Product 接口的类。只要事先将这两个类“注册”到 Manager 类中，就可以随时复制新的实例。

表 6-1 类和接口的一览表

包	名字	说明
framework	Product	声明了抽象方法 use 和 createClone 的接口
framework	Manager	调用 createClone 方法复制实例的类
无名	MessageBox	将字符串放入方框中并使其显示出来的类。实现了 use 方法和 createClone 方法
无名	UnderlinePen	给字符串加上下划线并使其显示出来的类。实现了 use 方法和 createClone 方法
无名	Main	测试程序行为的类

图 6-1 示例程序的类图

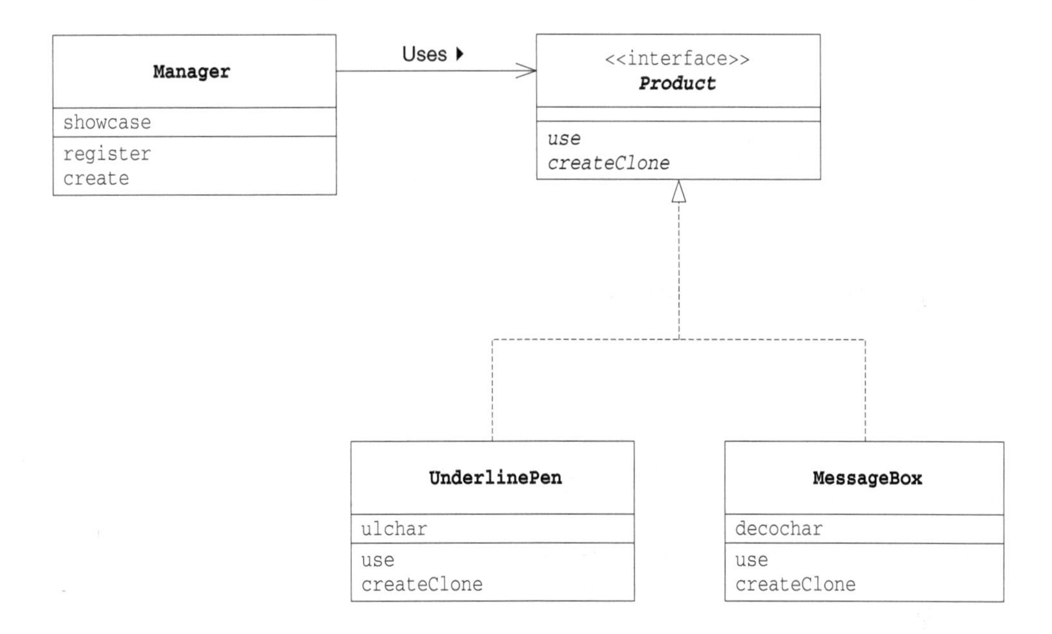

Product 接口

Product 接口（代码清单 6-1）是复制功能的接口。该接口继承了 java.lang.Cloneable 接口。稍后，我们会在本章 6.6 节中对 Cloneable 接口进行详细讲解。现在大家只需要知道实现了该接口的类的实例可以调用 clone 方法来自动复制实例即可。

use 方法是用于"使用"的方法。具体怎么"使用"，则被交给子类去实现。

createClone 方法是用于复制实例的方法。

代码清单 6-1 Product 接口（Product.java）

```
package framework;

public interface Product extends Cloneable {
    public abstract void use(String s);
    public abstract Product createClone();
}
```

Manager 类

Manager 类（代码清单 6-2）使用 Product 接口来复制实例。

showcase 字段是 java.util.HashMap 类型，它保存了实例的“名字”和“实例”之间的对应关系。

register 方法会将接收到的 1 组“名字”和“Product 接口”注册到 showcase 中。这里的 Product 类型的参数 proto 具体是什么呢？现在我们还无法知道 proto 到底是哪个类，但有一点可以确定的是，它肯定是实现了 Product 接口的类的实例（也就是说可以调用它的 use 方法和 createClone 方法）。

请注意，在 Product 接口和 Manager 类的代码中完全没有出现 MessageBox 类和 UnderlinePen 类的名字，这也意味着我们可以独立地修改 Product 和 Manager，不受 MessageBox 类和 UnderlinePen 类的影响。这是非常重要的，因为**一旦在类中使用到了别的类名，就意味着该类与其他类紧密地耦合在了一起**。在 Manager 类中，并没有写明具体的类名，仅仅使用了 Product 这个接口名。也就是说，Product 接口成为了连接 Manager 类与其他具体类之间的桥梁。

代码清单 6-2 Manager 类（Manager.java）

```
package framework;
import java.util.*;

public class Manager {
    private HashMap showcase = new HashMap();
    public void register(String name, Product proto) {
        showcase.put(name, proto);
    }
    public Product create(String protoname) {
        Product p = (Product)showcase.get(protoname);
        return p.createClone();
    }
}
```

MessageBox 类

接下来让我们看看具体的子类。MessageBox 类（代码清单 6-3）实现（implements）了 Product 接口。

decochar 字段中保存的是像装饰方框那样的环绕着字符串的字符。use 方法会使用 decochar 字段中保存的字符把要显示的字符串框起来。例如，当 decochar 中保存的字符为 '*'，use 方法接收到的字符串为 Hello 的时候，显示结果如下。

```
*********
* Hello *
*********
```

createClone 方法用于复制自己。它内部所调用的 clone 方法是 Java 语言中定义的方法，用于复制自己。在进行复制时，原来实例中的字段的值也会被复制到新的实例中。我们之所以可以调用 clone 方法进行复制，仅仅是因为该类实现了 java.lang.Cloneable 接口。如果没有实现这个接口，在运行时程序将会抛出CloneNotSupportedException异常，因此必须用try...catch语句块捕捉这个异常。虽然此处MessageBox类只实现了Product接口，但是前文讲到过，Product接口继承了java.lang.Cloneable接口，因此程序不会抛出CloneNotSupportedException异常。此外，需要注意的是，java.lang.Cloneable接口只是起到告诉程序可以调用clone方法的作用，它自身并没有定义任何方法。

只有类自己（或是它的子类）能够调用Java语言中定义的clone方法。当其他类要求复制实例时，必须先调用createClone这样的方法，然后在该方法内部再调用clone方法。

代码清单 6-3 MessageBox类（MessageBox.java）

```
import framework.*;

public class MessageBox implements Product {
    private char decochar;
    public MessageBox(char decochar) {
        this.decochar = decochar;
    }
    public void use(String s) {
        int length = s.getBytes().length;
        for (int i = 0; i < length + 4; i++) {
            System.out.print(decochar);
        }
        System.out.println("");
        System.out.println(decochar + "  " + s + "  " + decochar);
        for (int i = 0; i < length + 4; i++) {
            System.out.print(decochar);
        }
        System.out.println("");
    }
    public Product createClone() {
        Product p = null;
        try {
            p = (Product)clone();
        } catch (CloneNotSupportedException e) {
            e.printStackTrace();
        }
        return p;
    }
}
```

UnderlinePen类

UnderlinePen类（代码清单6-4）的实现与MessageBox几乎完全相同，不同的是在ulchar字段中保存的是修饰下划线样式的字符。use方法的作用是将字符串用双引号括起来显示，并在字符串下面加上下划线。例如，当ulchar保存的字符为'~'，use方法接收到的字符串为Hello时，显示结果如下。

```
"Hello"
 ~~~~~
```

代码清单 6-4 UnderlinePen类（UnderlinePen.java）

```
import framework.*;
```

```
public class UnderlinePen implements Product {
    private char ulchar;
    public UnderlinePen(char ulchar) {
        this.ulchar = ulchar;
    }
    public void use(String s) {
        int length = s.getBytes().length;
        System.out.println("\""  + s + "\"");
        System.out.print(" ");
        for (int i = 0; i < length; i++) {
            System.out.print(ulchar);
        }
        System.out.println("");
    }
    public Product createClone() {
        Product p = null;
        try {
            p = (Product)clone();
        } catch (CloneNotSupportedException e) {
            e.printStackTrace();
        }
        return p;
    }
}
```

Main 类

Main 类（代码清单 6-5）首先生成了 Manager 的实例。接着，在 Manager 实例中注册了 UnderlinePen 的实例（带名字）和 MessageBox 的实例（带名字）（表 6-2）。

表 6-2 向 Manger 中注册的内容

名字	类和实例的内容
"strong message"	UnderlinePen 类的实例，ulchar 为 '~'
"warning box"	MessageBox 类的实例，decochar 为 '*'
"slash box"	MessageBox 类的实例，decochar 为 '/'

代码清单 6-5 Main 类（Main.java）

```
import framework.*;

public class Main {
    public static void main(String[] args) {
        // 准备
        Manager manager = new Manager();
        UnderlinePen upen = new UnderlinePen('~');
        MessageBox mbox = new MessageBox('*');
        MessageBox sbox = new MessageBox('/');
        manager.register("strong message", upen);
        manager.register("warning box", mbox);
        manager.register("slash box", sbox);

        // 生成
        Product p1 = manager.create("strong message");
        p1.use("Hello, world.");
        Product p2 = manager.create("warning box");
        p2.use("Hello, world.");
        Product p3 = manager.create("slash box");
```

```
        p3.use("Hello, world.");
    }
}
```

图 6-2 运行结果

```
"Hello, world."          ←p1.use 的输出
 ~~~~~~~~~~~~~
*****************        ←p2.use 的输出
* Hello, world. *
*****************
/////////////////        ←p3.use 的输出
/ Hello, world. /
/////////////////
```

6.3 Prototype 模式中的登场角色

在 Prototype 模式中有以下登场角色。

◆ Prototype（原型）

Product 角色负责定义用于复制现有实例来生成新实例的方法。在示例程序中，由 Product 接口扮演此角色。

◆ ConcretePrototype（具体的原型）

ConcretePrototype 角色负责实现复制现有实例并生成新实例的方法。在示例程序中，由 MessageBox 类和 UnderlinePen 类扮演此角色。

◆ Client（使用者）

Client 角色负责使用复制实例的方法生成新的实例。在示例程序中，由 Manager 类扮演此角色。

图 6-3 Prototype 模式的类图

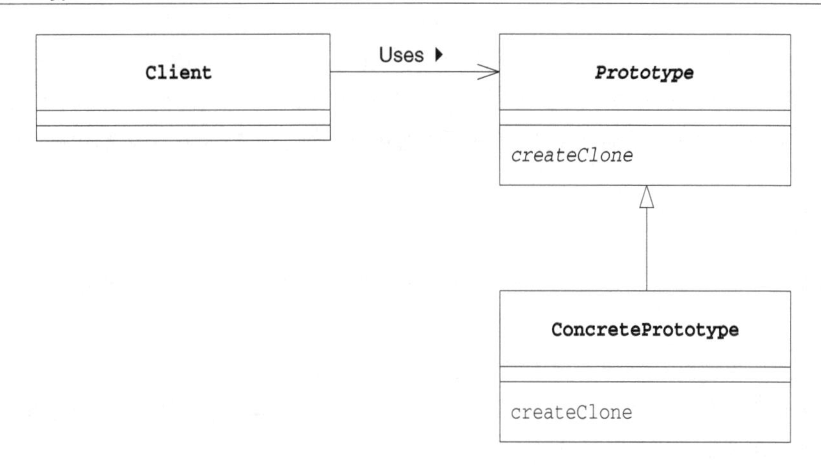

6.4 拓展思路的要点

不能根据类来生成实例吗

笔者在最初学习 Prototype 模式时也曾感觉到迷茫，既然是要创建新的实例，直接用下面这个语句不就好了吗？为什么还需要 Prototype 模式呢？

```
new Something()
```

在本章开头，我们对这个问题做了简单的回答，现在让我们回顾一下示例程序，并谈谈这个问题。

（1）对象种类繁多，无法将它们整合到一个类中时

在示例程序中，一共出现了如下 3 种样式。

- 使用 '~' 为字符串添加下划线
- 使用 '*' 为字符串添加边框
- 使用 '/' 为字符串添加边框

本例比较简单，只生成了 3 种样式，不过只要想做，不论多少种样式都可以生成。但是请试想一下，如果将每种样式都编写为一个类，类的数量将会非常庞大，源程序的管理也会变得非常困难。

（2）难以根据类生成实例时

本例中感觉不到这一点。大家可以试想下要开发一个用户可以使用鼠标进行操作的、类似于图形编辑器的应用程序，这样可能更加容易理解。假设我们想生成一个和用户通过一系列鼠标操作所创建出来的实例完全一样的实例。这个时候，与根据类来生成实例相比，根据实例来生成实例要简单得多。

（3）想解耦框架与生成的实例时

在示例程序中，我们将复制（clone）实例的部分封装在 framework 包中了。

在 Manager 类的 create 方法中，我们并没有使用类名，取而代之使用了 "strong message" 和 "slash box" 等字符串为生成的实例命名。与 Java 语言自带的生成实例的 new Something() 方式相比，这种方式具有更好的通用性，而且将框架从类名的束缚中解脱出来了。

类名是束缚吗

话说回来，在源程序中使用类名到底会有什么问题呢？在代码中出现要使用的类的名字不是理所当然的吗？

这里，让我们再回忆一下面向对象编程的目标之一，即“作为组件复用”。

在代码中出现要使用的类的名字并非总是坏事。不过，**一旦在代码中出现要使用的类的名字，就无法与该类分离开来，也就无法实现复用。**

当然，可以通过替换源代码或是改变类名来解决这个问题。但是，此处说的“作为组件复用”

中不包含替换源代码。以 Java 来说，重要的是当手边只有 `class` 文件（`.class`）时，该类能否被复用。**即使没有 Java 文件（.java）也能复用该类**才是关键。

当多个类必须紧密结合时，代码中出现这些类的名字是没有问题的。但是如果那些需要被独立出来作为组件复用的类的名字出现在代码中，那就有问题了。

6.5 相关的设计模式

◆ **Flyweight 模式**（第 20 章）

使用 Prototype 模式可以生成一个与当前实例的状态完全相同的实例。

而使用 Flyweight 模式可以在不同的地方使用同一个实例。

◆ **Memento 模式**（第 18 章）

使用 Prototype 模式可以生成一个与当前实例的状态完全相同的实例。

而使用 Memento 模式可以保存当前实例的状态，以实现快照和撤销功能。

◆ **Composite 模式**（第 11 章）**以及 Decorator 模式**（第 12 章）

经常使用 Composite 模式和 Decorator 模式时，需要能够动态地创建复杂结构的实例。这时可以使用 Prototype 模式，以帮助我们方便地生成实例。

◆ **Command 模式**（第 22 章）

想要复制 Command 模式中出现的命令时，可以使用 Prototype 模式。

6.6 延伸阅读：clone 方法和 java.lang.Clonable 接口

Java 语言的 clone

Java 语言为我们准备了用于复制实例的 `clone` 方法。请注意，要想调用 `clone` 方法，**被复制对象的类必须实现 `java.lang.Clonable` 接口**，不论是被复制对象的类实现 `java.lang.Cloneable` 接口还是其某个父类实现 `Cloneable` 接口，亦或是被复制对象的类实现了 `Cloneable` 接口的子接口都可以。在示例程序中，`MessageBox` 类和 `UnderlinePen` 类实现了 `Product` 接口，而 `Product` 接口则是 `Cloneable` 接口的子接口。

实现了 `Cloneable` 接口的类的实例可以调用 `clone` 方法进行复制，`clone` 方法的返回值是复制出的新的实例（`clone` 方法内部所进行的处理是分配与要复制的实例同样大小的内存空间，接着将要复制的实例中的字段的值复制到所分配的内存空间中去）。

如果没有实现 `Cloneable` 接口的类的实例调用了 `clone` 方法，则会在运行时抛出 `CloneNotSupportedException`（不支持 `clone` 方法）异常。

笔者对上文进行了总结，结果如下。

● 实现了 `Cloneable` 接口的类的实例

→ 复制

- 没有实现 Cloneable 接口的类的实例

→ 发生 CloneNotSupportedException 异常

此外，java.lang 包是被默认引入的，因此无需显式地引入 java.lang 即可调用 clone 方法。

clone 方法是在哪里定义的

clone 方法定义在 java.lang.Object 中。因为 Object 类是所有 Java 类的父类，因此所有的 Java 类都继承了 clone 方法。

需要实现 Cloneable 的哪些方法

提到 Cloneable 接口，很容易让人误以为 Cloneable 接口中声明了 clone 方法。其实这是错误的。在 Cloneable 接口中并没有声明任何方法。它只是被用来标记“可以使用 clone 方法进行复制”的。这样的接口被称为**标记接口**（marker interface）。

clone 方法进行的是浅复制

clone 方法所进行的复制只是**将被复制实例的字段值直接复制到新的实例中**。换言之，它并没有考虑字段中所保存的实例的内容。例如，当字段中保存的是数组时，如果使用 clone 方法进行复制，则只会复制该数组的引用，并不会一一复制数组中的元素。

像上面这样的字段对字段的复制（field-to-field-copy）被称为浅复制（shallow copy）。clone 方法所进行的复制就是浅复制。

当使用 clone 方法进行浅复制无法满足需求时，类的设计者可以实现重写 clone 方法，实现自己需要的复制功能（重写 clone 方法时，别忘了使用 super.clone() 来调用父类的 clone 方法）。

需要注意的是，clone 方法只会进行复制，并不会调用被复制实例的构造函数。此外，对于在生成实例时需要进行特殊的初始化处理的类，需要自己去实现 clone 方法，在其内部进行这些初始化处理。

详细信息请参见 Java 的 API 参考资料中 java.lang.Object 类的 clone 方法和 Cloneable 接口这两个相关条目。

6.7 本章所学知识

在本章中，我们学习了不根据类，而是根据实例来生成实例的 Prototype 模式。此外，我们还学习了 clone 方法和 Clonable 接口。

6.8 练习题

答案请参见附录 A（P.302）

●习题 6-1

在示例程序中，`MessageBox` 类（代码清单 6-3）和 `UnderlinePen` 类（代码清单 6-4）中的 `createClone` 方法的处理完全相同。从管理的角度来讲，在一个程序的多个地方出现完全相同的方法不太好，因此我们想让这两个类共用该方法，请问应该如何做呢？

●习题 6-2

Java 在 `java.lang.Object` 中定义了 `clone` 方法，那么请问 `java.lang.Object` 类实现了 `java.lang.Clonable` 接口了吗？

第 7 章　Builder 模式

组装复杂的实例

7.1 Builder 模式

大都市中林立着许多高楼大厦，这些高楼大厦都是具有建筑结构的大型建筑。通常，建造和构建这种具有建筑结构的大型物体在英文中称为 Build。

在建造大楼时，需要先打牢地基，搭建框架，然后自下而上地一层一层盖起来。通常，在建造这种具有复杂结构的物体时，很难一气呵成。我们需要首先建造组成这个物体的各个部分，然后分阶段将它们组装起来。

在本章中，我们将要学习用于组装具有复杂结构的实例的 Builder 模式。

7.2 示例程序

作为示例程序，我们来看一段使用 Builder 模式编写“文档”的程序。这里编写出的文档具有以下结构。

- **含有一个标题**
- **含有几个字符串**
- **含有条目项目**

`Builder` 类中定义了决定文档结构的方法，然后 `Director` 类使用该方法编写一个具体的文档。

`Builder` 是抽象类，它并没有进行任何实际的处理，仅仅声明了抽象方法。`Builder` 类的子类决定了用来编写文档的具体处理。

在示例程序中，我们定义了以下 `Builder` 类的子类。

- **`TextBuilder` 类：使用纯文本（普通字符串）编写文档**
- **`HTMLBuilder` 类：使用 HTML 编写文档**

`Director` 使用 `TextBuilder` 类时可以编写纯文本文档；使用 `HTMLBuilder` 类时可以编写 HTML 文档。

在本章最后的习题 7-3 中，读者将尝试自己编写 `Builder` 类的子类。

表 7-1 类的一览表

名字	说明
`Builder`	定义了决定文档结构的方法的抽象类
`Director`	编写 1 个文档的类
`TextBuilder`	使用纯文本（普通字符串）编写文档的类
`HTMLBuilder`	使用 HTML 编写文档的类
`Main`	测试程序行为的类

图 7-1 示例程序的类图

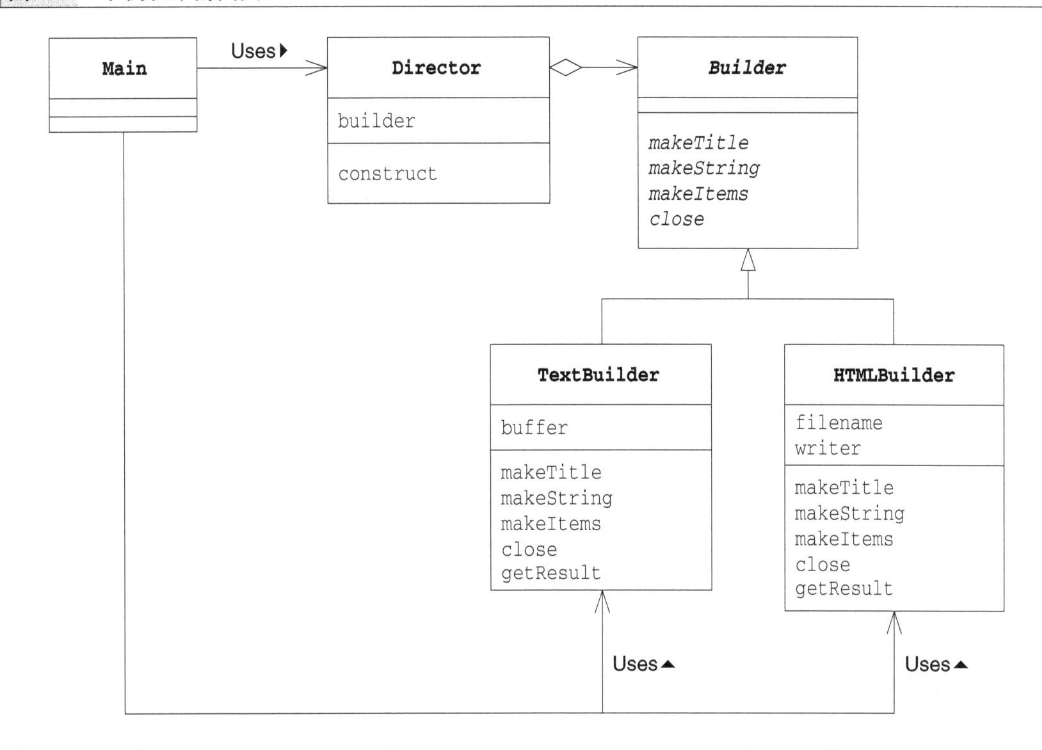

Builder 类

`Builder`类（代码清单 7-1）是一个声明了编写文档的方法的抽象类。`makeTitle`、`makeString`、`makeItems`方法分别是编写标题、字符串、条目的方法。`close`方法是完成文档编写的方法。

代码清单 7-1 Builder 类（Builder.java）

```
public abstract class Builder {
    public abstract void makeTitle(String title);
    public abstract void makeString(String str);
    public abstract void makeItems(String[] items);
    public abstract void close();
}
```

Director 类

`Director`类（代码清单 7-2）使用`Builder`类中声明的方法来编写文档。

`Director`类的构造函数的参数是`Builder`类型的。但是实际上我们并不会将`Builder`类的实例作为参数传递给`Director`类。这是因为`Builder`类是抽象类，是无法生成其实例的。实际上传递给`Director`类的是`Builder`类的子类（即后面会讲到的`TextBuilder`类和`HTMLBuilder`类等）的实例。而正是这些`Builder`类的子类决定了编写出的文档的形式。

`construct`方法是编写文档的方法。调用这个方法后就会编写文档。`construct`方法中所使用的方法都是在`Builder`类中声明的方法（construct 的意思是“构建”）。

代码清单 7-2 Director 类（Director.java）

```
public class Director {
    private Builder builder;
    public Director(Builder builder) {              // 因为接收的参数是 Builder 类的子类
        this.builder = builder;                     // 所以可以将其保存在 builder 字段中
    }
    public void construct() {                       // 编写文档
        builder.makeTitle("Greeting");              // 标题
        builder.makeString("从早上至下午");          // 字符串
        builder.makeItems(new String[]{             // 条目
            "早上好。",
            "下午好。",
        });
        builder.makeString("晚上");                  // 其他字符串
        builder.makeItems(new String[]{             // 其他条目
            "晚上好。",
            "晚安。",
            "再见。",
        });
        builder.close();                            // 完成文档
    }
}
```

TextBuilder 类

TextBuilder 类（代码清单 7-3）是 Builder 类的子类，它的功能是使用纯文本编写文档，并以 String 返回结果。

代码清单 7-3 TextBuilder 类（TextBuilder.java）

```
public class TextBuilder extends Builder {
    private StringBuffer buffer = new StringBuffer();       // 文档内容保存在该字段中
    public void makeTitle(String title) {                   // 纯文本的标题
        buffer.append("==============================\n"); // 装饰线
        buffer.append("『" + title + "』\n");               // 为标题添加『』
        buffer.append("\n");                                // 换行
    }
    public void makeString(String str) {                    // 纯文本的字符串
        buffer.append('■' + str + "\n");                    // 为字符串添加■
        buffer.append("\n");                                // 换行
    }
    public void makeItems(String[] items) {                 // 纯文本的条目
        for (int i = 0; i < items.length; i++) {
            buffer.append("  ・" + items[i] + "\n");        // 为条目添加・
        }
        buffer.append("\n");                                // 换行
    }
    public void close() {                                   // 完成文档
        buffer.append("==============================\n"); // 装饰线
    }
    public String getResult() {                             // 完成的文档
        return buffer.toString();                           // 将 StringBuffer 变换为 String
    }
}
```

HTMLBuilder 类

HTMLBuilder 类（代码清单 7-4）也是 Builder 类的子类，它的功能是使用 HTML 编写文档，其返回结果是 HTML 文件的名字。

代码清单 7-4 HTMLBuilder 类（HTMLBuilder.java）

```
import java.io.*;

public class HTMLBuilder extends Builder {
    private String filename;                             // 文件名
    private PrintWriter writer;                          // 用于编写文件的 PrintWriter
    public void makeTitle(String title) {                // HTML 文件的标题
        filename = title + ".html";                      // 将标题作为文件名
        try {
            writer = new PrintWriter(new FileWriter(filename));   // 生成 PrintWriter
        } catch (IOException e) {
            e.printStackTrace();
        }
        writer.println("<html><head><title>" + title + "</title></head><body>");
        // 输出标题
        writer.println("<h1>" + title + "</h1>");
    }
    public void makeString(String str) {                  // HTML 文件中的字符串
        writer.println("<p>" + str + "</p>");             // 用 <p> 标签输出
    }
    public void makeItems(String[] items) {               // HTML 文件中的条目
        writer.println("<ul>");                           // 用 <ul> 和 <li> 输出
        for (int i = 0; i < items.length; i++) {
            writer.println("<li>" + items[i] + "</li>");
        }
        writer.println("</ul>");
    }
    public void close() {                                 // 完成文档
        writer.println("</body></html>");                 // 关闭标签
        writer.close();                                   // 关闭文件
    }
    public String getResult() {                           // 编写完成的文档
        return filename;                                  // 返回文件名
    }
}
```

Main 类

Main 类（代码清单 7-5）是 Builder 模式的测试程序。我们可以使用如下的命令来编写相应格式的文档：

java Main plain：编写纯文本文档

java Main html：编写 HTML 格式的文档

当我们在命令行中指定参数为 **plain** 的时候，会将 TextBuilder 类的实例作为参数传递至 Director 类的构造函数中；而若是在命令行中指定参数为 **html** 的时候，则会将 HTMLBuilder 类的实例作为参数传递至 Director 类的构造函数中。

由于 TextBuilder 和 HTMLBuilder 都是 Builder 的子类，因此 Director 仅仅使用 Builder 的方法即可编写文档。也就是说，**Director 并不关心实际编写文档的到底是 TextBuilder 还是 HTMLBuilder**。

正因为如此，我们必须在 Builder 中声明足够多的方法，以实现编写文档的功能，但并不包括 TextBuilder 和 HTMLBuilder 中特有的方法。

代码清单 7-5 Main 类（Main.java）

```
public class Main {
    public static void main(String[] args) {
        if (args.length != 1) {
            usage();
            System.exit(0);
        }
        if (args[0].equals("plain")) {
            TextBuilder textbuilder = new TextBuilder();
            Director director = new Director(textbuilder);
            director.construct();
            String result = textbuilder.getResult();
            System.out.println(result);
        } else if (args[0].equals("html")) {
            HTMLBuilder htmlbuilder = new HTMLBuilder();
            Director director = new Director(htmlbuilder);
            director.construct();
            String filename = htmlbuilder.getResult();
            System.out.println(filename + "文件编写完成。");
        } else {
            usage();
            System.exit(0);
        }
    }
    public static void usage() {
        System.out.println("Usage: java Main plain      编写纯文本文档");
        System.out.println("Usage: java Main html       编写 HTML 文档");
    }
}
```

图 7-2 运行结果（纯文本文档）

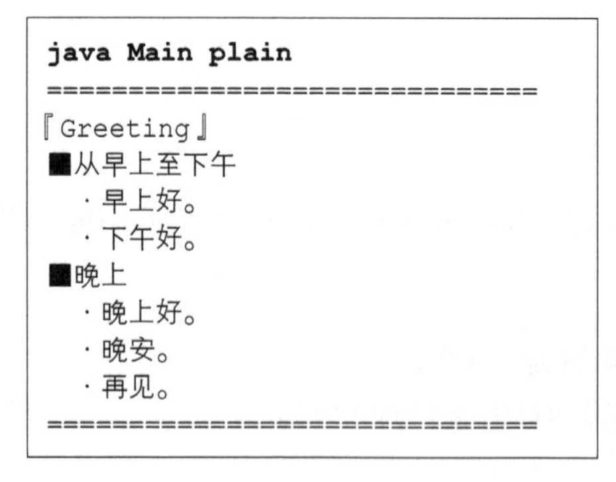

图 7-3 运行结果（HTML 文档）

```
java Main html
Greeting.html 文件编写完成。

type Greeting.html
<html><head><title>Greeting</title></head><body>
<h1>Greeting</h1>
<p> 从早上至下午 </p>
<ul>
<li> 早上好。</li>
<li> 下午好。</li>
</ul>
<p> 晚上 </p>
<ul>
<li> 晚上好。</li>
<li> 晚安。</li>
<li> 再见。</li>
</ul>
</body></html>
```

图 7-4 在浏览器中查看到的 HTMLBuilder 编写的 Greeting.html

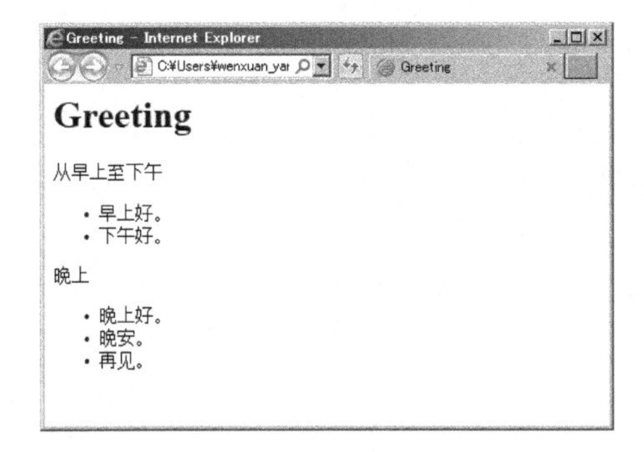

7.3 Builder 模式中的登场角色

Builder 模式中有以下登场角色。

◆ Builder（建造者）

Builder 角色负责定义用于生成实例的接口（API）。Builder 角色中准备了用于生成实例的方法。在示例程序中，由 Builder 类扮演此角色。

◆ ConcreteBuilder（具体的建造者）

ConcreteBuilder 角色是负责实现 Builder 角色的接口的类（API）。这里定义了在生成实例时实际被调用的方法。此外，在 ConcreteBuilder 角色中还定义了获取最终生成结果的方法。在示例程序中，由 TextBuilder 类和 HTMLBuilder 类扮演此角色。

◆ Director（监工）

Director 角色负责使用 Builder 角色的接口（API）来生成实例。它并不依赖于 ConcreteBuilder 角色。为了确保不论 ConcreteBuilder 角色是如何被定义的，Director 角色都能正常工作，它**只调用在**

Builder 角色中被定义的方法。在示例程序中，由 Director 类扮演此角色。

◆ Client（使用者）

该角色使用了 Builder 模式（在 GoF 的书（请参见附录 E[GoF]）中，Builder 模式并不包含 Client 角色）。在示例程序中，由 Main 类扮演此角色。

图 7-5 Builder 模式的类图

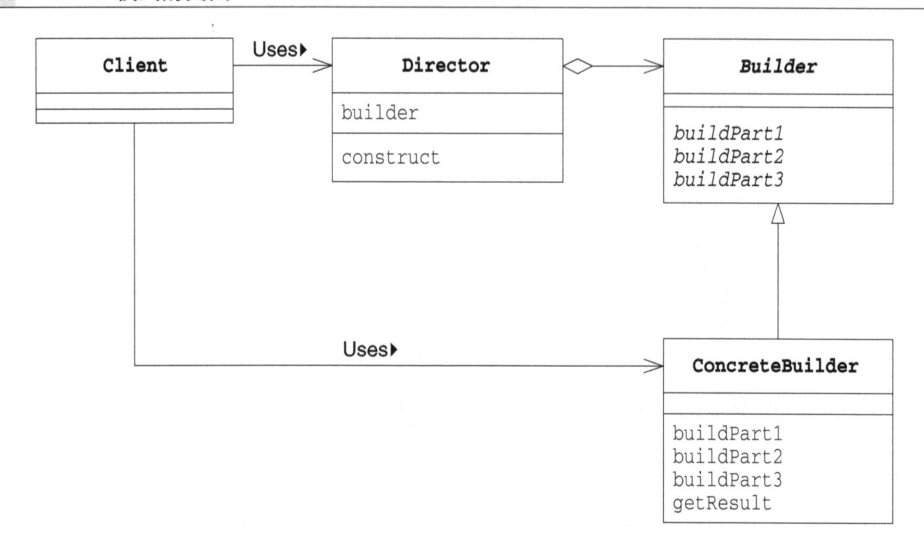

图 7-6 Builder 模式的时序图

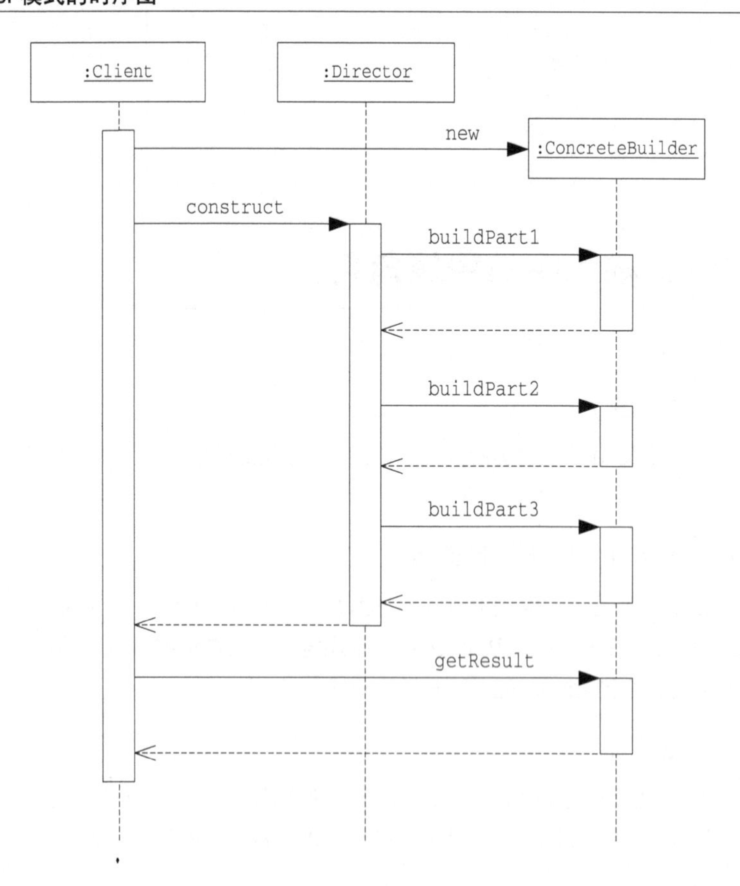

7.4 相关的设计模式

◆ Template Method 模式（第 3 章）

在 Builder 模式中，Director 角色控制 Builder 角色。

在 Template Method 模式中，父类控制子类。[①]

◆ Composite 模式（第 11 章）

有些情况下 Builder 模式生成的实例构成了 Composite 模式。

◆ Abstract Factory 模式（第 8 章）

Builder 模式和 Abstract Factory 模式都用于生成复杂的实例。

◆ Facade 模式（第 15 章）

在 Builder 模式中，Director 角色通过组合 Builder 角色中的复杂方法向外部提供可以简单生成实例的接口（API）（相当于示例程序中的 `construct` 方法）。

Facade 模式中的 Facade 角色则是通过组合内部模块向外部提供可以简单调用的接口（API）。

7.5 拓展思路的要点

谁知道什么

在面向对象编程中，“谁知道什么”是非常重要的。也就是说，我们需要在编程时注意哪个类可以使用哪个方法以及使用这个方法到底好不好。

请大家再回忆一下示例程序。

`Main` 类并不知道（没有调用）`Builder` 类，它只是调用了 `Direct` 类的 `construct` 方法。这样，`Director` 类就会开始工作（`Main` 类对此一无所知），并完成文档的编写。

另一方面，`Director` 类知道 `Builder` 类，它调用 `Builder` 类的方法来编写文档，但是它并不知道它“真正”使用的是哪个类。也就是说它并不知道它所使用的类到底是 `TextBuilder` 类、`HTMLBuilder` 类还是其他 `Builder` 类的子类。不过也没有必要知道，因为 `Director` 类只使用了 `Builder` 类的方法，而 `Builder` 类的子类都已经实现了那些方法。

`Director` 类不知道自己使用的究竟是 `Builder` 类的哪个子类也好。这是因为**“只有不知道子类才能替换”**。不论是将 `TextBuilder` 的实例传递给 `Director`，还是将 `HTMLBuilder` 类的实例传递给 `Director`，它都可以正常工作，原因正是 `Director` 类不知道 `Builder` 类的具体的子类。

正是因为不知道才能够替换，正是因为可以替换，组件才具有高价值。作为设计人员，我们必须时刻关注这种**“可替换性”**。

---

① 这里的控制指的是方法的调用顺序的控制。在 Builder 模式中，Director 决定了 Builder 角色中方法的调用顺序，而在 Template Method 模式中，父类决定了子类方法的调用顺序。——译者注

设计时能够决定的事情和不能决定的事情

在 Builder 类中，需要声明编辑文档（实现功能）所必需的所有方法。Director 类中使用的方法都是 Builder 类提供的。因此，在 Builder 类中应当定义哪些方法是非常重要的。

而且，Builder 类还必须能够应对将来子类可能增加的需求。在示例程序中，我们只编写了支持纯文本文档的子类和支持 HTML 文件的子类。但是将来可能还会希望能够编写其他形式（例如 *XXXX* 形式）的文档。那时候，到底能不能编写出支持 *XXXX* 形式的 *XXXX*Builder 类呢？应该不需要新的方法吧？

虽然类的设计者并不是神仙，他们无法准确地预测到将来可能发生的变化。但是，我们还是有必要让设计出的类能够尽可能灵活地应对近期可能发生的变化。

代码的阅读方法和修改方法

在编程时，虽然有时需要从零开始编写代码，但更多时候我们都是在现有代码的基础上进行增加和修改。

这时，我们需要先阅读现有代码。不过，只是阅读抽象类的代码是无法获取很多信息的（虽然可以从方法名中获得线索）。

让我们再回顾一下示例程序。即使理解了 Builder 抽象类，也无法理解程序整体。至少必须在阅读了 Director 的代码后才能理解 Builder 类的使用方法（Builder 类的方法的调用方法）。然后再去看看 TextBuilder 类和 HTMLBuilder 类的代码，就可以明白调用 Builder 类的方法后具体会进行什么样的处理。

如果没有理解各个类的角色就动手增加和修改代码，在判断到底应该修改哪个类时，就会很容易出错。例如，如果修改 Builder 类，那么就会对 Director 类中调用 Builder 类方法的地方和 Builder 类的子类产生影响。或是如果不小心修改了 Director 类，在其内部调用了 TextBuilder 类的特有的方法，则会导致其失去作为可复用组件的独立性，而且当将子类替换为 HTMLBuilder 时，程序可能会无法正常工作。

7.6 本章所学知识

在本章中，我们学习了用于组装具有复杂结构的实例的 Builder 模式。组装的具体过程则被隐藏在 Director 角色中。

7.7 练习题

答案请参见附录 A（P.303）

● 习题 7-1

Java 请将示例程序中的 Builder 类（代码清单 7-1）修改为接口并相应地修改其他类。

● 习题 7-2

在示例程序中的 HTMLBuilder 类（代码清单 7-4）中，需要首先调用 makeTitle 方法，但是在 TextBuilder 类（代码清单 7-3）中，则对方法调用的顺序没有要求。

请修改 `Builder` 类（代码清单 7-1）、`TextBuilder` 类（代码清单 7-3）和 `HTMLBuilder` 类（代码清单 7-4），确保“在调用 `makeString` 方法、`makeItems` 方法和 `close` 方法之前必须且只能调用一次 `makeTitle` 方法”。

● **习题 7-3**

请为示例程序中的 `Builder` 类（代码清单 7-1）编写一个子类，让其扮演 ConcreteBuilder 的角色，实现可以编写纯文本文档、HTML 文件以外的任意一种文档的功能。

● **习题 7-4**

Java 在示例程序中的 `TextBuilder` 类（代码清单 7-3）中，编写的文档被保存在了 `buffer` 字段中，但 `buffer` 字段并非是 `String` 类型的，而是 `StringBuffer` 类型的，请问是为什么呢？如果使用了 `String` 类型会有什么问题呢？

第 8 章　Abstract Factory 模式

将关联零件组装成产品

8.1 Abstract Factory 模式

在本章中，我们将要学习 **Abstract Factory 模式**。

Abstract 的意思是“抽象的”，Factory 的意思是“工厂”。将它们组合起来我们就可以知道 Abstract Factory 表示“抽象工厂”的意思。

通常，我们不会将“抽象的”这个词与“工厂”这个词联系到一起。所谓工厂，是将零件组装成产品的地方，这是一项具体的工作。那么“抽象工厂”到底是什么意思呢?

我们大可不必对这个词表示吃惊。因为在 Abstract Factory 模式中，不仅有“抽象工厂”，还有“抽象零件”和“抽象产品”。**抽象工厂的工作是将“抽象零件”组装为“抽象产品”**。

读到这里，大家可能会想“哎呀哎呀，你到底想说什么啊?”那么请大家先回忆一下面向对象编程中的“抽象”这个词的具体含义。它指的是“不考虑具体怎样实现，而是仅关注接口（API）”的状态。例如，抽象方法（Abstract Method）并不定义方法的具体实现，而是仅仅只确定了方法的名字和签名（参数的类型和个数）。

关于“忘记方法的具体实现（假装忘记），使用抽象方法进行编程”的设计思想，我们在 Template Method 模式（第 3 章）和 Builder 模式（第 7 章）中已经稍微提及了一些。

在 Abstract Factory 模式中将会出现抽象工厂，它会将抽象零件组装为抽象产品。也就是说，**我们并不关心零件的具体实现，而是只关心接口（API）。我们仅使用该接口（API）将零件组装成为产品**。

在 Tempate Method 模式和 Builder 模式中，子类这一层负责方法的具体实现。在 Abstract Factory 模式中也是一样的。在子类这一层中有具体的工厂，它负责将具体的零件组装成为具体的产品。

我好像听见有读者在说“关于抽象的话题就此打住吧，赶快让我们看看示例程序”。那么我们就赶紧来看看下面这段抽象工厂的示例程序吧。

8.2 示例程序

本章中的示例程序的功能是将带有层次关系的链接的集合制作成 HTML 文件。最后制作完成的 HTML 文件如图 8-1 所示，在浏览器中查看到的结果如图 8-2 所示。

图 8-1 带有层次关系的链接的集合（HTML）

```
<html><head><title>LinkPage</title></head>
<body>
<h1>LinkPage</h1>
<ul>
<li>
日报
<ul>
  <li><a href="http://www.people.com.cn/">人民日报</a></li>
  <li><a href="http://www.gmw.cn/">光明日报</a></li>
</ul>
</li>
<li>
检索引擎
<ul>
<li>
Yahoo!
<ul>
  <li><a href="http://www.yahoo.com/">Yahoo!</a></li>
  <li><a href="http://www.yahoo.co.jp/">Yahoo!Japan</a></li>
</ul>
</li>
  <li><a href="http://www.excite.com/">Excite</a></li>
  <li><a href="http://www.google.com/">Google</a></li>
</ul>
</li>
</ul>
<hr><address>杨文轩</address></body></html>
```

图 8-2 在浏览器中查看到的带有层次关系的链接的集合

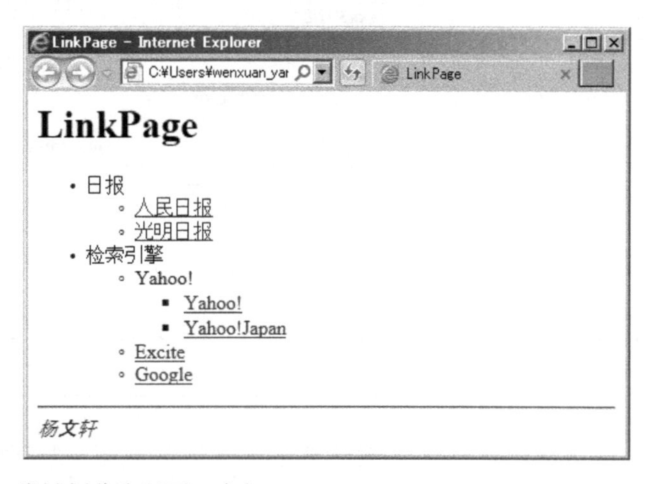

在示例程序中，类被划分为以下 3 个包。

- **factory 包：包含抽象工厂、零件、产品的包**
- **无名包：包含 Main 类的包**
- **listfactory 包：包含具体工厂、零件、产品的包（这里使用 <ul> 标签输出为 HTML 文件）**

表 8-1 是类的一览表。图 8-3 是 UML 类图，上面是抽象工厂，下面是具体工厂。类图中省略了 Main 类。

表 8-1 类的一览表

包	名字	说明
factory	Factory	表示抽象工厂的类（制作 Link、Tray、Page）
factory	Item	方便统一处理 Link 和 Tray 的类
factory	Link	抽象零件：表示 HTML 的链接的类
factory	Tray	抽象零件：表示含有 Link 和 Tray 的类
factory	Page	抽象零件：表示 HTML 页面的类
无名	Main	测试程序行为的类
listfactory	ListFactory	表示具体工厂的类（制作 ListLink、ListTray、ListPage）
listfactory	ListLink	具体零件：表示 HTML 的链接的类
listfactory	ListTray	具体零件：表示含有 Link 和 Tray 的类
listfactory	ListPage	具体零件：表示 HTML 页面的类

图 8-3 示例程序的类图

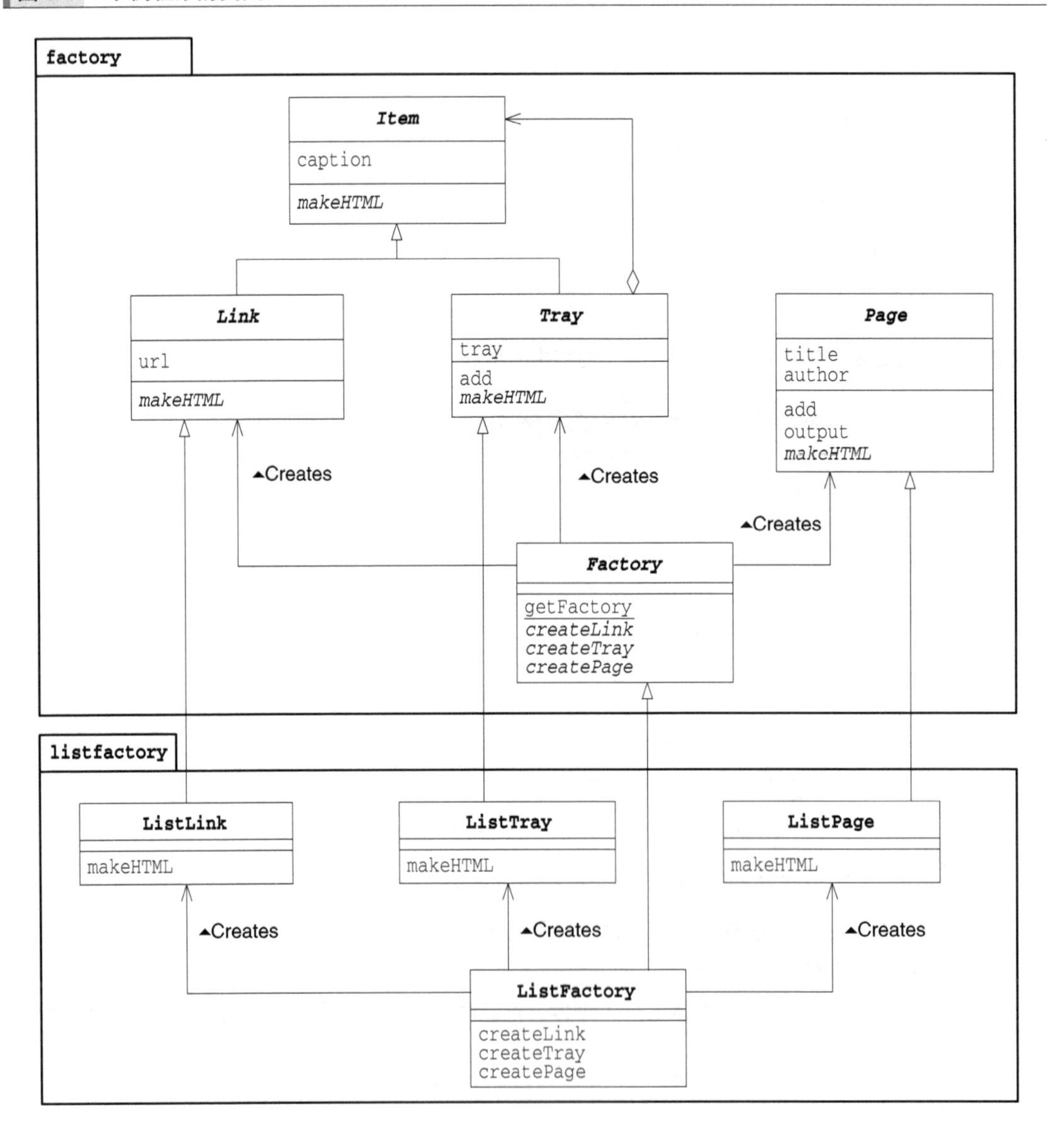

在文件夹中，各个类的源文件的结构如图 8-4 所示。

图 8-4 文件夹中的源文件的结构

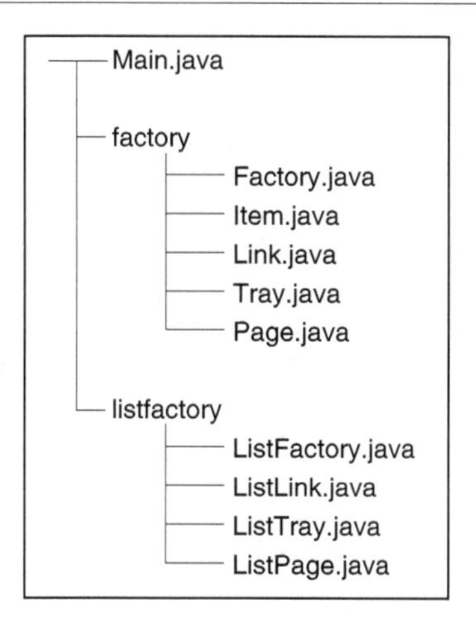

Java 编译方法如下。

```
javac Main.java listfactory/ListFactory.java
```

在之前的示例程序中，只要我们编译了 Main.java，其他所有必要的类都会被编译。但是，这次我们编译 Main.java 时，只有 Factory.java、Item.java、Link.java、Tray.java、Page.java 会被编译，ListFactory.java、ListLink.java、ListTray.java、ListPage.java 则不会被编译。这是因为 `Main` 类只使用了 `factory` 包，没有直接使用 `listfactory` 包。因此，我们需要在编译时加上参数来编译 listfactory/ListFactory.java（这样，ListFactory.java、ListLink.java、ListTray.java、ListPage.java 就都会被编译）。

图 8-5 编译和运行结果

```
javac Main.java listfactory/ListFactory.java
java Main listfactory.ListFactory
LinkPage.html 编写完成。
（这之后，在 Web 浏览器中查看 LinkPage.html，结果如图 8-2 所示）
```

抽象的零件：Item 类

`Item` 类（代码清单 8-1）是 `Link` 类和 `Tray` 类的父类（Item 有“项目”的意思）。这样，`Link` 类和 `Tray` 类就具有可替换性了。

`caption` 字段表示项目的“标题”。

`makeHTML` 方法是抽象方法，需要子类来实现这个方法。该方法会返回 HTML 文件的内容（需要子类去实现）。

代码清单 8-1 Item 类（Item.java）

```
package factory;

public abstract class Item {
    protected String caption;
```

```
    public Item(String caption) {
        this.caption = caption;
    }
    public abstract String makeHTML();
}
```

抽象的零件：Link 类

Link 类（代码清单 8-2）是抽象地表示 HTML 的超链接的类。

url 字段中保存的是超链接所指向的地址。乍一看，在 Link 类中好像一个抽象方法都没有，但实际上并非如此。由于 Link 类中没有实现父类（Item 类）的抽象方法（makeHTML），因此它也是抽象类。

代码清单 8-2 Link 类（Link.java）

```
package factory;

public abstract class Link extends Item {
    protected String url;
    public Link(String caption, String url) {
        super(caption);
        this.url = url;
    }
}
```

抽象的零件：Tray 类

Tray 类（代码清单 8-3）表示的是一个含有多个 Link 类和 Tray 类的容器（Tray 有托盘的意思。请想象成在托盘上放置着一个一个项目）。

Tray 类使用 add 方法将 Link 类和 Tray 类集合在一起。为了表示集合的对象是“Link 类和 Tray 类”，我们设置 add 方法的参数为 Link 类和 Tray 类的父类 Item 类。

虽然 Tray 类也继承了 Item 类的抽象方法 makeHTML，但它并没有实现该方法。因此，Tray 类也是抽象类。

代码清单 8-3 Tray 类（Tray.java）

```
package factory;
import java.util.ArrayList;

public abstract class Tray extends Item {
    protected ArrayList tray = new ArrayList();
    public Tray(String caption) {
        super(caption);
    }
    public void add(Item item) {
        tray.add(item);
    }
}
```

抽象的产品：Page 类

Page 类（代码清单 8-4）是抽象地表示 HTML 页面的类。如果将 Link 和 Tray 比喻成抽象的“零件”，那么 Page 类就是抽象的“产品”。title 和 author 分别是表示页面标题和页面作者的字段。作者名字通过参数传递给 Page 类的构造函数。

可以使用 add 方法向页面中增加 Item（即 Link 或 Tray）。增加的 Item 将会在页面中显示出来。

output 方法首先根据页面标题确定文件名，接着调用 makeHTML 方法将自身保存的 HTML 内容写入到文件中。

其中，我们可以去掉如下语句（1）中的 this，将其写为如下语句（2）那样。

```
writer.write(this.makeHTML());                    ……（1）
writer.write(makeHTML());                         ……（2）
```

为了强调调用的是 Page 类自己的 makeHTML 方法，我们显式地加上了 this。这里调用的 makeHTML 方法是一个抽象方法。output 方法是一个简单的 Template Method 模式的方法。

代码清单 8-4　Page 类（Page.java）

```
package factory;
import java.io.*;
import java.util.ArrayList;

public abstract class Page {
    protected String title;
    protected String author;
    protected ArrayList content = new ArrayList();
    public Page(String title, String author) {
        this.title = title;
        this.author = author;
    }
    public void add(Item item) {
        content.add(item);
    }
    public void output() {
        try {
            String filename = title + ".html";
            Writer writer = new FileWriter(filename);
            writer.write(this.makeHTML());
            writer.close();
            System.out.println(filename + " 编写完成。");
        } catch (IOException e) {
            e.printStackTrace();
        }
    }
    public abstract String makeHTML();
}
```

抽象的工厂：Factory 类

前面我们学习了抽象零件和抽象产品的代码，现在终于可以来看看抽象工厂了。

代码清单 8-5 中的 getFactory 方法可以根据指定的类名生成具体工厂的实例。例如，可以像下面这样，将参数 classname 指定为具体工厂的类名所对应的字符串。

```
"listfactory.ListFactory"
```

getFactory 方法通过**调用 Class 类的 forName 方法来动态地读取类信息，接着使用 newInstance 方法生成该类的实例**，并将其作为返回值返回给调用者。

Class 类属于 java.lang 包，是用来表示类的类。Class 类包含于 Java 的标准类库中。forName 是 java.lang.Class 的类方法（静态方法），newInstance 则是 java.lang.Class 的实例方法。

请注意，虽然 getFactory 方法生成的是具体工厂的实例，但是返回值的类型是抽象工厂类型。

createLink、createTray、createPage 等方法是用于在抽象工厂中生成零件和产品的方法。这些方法都是抽象方法，具体的实现被交给了 Factory 类的子类。不过，这里确定了方法的名字和签名。

代码清单 8-5 Factory 类（Factory.java）

```
package factory;

public abstract class Factory {
    public static Factory getFactory(String classname) {
        Factory factory = null;
        try {
            factory = (Factory)Class.forName(classname).newInstance();
        } catch (ClassNotFoundException e) {
            System.err.println("没有找到 " + classname + " 类。");
        } catch (Exception e) {
            e.printStackTrace();
        }
        return factory;
    }
    public abstract Link createLink(String caption, String url);
    public abstract Tray createTray(String caption);
    public abstract Page createPage(String title, String author);
}
```

使用工厂将零件组装称为产品：Main 类

在理解了抽象的零件、产品、工厂的代码后，我们来看看 Main 类（代码清单 8-6）的代码。Main 类使用抽象工厂生产零件并将零件组装成产品。Main 类中只引入了 factory 包，从这一点可以看出，**该类并没有使用任何具体零件、产品和工厂**。

具体工厂的类名是通过命令行来指定的。例如，如果要使用 listfactory 包中的 ListFactory 类，可以在命令行中输入以下命令。

```
java Main listfactory.ListFactory
```

Main 类会使用 getFactory 方法生成该参数（arg[0]）对应的工厂，并将其保存在 factory 变量中。

之后，Main 类会使用 factory 生成 Link 和 Tray，然后将 Link 和 Tray 都放入 Tray 中，最后生成 Page 并将生成结果输出至文件。

代码清单 8-6 Main 类（Main.java）

```
import factory.*;
```

```
public class Main {
    public static void main(String[] args) {
        if (args.length != 1) {
            System.out.println("Usage: java Main class.name.of.ConcreteFactory");
            System.out.println("Example 1: java Main listfactory.ListFactory");
            System.out.println("Example 2: java Main tablefactory.TableFactory");
            System.exit(0);
        }
        Factory factory = Factory.getFactory(args[0]);

        Link people = factory.createLink("人民日报", "http://www.people.com.cn/");
        Link gmw = factory.createLink("光明日报", "http://www.gmw.cn/");

        Link us_yahoo = factory.createLink("Yahoo!", "http://www.yahoo.com/");
        Link jp_yahoo = factory.createLink("Yahoo!Japan", "http://www.yahoo.co.jp/");
        Link excite = factory.createLink("Excite", "http://www.excite.com/");
        Link google = factory.createLink("Google", "http://www.google.com/");

        Tray traynews = factory.createTray("日报");
        traynews.add(people);
        traynews.add(gmw);

        Tray trayyahoo = factory.createTray("Yahoo!");
        trayyahoo.add(us_yahoo);
        trayyahoo.add(jp_yahoo);

        Tray traysearch = factory.createTray("检索引擎");
        traysearch.add(trayyahoo);
        traysearch.add(excite);
        traysearch.add(google);

        Page page = factory.createPage("LinkPage", "杨文轩");
        page.add(traynews);
        page.add(traysearch);
        page.output();
    }
}
```

具体的工厂：ListFactory 类

之前我们学习了抽象类的代码，现在让我们将视角切换到具体类。首先，我们来看看 listfactory 包中的工厂——ListFactory 类。

ListFactory 类（代码清单 8-7）实现了 Factory 类的 createLink 方法、createTray 方法以及 createPage 方法。当然，各个方法内部只是分别简单地 new 出了 ListLink 类的实例、ListTray 类的实例以及 ListPage 类的实例（根据实际需求，这里可能需要用 Prototype 模式来进行 clone）。

代码清单 8-7 ListFactory 类（ListFactory.java）

```
package listfactory;
import factory.*;

public class ListFactory extends Factory {
    public Link createLink(String caption, String url) {
        return new ListLink(caption, url);
    }
```

```
    public Tray createTray(String caption) {
        return new ListTray(caption);
    }
    public Page createPage(String title, String author) {
        return new ListPage(title, author);
    }
}
```

具体的零件：ListLink 类

ListLink 类（代码清单 8-8）是 Link 类的子类。在 ListLink 类中必须实现的方法是哪个呢？对了，就是在父类中声明的 makeHTML 抽象方法。ListLink 类使用 <li> 标签和 <a> 标签来制作 HTML 片段。这段 HTML 片段也可以与 ListTary 和 ListPage 的结果合并起来，就如同将螺栓和螺母拧在一起一样。

代码清单 8-8 ListLink 类（ListLink.java）

```
package listfactory;
import factory.*;

public class ListLink extends Link {
    public ListLink(String caption, String url) {
        super(caption, url);
    }
    public String makeHTML() {
        return "  <li><a href=\"" + url + "\">" + caption + "</a></li>\n";
    }
}
```

具体的零件：ListTray 类

ListTray 类（代码清单 8-9）是 Tray 类的子类。这里我们重点看一下 makeHTML 方法是如何实现的。tray 字段中保存了所有需要以 HTML 格式输出的 Item，而负责将它们以 HTML 格式输出的就是 makeHTML 方法了。那么该方法究竟是如何实现的呢？

makeHTML 方法首先使用 <li> 标签输出标题（caption），接着使用 <ul> 和 <li> 标签输出每个 Item。输出的结果先暂时保存在 StringBuffer 中，最后再通过 toString 方法将输出结果转换为 String 类型并返回给调用者。

那么，每个 Item 又是如何输出为 HTML 格式的呢？当然就是调用每个 Item 的 makeHTML 方法了。请注意，这里并不关心变量 item 中保存的实例究竟是 ListLink 的实例还是 ListTray 的实例，只是简单地调用了 item.makeHTML() 语句而已。这里**不能使用 switch 语句或 if 语句去判断变量 item 中保存的实例的类型**，否则就是非面向对象编程了。变量 item 是 Item 类型的，而 Item 类又声明了 makeHTML 方法，而且 ListLink 类和 ListTray 类都是 Item 类的子类，因此可以放心地调用。之后 item 会帮我们进行处理。至于 item 究竟进行了什么样的处理，只有 item 的实例（对象）才知道。这就是面向对象的优点。

这里使用的 java.util.Iterator 类与我们在 Iterator 模式一章中所学习的迭代器在功能上是相同的，不过它是 Java 类库中自带的。为了从 java.util.ArrayList 类中得到 java.util.Iterator，我们调用 iterator 方法。

代码清单 8-9 ListTray 类（ListTray.java）

```
package listfactory;
import factory.*;
import java.util.Iterator;

public class ListTray extends Tray {
    public ListTray(String caption) {
        super(caption);
    }
    public String makeHTML() {
        StringBuffer buffer = new StringBuffer();
        buffer.append("<li>\n");
        buffer.append(caption + "\n");
        buffer.append("<ul>\n");
        Iterator it = tray.iterator();
        while (it.hasNext()) {
            Item item = (Item)it.next();
            buffer.append(item.makeHTML());
        }
        buffer.append("</ul>\n");
        buffer.append("</li>\n");
        return buffer.toString();
    }
}
```

具体的产品：ListPage 类

ListPage 类（代码清单 8-10）是 Page 类的子类。关于 makeHTML 方法，大家应该已经明白了吧。ListPage 将字段中保存的内容输出为 HTML 格式。作者名（author）用 <address> 标签输出。

大家知道为什么 while 语句被夹在 <ul>...</ul> 之间吗？这是因为在 while 语句中 append 的 item.makeHTML() 的输出结果需要被嵌入在 <ul>...</ul> 之间的缘故。请大家再回顾一下 ListLink 和 ListTray 的 makeHTML() 方法，在它们的最外侧都会有 <li> 标签，就像是“螺栓”和“螺母”的接头一样。

while 语句的上一条语句中的 content 继承自 Page 类的字段。

代码清单 8-10 ListPage 类（ListPage.java）

```
package listfactory;
import factory.*;
import java.util.Iterator;

public class ListPage extends Page {
    public ListPage(String title, String author) {
        super(title, author);
    }
    public String makeHTML() {
        StringBuffer buffer = new StringBuffer();
        buffer.append("<html><head><title>" + title + "</title></head>\n");
        buffer.append("<body>\n");
        buffer.append("<h1>" + title + "</h1>\n");
        buffer.append("<ul>\n");
        Iterator it = content.iterator();
        while (it.hasNext()) {
```

```
            Item item = (Item)it.next();
            buffer.append(item.makeHTML());
        }
        buffer.append("</ul>\n");
        buffer.append("<hr><address>" + author + "</address>");
        buffer.append("</body></html>\n");
        return buffer.toString();
    }
}
```

8.3 为示例程序增加其他工厂

关于本章内容，我还要多讲一些，希望大家耐心读完。之前，我们已经了解了抽象工厂和具体工厂。但是，如果只是为了编写带有 HTML 超链接集合的文件，那我们的阵势未免有些过大了。当只有一个具体工厂的时候，是完全没有必要划分“抽象类”与“具体类”的。接下来，我们将在示例程序中再增加其他的具体工厂（编写含有其他内容的 HTML 格式的文件）。

之前学习的 listfactory 包的功能是将超链接以条目形式展示出来。现在我们来使用 tablefactory 将链接以表格形式展示出来。最终的编译和运行结果请参见图 8-6，编写出的 HTML 文件内容请参见图 8-7。此外，在浏览器中查看到的输出结果如图 8-8 所示（请注意与图 8-2 进行比较）。

图 8-6 编译与运行结果

```
javac Main.java tablefactory/TableFactory.java
java Main tablefactory.TableFactory
LinkPage.html 编写完成。
```

图 8-7 使用 tablefactory 包制作的超链接集合（HTML）

```
<html><head><title>LinkPage</title></head>
<body>
<h1>LinkPage</h1>
<table width="80%" border="3">
<tr><td><table width="100%" border="1"><tr><td bgcolor="#cccccc" align="center"
colspan="2"><b> 日报 </b></td></tr>
<tr>
<td><a href="http://www.people.com.cn/"> 人民日报 </a></td>
<td><a href="http://www.gmw.cn/"> 光明日报 </a></td>
</tr></table></td></tr><tr><td><table width="100%" border="1"><tr><td bgcolor
="#cccccc" align="center" colspan="3"><b> 检索引擎 </b></td></tr>
<tr>
<td><table width="100%" border="1"><tr><td bgcolor="#cccccc" align="center"
colspan="2"><b>Yahoo!</b></td></tr>
<tr>
<td><a href="http://www.yahoo.com/">Yahoo!</a></td>
<td><a href="http://www.yahoo.co.jp/">Yahoo!Japan</a></td>
</tr></table></td><td><a href="http://www.excite.com/">Excite</a></td>
<td><a href="http://www.google.com/">Google</a></td>
</tr></table></td></tr></table>
<hr><address> 杨文轩 </address></body></html>
```

图 8-8 在浏览器中查看到的使用 tablefactory 包制作的超链接集合

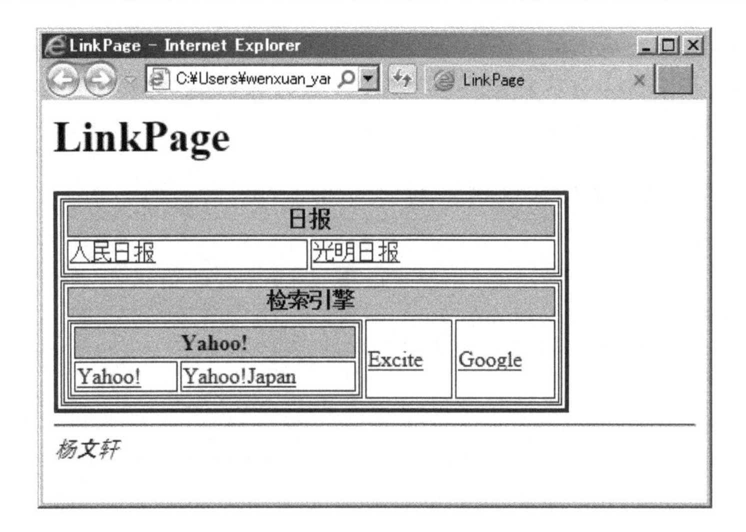

表 8-2 类的一览表（请与表 8-1 进行比较）

包	名字	说明
tablefactory	TableFactory	表示具体工厂的类 （制作 TableLink、TableTray、TablePage）
tablefactory	TableLink	具体零件：表示 HTML 的超链接的类
tablefactory	TableTray	具体零件：表示含有 Link 和 Tray 的类
tablefactory	TablePage	具体产品：表示 HTML 页面的类

具体的工厂：TableFactory 类

TableFactory 类（代码清单 8-11）是 Factory 类的子类。createLink 方法、createTray 方法以及 createPage 方法的处理是分别生成 TableLink、TableTray、TablePage 的实例。

代码清单 8-11 TableFactory 类（TableFactory.java）

```
package tablefactory;
import factory.*;

public class TableFactory extends Factory {
    public Link createLink(String caption, String url) {
        return new TableLink(caption, url);
    }
    public Tray createTray(String caption) {
        return new TableTray(caption);
    }
    public Page createPage(String title, String author) {
        return new TablePage(title, author);
    }
```

具体的零件：TableLink 类

TableLink 类（代码清单 8-12）是 Link 类的子类。它的 makeHTML 方法的处理是使用 <td> 标签创建表格的列。请回忆一下，在 ListLink 类（代码清单 8-8）中使用的是 <li> 标签，而这里使用的是 <td> 标签。

代码清单 8-12 TableLink 类（TableLink.java）

```
package tablefactory;
import factory.*;

public class TableLink extends Link {
    public TableLink(String caption, String url) {
        super(caption, url);
    }
    public String makeHTML() {
        return "<td><a href=\"" + url + "\">" + caption + "</a></td>\n";
    }
}
```

具体的零件：TableTray 类

TableTray 类（代码清单 8-13）是 Tray 类的子类，其 makeHTML 方法的处理是使用 <td> 和 <table> 标签输出 Item。

代码清单 8-13 TableTray 类（TableTray.java）

```
package tablefactory;
import factory.*;
import java.util.Iterator;

public class TableTray extends Tray {
    public TableTray(String caption) {
        super(caption);
    }
    public String makeHTML() {
        StringBuffer buffer = new StringBuffer();
        buffer.append("<td>");
        buffer.append("<table width=\"100%\" border=\"1\"><tr>");
        buffer.append("<td bgcolor=\"#cccccc\" align=\"center\" colspan=\""+ tray.size
() + "\"><b>" + caption + "</b></td>");
        buffer.append("</tr>\n");
        buffer.append("<tr>\n");
        Iterator it = tray.iterator();
        while (it.hasNext()) {
            Item item = (Item)it.next();
            buffer.append(item.makeHTML());
        }
        buffer.append("</tr></table>");
        buffer.append("</td>");
        return buffer.toString();
    }
}
```

具体的产品：TablePage 类

TablePage 类（代码清单 8-14）是 Page 类的子类。这里应该不需要我再做详细说明了。与 ListPage 类（代码清单 8-10）比较一下，应该就能理解它们之间的对应关系。

代码清单 8-14 TablePage 类（TablePage.java）

```
package tablefactory;
import factory.*;
import java.util.Iterator;

public class TablePage extends Page {
    public TablePage(String title, String author) {
        super(title, author);
    }
    public String makeHTML() {
        StringBuffer buffer = new StringBuffer();
        buffer.append("<html><head><title>" + title + "</title></head>\n");
        buffer.append("<body>\n");
        buffer.append("<h1>" + title + "</h1>\n");
        buffer.append("<table width=\"80%\" border=\"3\">\n");
        Iterator it = content.iterator();
        while (it.hasNext()) {
            Item item = (Item)it.next();
            buffer.append("<tr>" + item.makeHTML() + "</tr>");
        }
        buffer.append("</table>\n");
        buffer.append("<hr><address>" + author + "</address>");
        buffer.append("</body></html>\n");
        return buffer.toString();
    }
}
```

8.4 Abstract Factory模式中的登场角色

在 Abstract Factory 模式中有以下登场角色。

◆ AbstractProduct（抽象产品）

AbstractProduct 角色负责定义 AbstractFactory 角色所生成的抽象零件和产品的接口（API）。在示例程序中，由 Link 类、Tray 类和 Page 类扮演此角色。

◆ AbstractFactory（抽象工厂）

AbstractFactory 角色负责定义用于生成抽象产品的接口（API）。在示例程序中，由 Factory 类扮演此角色。

◆ Client（委托者）

Client 角色仅会调用 AbstractFactory 角色和 AbstractProduct 角色的接口（API）来进行工作，对于具体的零件、产品和工厂一无所知。在示例程序中，由 Main 类扮演此角色。图 8-9 省略了 Client 这一角色。

图 8-9 Abstract Factory 模式的类图

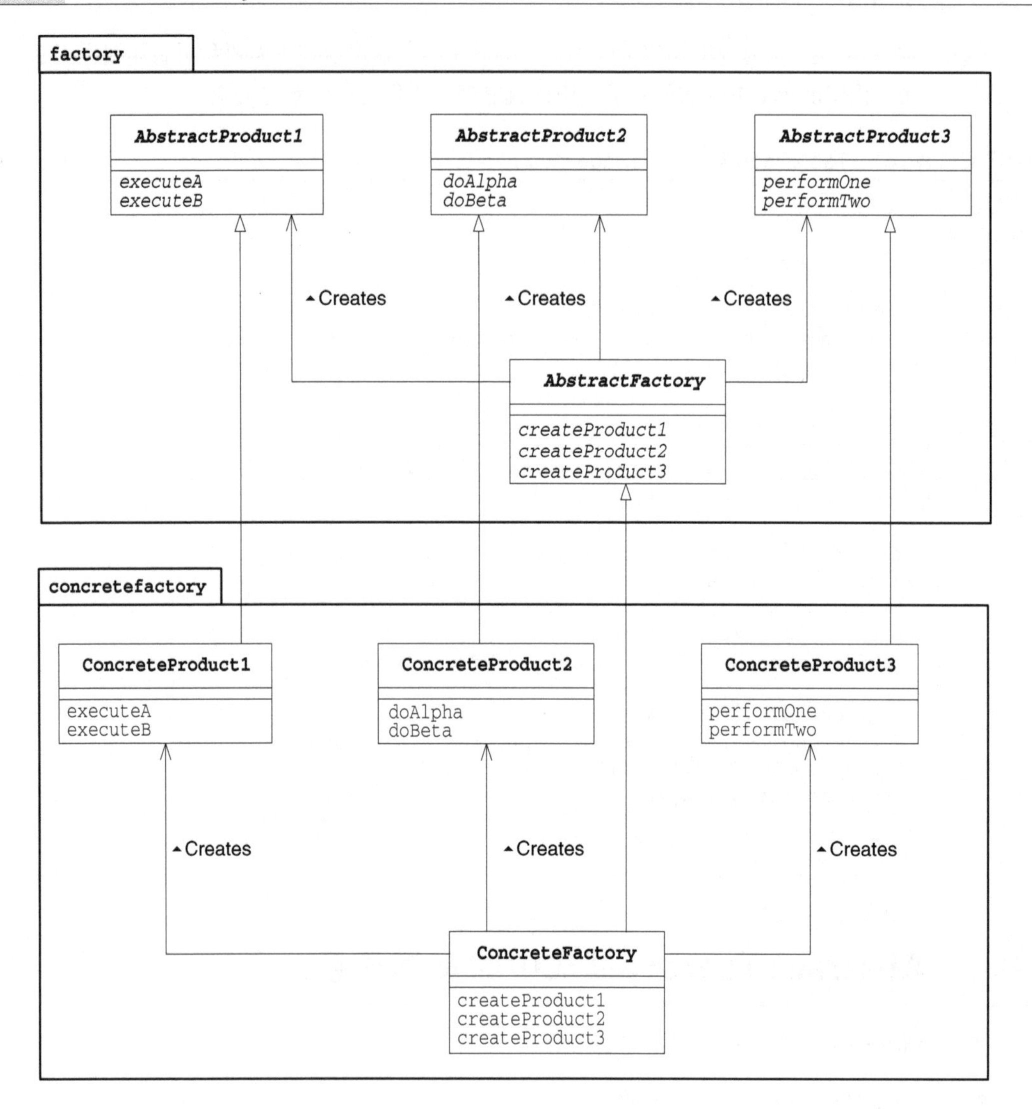

◆ ConcreteProduct（具体产品）

ConcreteProduct 角色负责实现 AbstractProduct 角色的接口（API）。在示例程序中，由以下包中的以下类扮演此角色。

- `listfactory` 包：`ListLink` 类、`ListTray` 类和 `ListPage` 类
- `tablefactory` 包：`TableLink` 类、`TableTray` 类和 `TablePage` 类

◆ ConcreteFactory（具体工厂）

ConcreteFactory 角色负责实现 AbstractFactory 角色的接口（API）。在示例程序中，由以下包中的以下类扮演此角色。

- `listfactory` 包：`Listfactory` 类
- `tablefactory` 包：`Tablefactory` 类

8.5 拓展思路的要点

易于增加具体的工厂

在 Abstract Factory 模式中增加具体的工厂是非常容易的。这里说的“容易”指的是需要编写哪些类和需要实现哪些方法都非常清楚。

假设现在我们要在示例程序中增加新的具体工厂，那么需要做的就是编写 `Factory`、`Link`、`Tray`、`Page` 这 4 个类的子类，并实现它们定义的抽象方法。也就是说将 `factory` 包中的抽象部分全部具体化即可。

这样一来，无论要增加多少个具体工厂（或是要修改具体工厂的 Bug），都无需修改抽象工厂和 `Main` 部分。

难以增加新的零件

请试想一下要在 Abstract Factory 模式中增加新的零件时应当如何做。例如，我们要在 `factory` 包中增加一个表示图像的 `Picture` 零件。这时，我们必须要对所有的具体工厂进行相应的修改才行。例如，在 `listfactory` 包中，我们必须要做以下修改。

- 在 `ListFactory` 中加入 `createPicture` 方法
- 新增 `ListPicture` 类

已经编写完成的具体工厂越多，修改的工作量就会越大。

8.6 相关的设计模式

◆ Builder 模式（第 7 章）

Abstract Factory 模式通过调用抽象产品的接口（API）来组装抽象产品，生成具有复杂结构的实例。

Builder 模式则是分阶段地制作复杂实例。

◆ Factory Method 模式（第 4 章）

有时 Abstract Factory 模式中零件和产品的生成会使用到 Factory Method 模式。

◆ Composite 模式（第 11 章）

有时 Abstract Factory 模式在制作产品时会使用 Composite 模式。

◆ Singleton 模式（第 5 章）

有时 Abstract Factory 模式中的具体工厂会使用 Singleton 模式。

8.7 延伸阅读：各种生成实例的方法的介绍

Java 在 Java 中可以使用下面这些方法生成实例。

◆ new

一般我们使用 Java 关键字 new 生成实例。

可以像下面这样生成 Something 类的实例并将其保存在 obj 变量中。

```
Something obj = new Something();
```

这时，类名（此处的 Something）会出现在代码中[①]。

◆ clone

我们也可以使用在 Prototype 模式（第 6 章）中学习过的 clone 方法，根据现有的实例复制出一个新的实例。

我们可以像下面这样根据自身来复制出新的实例（不过不会调用构造函数）。

```
class Something {
    ...
    public Something createClone() {
        Something obj = null;
        try {
            obj = (Something)clone();
        } catch (CloneNotSupportedException e) {
            e.printStackTrace();
        }
        return obj;
    }
}
```

◆ newInstance

使用本章中学习过的 java.lang.Class 类的 newInstance 方法可以通过 Class 类的实例生成出 Class 类所表示的类[②]的实例（会调用无参构造函数）。

在本章的示例程序中，我们已经展示过如何使用 newInstance 了。下面我们再看一个例子。假设我们现在已经有了 Something 类的实例 someobj，通过下面的表达式可以生成另外一个 Something 类的实例。

```
someobj.getClass().newInstance()
```

实际上，调用 newInstance 方法可能会导致抛出 InstantiationException 异常或是 IllegalAccessException 异常，因此需要将其置于 try...catch 语句块中或是用 throws 关键字指定调用 newInstance 方法的方法可能会抛出的异常。

---

① 即形成强耦合关系。——译者注

② 即 Something 类。——译者注

8.8 本章所学知识

在本章中，我们学习了将抽象零件组合成为抽象产品的抽象工厂——Abstract Factory 模式。

在初学设计模式时，让我感到最难理解的就是 Abstract Factory 模式了。因为在该模式中，类之间结构复杂，登场角色也多，与只有一个类的 Singleton 模式相比，它们有很大的区别。如果说 Singleton 模式是“独舞”，那 Abstract Factory 模式就是“群舞”了。

8.9 练习题

答案请参见附录 A（P.307）

●习题 8-1

Java　Tray 类（代码清单 8-3）中的 tray 字段是 protected，子类也可以访问。请指出如果将其修改为 private，会有哪些优点和缺点。

●习题 8-2

请在示例程序的 Factory 类（代码清单 8-5）中定义一个“生成只含有雅虎网站（http://www.yahoo.com）超链接的 HTML 页面的具象方法”。

```
public Page createYahooPage();
```

请把页面的作者和标题都设置为 "Yahoo!"。这时，具体工厂类和具体零件类又需要如何修改呢？

●习题 8-3

Java　ListLink 类（代码清单 8-8）的构造函数如下所示。

```
public ListLink(String caption, String url) {
    super(caption, url);
}
```

也就是说，它只是调用了父类的构造函数。如果不需要其他处理，为什么还要特意定义 ListLink 类的构造函数呢？

●习题 8-4

Page 类（代码清单 8-4）的处理与 Tray 类的处理（代码清单 8-3）相似，那为什么没有让 Page 类继承 Tray 类呢？

第 4 部分　分开考虑

第 9 章　Bridge 模式

将类的功能层次结构
与实现层次结构分离

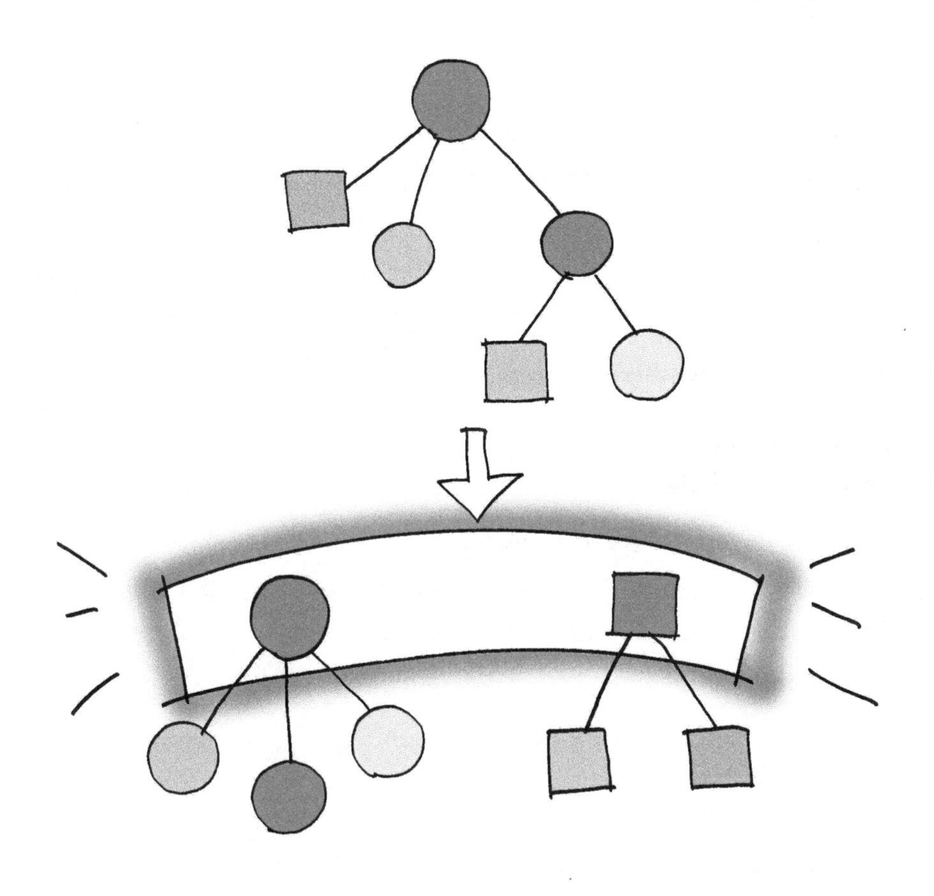

9.1 Bridge 模式

在本章中，我们将要学习 Bridge 模式。

Bridge 的意思是“桥梁”。就像在现实世界中，桥梁的功能是将河流的两侧连接起来一样，Bridge 模式的作用也是将两样东西连接起来，它们分别是**类的功能层次结构**和**类的实现层次结构**。

Bridge 模式的作用是在“类的功能层次结构”和“类的实现层次结构”之间搭建桥梁。话虽如此，当大家读到这里的时候，脑海中还是很难想象出大概的模样吧。

在开始阅读 Bridge 模式的示例程序之前，我们需要先来理解一下这两种层次结构。这是因为如果不能理解河流两边的土地，也就无法理解桥梁存在的意义了。

- **类的功能层次结构**
- **类的实现层次结构**

类的层次结构的两个作用

◆希望增加新功能时

假设现在有一个类 Something。当我们想在 Something 中增加新功能时（想增加一个具体方法时），会编写一个 Something 类的子类（派生类），即 SomethingGood 类。这样就构成了一个小小的类层次结构。

```
Something
  └─SomethingGood
```

这就是为了增加新功能而产生的层次结构。

- **父类具有基本功能**
- **在子类中增加新的功能**

以上这种层次结构被称为“**类的功能层次结构**”。

如果我们要继续在 SomethingGood 类的基础上增加新的功能，该怎么办呢？这时，我们可以同样地编写一个 SomethingGood 类的子类，即 SomethingBetter 类。这样，类的层次结构就加深了。

```
Something
  └─SomethingGood
       └─SomethingBetter
```

当要增加新的功能时，我们可以从各个层次的类中找出最符合自己需求的类，然后以它为父类编写子类，并在子类中增加新的功能。这就是“类的功能层次结构”。

注意 通常来说，类的层次结构关系不应当过深。

◆希望增加新的实现时

在 Template Method 模式（第 3 章）中，我们学习了抽象类的作用。抽象类声明了一些抽象方法，定义了接口（API），然后子类负责去实现这些抽象方法。父类的任务是通过声明抽象方法的方式定义接口（API），而子类的任务是实现抽象方法。正是由于父类和子类的这种任务分担，我们才可以编写出具有高可替换性的类。

这里其实也存在层次结构。例如，当子类 ConcreteClass 实现了父类 AbstractClass 类的抽象方法时，它们之间就构成了一个小小的层次结构。

```
AbstractClass
  └─ConcreteClass
```

但是，这里的类的层次结构并非用于增加功能，也就是说，这种层次结构并非用于方便我们增加新的方法。它的真正作用是帮助我们实现下面这样的任务分担。

- **父类通过声明抽象方法来定义接口（API）**
- **子类通过实现具体方法来实现接口（API）**

这种层次结构被称为**"类的实现层次结构"**。

当我们以其他方式实现 AbstractClass 时，例如要实现一个 AnotherConcreteClass 时，类的层次结构会稍微发生一些变化。

```
AbstractClass
  ├─ConcreteClass
  └─AnotherConcreteClass
```

为了一种新的实现方式，我们继承了 AbstractClass 的子类，并实现了其中的抽象方法。这就是类的实现层次结构。

◆类的层次结构的混杂与分离

通过前面的学习，大家应该理解了类的功能层次结构与类的实现层次结构。那么，当我们想要编写子类时，就需要像这样先确认自己的意图："我是要增加功能呢？还是要增加实现呢？"当类的层次结构只有一层时，功能层次结构与实现层次结构是混杂在一个层次结构中的。这样很容易使类的层次结构变得复杂，也难以透彻地理解类的层次结构。因为自己难以确定究竟应该在类的哪一个层次结构中去增加子类。

因此，我们需要将"类的功能层次结构"与"类的实现层次结构"**分离为两个独立的类层次结构**。当然，如果只是简单地将它们分开，两者之间必然会缺少联系。所以我们还需要在它们之间搭建一座桥梁。本章中要学习的 Bridge 模式的作用就是搭建这座桥梁。

哎呀，引言说得太多了。下面我们赶紧看看 Bridge 模式的示例程序吧。**请在阅读示例程序时着重注意上面学习的"类的两个层次结构"**。

9.2 示例程序

下面我们来看一段使用了 Bridge 模式的示例程序。这段示例程序的功能是"显示一些东西"。乍一听好像很抽象，不过随着我们逐渐地理解这段示例程序，也就能慢慢明白它的具体作用了。

表 9-1　类的一览表

在桥的哪一侧	名字	说明
类的功能层次结构	Display	负责“显示”的类
类的功能层次结构	CountDisplay	增加了“只显示规定次数”这一功能的类
类的实现层次结构	DisplayImpl	负责“显示”的类
类的实现层次结构	StringDisplayImpl	“用字符串显示”的类
	Main	测试程序行为的类

图 9-1　示例程序的类图

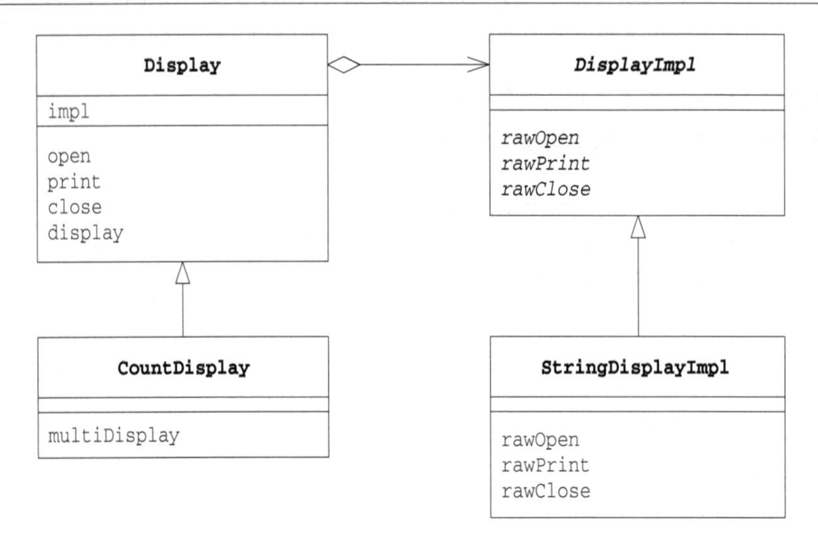

类的功能层次结构：Display 类

`Display` 类（代码清单 9-1）的功能是抽象的，负责“显示一些东西”。该类位于“类的功能层次结构”的最上层。

在 `impl` 字段中保存的是实现了 `Display` 类的具体功能的实例（impl 是 implementation（实现）的缩写）。

该实例通过 `Display` 类的构造函数被传递给 `Display` 类，然后保存在 `impl` 字段中，以供后面的处理使用（`impl` 字段即是类的两个层次结构的“桥梁”）。

`open`、`print`、`close` 这 3 个方法是 `Display` 类提供的接口（API），它们表示“显示的步骤”。

- **`open` 是显示前的处理**
- **`print` 是显示处理**
- **`close` 是显示后的处理**

请注意这 3 个方法的实现，这 3 个方法都调用了 `impl` 字段的实现方法。这样，`Display` 的接口（API）就被转换成为了 `DisplayImpl` 的接口（API）。

`display` 方法调用 `open`、`print`、`close` 这 3 个 `Display` 类的接口（API）进行了“显示”处理。

代码清单 9-1 Display 类（Display.java）

```
public class Display {
    private DisplayImpl impl;
    public Display(DisplayImpl impl) {
        this.impl = impl;
    }
    public void open() {
        impl.rawOpen();
    }
    public void print() {
        impl.rawPrint();
    }
    public void close() {
        impl.rawClose();
    }
    public final void display() {
        open();
        print();
        close();
    }
}
```

类的功能层次结构：CountDisplay 类

接下来，我们继续看“类的功能层次结构”。

CountDisplay 类（代码清单 9-2）在 Display 类的基础上增加了一个新功能。Display 类只具有“显示”的功能，CountDisplay 类则具有“只显示规定的次数”的功能，这就是 multiDisplay 方法。

CountDisplay 类继承了 Display 类的 open、print、close 方法，并使用它们来增加这个新功能。

这就是“类的功能层次结构”。

代码清单 9-2 CountDisplay 类（CountDisplay.java）

```
public class CountDisplay extends Display {
    public CountDisplay(DisplayImpl impl) {
        super(impl);
    }
    public void multiDisplay(int times) {        // 循环显示 times 次
        open();
        for (int i = 0; i < times; i++) {
            print();
        }
        close();
    }
}
```

类的实现层次结构：DisplayImpl 类

现在，我们来看桥的另外一侧——“类的实现层次结构”。

DisplayImpl 类（代码清单 9-3）位于“类的实现层次结构”的最上层。

DisplayImpl类是抽象类，它声明了rawOpen、rawPrint、rawClose这3个抽象方法，它们分别与Display类的open、print、close方法相对应，进行显示前、显示、显示后处理。

代码清单9-3　DisplayImpl类（DisplayImpl.java）

```
public abstract class DisplayImpl {
    public abstract void rawOpen();
    public abstract void rawPrint();
    public abstract void rawClose();
}
```

类的实现层次结构：StringDisplayImpl类

下面我们来看看真正的“实现”。StringDisplayImpl类（代码清单9-4）是显示字符串的类。不过，它不是直接地显示字符串，而是继承了DisplayImpl类，作为其子类来使用rawOpen、rawPrint、rawClose方法进行显示。

代码清单9-4　StringDisplayImpl类（StringDisplayImpl.java）

```
public class StringDisplayImpl extends DisplayImpl {
    private String string;                          // 要显示的字符串
    private int width;                              // 以字节单位计算出的字符串的宽度
    public StringDisplayImpl(String string) {       // 构造函数接收要显示的字符串 string
        this.string = string;                       // 将它保存在字段中
        this.width = string.getBytes().length;      // 把字符串的宽度也保存在字段中，以供使用①
    }
    public void rawOpen() {
        printLine();
    }
    public void rawPrint() {
        System.out.println("|" + string + "|");     // 前后加上 "|" 并显示
    }
    public void rawClose() {
        printLine();
    }
    private void printLine() {
        System.out.print("+");                      // 显示用来表示方框的角的 "+"
        for (int i = 0; i < width; i++) {           // 显示 width 个 "-"
            System.out.print("-");                  // 将其用作方框的边框
        }
        System.out.println("+");                    // 显示用来表示方框的角的 "+"
    }
}
```

DisplayImpl和StringDisplayImpl这两个类相当于“类的实现层次结构”。

Main类

Main类（代码清单9-5）将上述4个类组合起来显示字符串。虽然变量d1中保存的是Display类的实例，而变量d2和d3中保存的是CountDisplay类的实例，但它们内部都保存着StringDisplayImpl类的实例。

---

① 为了简单起见，我们以内存中的一个字节对应界面上的一列为前提。

运行结果请参见图 9-2。由于 d1、d2、d3 都属于 Display 类的实例，因此我们可以调用它们的 display 方法。此外，我们还可以调用 d3 的 multiDisplay 方法。

代码清单 9-5 Main 类（Main.java）

```
public class Main {
    public static void main(String[] args) {
        Display d1 = new Display(new StringDisplayImpl("Hello, China."));
        Display d2 = new CountDisplay(new StringDisplayImpl("Hello, World."));
        CountDisplay d3 = new CountDisplay(new StringDisplayImpl("Hello, Universe."));
        d1.display();
        d2.display();
        d3.display();
        d3.multiDisplay(5);
    }
}
```

图 9-2 运行结果

```
+-------------+        ←显示 d1.display() 的结果
|Hello, China.|
+-------------+
+-------------+        ←显示 d2.display() 的结果
|Hello, World.|
+-------------+
+----------------+     ←显示 d3.display() 的结果
|Hello, Universe.|
+----------------+
+----------------+     ←显示 d3.multiDisplay(5) 的结果
|Hello, Universe.|
|Hello, Universe.|
|Hello, Universe.|
|Hello, Universe.|
|Hello, Universe.|
+----------------+
```

9.3 Bridge 模式中的登场角色

在 Bridge 模式中有以下登场角色。

◆ Abstraction（抽象化）

该角色位于“类的功能层次结构”的最上层。它使用 Implementor 角色的方法定义了基本的功能。该角色中保存了 Implementor 角色的实例。在示例程序中，由 Display 类扮演此角色。

◆ RefinedAbstraction（改善后的抽象化）

在 Abstraction 角色的基础上增加了新功能的角色。在示例程序中，由 CountDisplay 类扮演此角色。

◆ Implementor（实现者）

该角色位于“类的实现层次结构”的最上层。它定义了用于实现 Abstraction 角色的接口（API）的方法。在示例程序中，由 DisplayImpl 类扮演此角色。

◆ ConcreteImplementor（具体实现者）

该角色负责实现在 Implementor 角色中定义的接口（API）。在示例程序中，由 StringDisplayImpl 类扮演此角色。

Bridge 模式的类图如图 9-3 所示。左侧的两个类构成了“类的功能层次结构”，右侧两个类构成了“类的实现层次结构”。类的两个层次结构之间的桥梁是 impl 字段。

图 9-3 Bridge 模式的类图

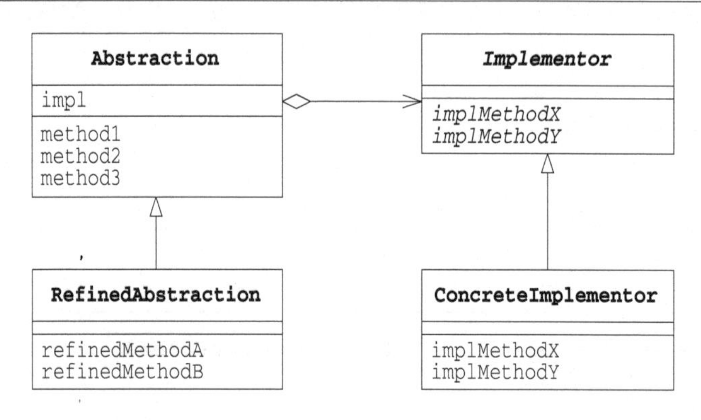

9.4 拓展思路的要点

分开后更容易扩展

Bridge 模式的特征是将“类的功能层次结构”与“类的实现层次结构”分离开了。将类的这两个层次结构分离开有利于独立地对它们进行扩展（具体的扩展示例请参见习题）。

当想要增加功能时，只需要在“类的功能层次结构”一侧增加类即可，不必对“类的实现层次结构”做任何修改。而且，**增加后的功能可以被“所有的实现”使用**。

例如，我们可以将“类的功能层次结构”应用于软件所运行的操作系统上。如果我们将某个程序中依赖于操作系统的部分划分为 Windows 版、Macintosh 版、Unix 版，那么我们就可以用 Bridge 模式中的“类的实现层次结构”来表现这些依赖于操作系统的部分。也就是说，我们需要编写一个定义这些操作系统的共同接口（API）的 Implementor 角色，然后编写 Windows 版、Macintosh 版、Unix 版的 3 个 ConcreteImplementor 角色。这样一来，无论在“类的功能层次结构”中增加多少个功能，它们都可以工作于这 3 个操作系统上。

继承是强关联，委托是弱关联

虽然使用“继承”很容易扩展类，但是类之间也形成了一种强关联关系。例如，在下面的代码中，SomethingGood 类是 Something 的子类，但只要不修改代码，就无法改变这种关系，因此可以说它们之间形成了一种强关联关系。

```
class SomethingGood extends Something {
    ...
}
```

如果想要很轻松地改变类之间的关系，使用继承就不适合了，因为每次改变类之间关系时都需要修改程序。这时，我们可以使用“委托”来代替“继承”关系。

示例程序的 Display 类中使用了“委托”。Display 类的 impl 字段保存了实现的实例。这样，类的任务就发生了转移。

- **调用 open 方法会调用 impl.rawOpen() 方法**
- **调用 print 方法会调用 impl.rawPrint() 方法**
- **调用 close 方法会调用 impl.rawClose() 方法**

也就是说，当其他类要求 Display 类“工作”的时候，Display 类并非自己工作，而是将工作“交给 impl”。这就是“委托”。

继承是强关联关系，但委托是弱关联关系。这是因为只有 Display 类的实例生成时，才与作为参数被传入的类构成关联。例如，在示例程序中，当 Main 类生成 Display 类和 CountDisplay 类的实例时，才将 StringDisplayImpl 的实例作为参数传递给 Display 类和 CountDisplay 类。

如果我们不传递 StringDisplayImpl 类的实例，而是将其他 ConcreteImplementor 角色的实例传递给 Display 类和 CountDisplay 类，就能很容易地改变实现。这时，发生变化的代码只有 Main 类，Display 类和 DisplayImpl 类则不需要做任何修改。

继承是强关联关系，委托是弱关联关系。在设计类的时候，我们必须充分理解这一点。在 Template Method 模式（第 3 章）中，我们也讨论了继承和委托的关系，大家可以再回顾一下相关部分的内容。

9.5 相关的设计模式

◆ Template Method 模式（第 3 章）

在 Template Method 模式中使用了“类的实现层次结构”。父类调用抽象方法，而子类实现抽象方法。

◆ Abstract Factory 模式（第 8 章）

为了能够根据需求设计出良好的 ConcreteImplementor 角色，有时我们会使用 Abstract Factory 模式。

◆ Adapter 模式（第 2 章）

使用 Bridge 模式可以达到类的功能层次结构与类的实现层次结构分离的目的，并在此基础上使这些层次结构结合起来。

而使用 Adapter 模式则可以结合那些功能上相似但是接口（API）不同的类。

9.6 本章所学知识

在本章中，我们学习了用于在类的两个层次结构之间搭建桥梁的 Bridge 模式。通过分离这两种类的层次结构，可以更加清晰地扩展类。此外，在本章中我们还学习了委托，它可以弱化类之间的关联关系。

下面让我们做一下习题，看看自己是否理解了本章中所学习到的知识。

9.7 练习题

答案请参见附录A（P.309）

●习题9-1

请在本章的示例程序中增加一个类，实现“显示字符串若干（随机）次”的功能。请注意此时应当扩展（继承）哪个类。

提示 用于显示的方法是 `void randomDisplay(int times)`，它的作用是将字符串随机显示 0 ~ times 次。

●习题9-2

请在本章的示例程序中增加一个类，实现“显示文本文件的内容”的功能。请注意此时应当扩展（继承）哪个类。

●习题9-3

请在本章的示例程序中增加类，以实现图9-4和图9-5的输出效果。

图9-4 输出结果例1

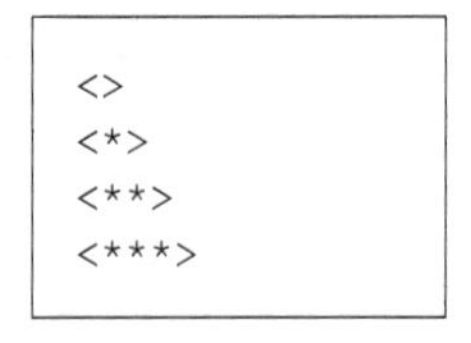

图9-5 输出结果例2

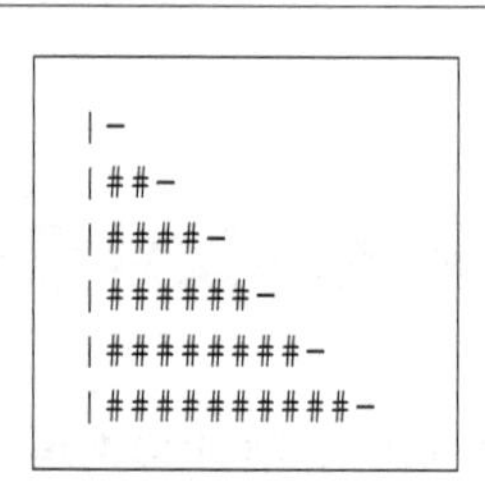

输出结果是将“**起始字符→显示装饰字符若干次→结束字符和换行**”作为一行，然后循环输出若干行。请注意，每一行的装饰字符的个数都要比前一行多。

请思考我们是应当在“类的功能层次结构”中增加类呢？还是应当在“类的实现层次结构”中增加类呢？

需要一种新的显示方式，那么应当是在“类的功能层次结构”中增加类吧？不过，又好像只要增加一个新的显示字符串的方法就可以了，那么还是在“类的实现层次结构”中增加类会更好吧？究竟应该如何在Bridge模式中增加这个类呢？

第 10 章　Strategy 模式

整体地替换算法

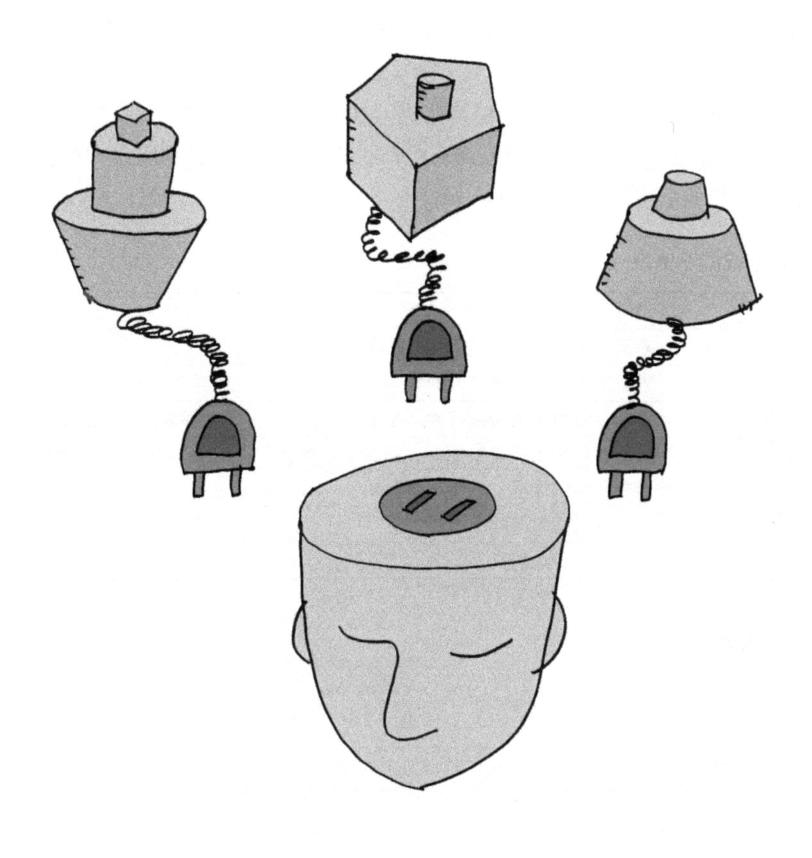

10.1 Strategy 模式

在本章中，我们将要学习 Strategy 模式。

Strategy 的意思是"策略"，指的是与敌军对垒时行军作战的方法。在编程中，我们可以将它理解为"算法"。

无论什么程序，其目的都是解决问题。而为了解决问题，我们又需要编写特定的算法。使用 Strategy 模式可以整体地替换算法的实现部分。能够整体地替换算法，能让我们轻松地以不同的算法去解决同一个问题，这种模式就是 Strategy 模式。

10.2 示例程序

下面我们来看一段使用了 Strategy 模式的示例程序。这段示例程序的功能是让电脑玩"猜拳"游戏。

我们考虑了两种猜拳的策略。第一种策略是"如果这局猜拳获胜，那么下一局也出一样的手势"（`WinningStrategy`），这是一种稍微有些笨的策略；另外一种策略是"根据上一局的手势从概率上计算出下一局的手势"（`ProbStrategy`）。

表 10-1 类和接口的一览表

名字	说明
`Hand`	表示猜拳游戏中的"手势"的类
`Strategy`	表示猜拳游戏中的策略的类
`WinningStrategy`	表示"如果这局猜拳获胜，那么下一局也出一样的手势"这一策略的类
`ProbStrategy`	表示"根据上一局的手势从概率上计算出下一局的手势从之前的猜拳结果计算下一局出各种拳的概率"这一策略的类
`Player`	表示进行猜拳游戏的选手的类
`Main`	测试程序行为的类

图 10-1 示例程序的类图

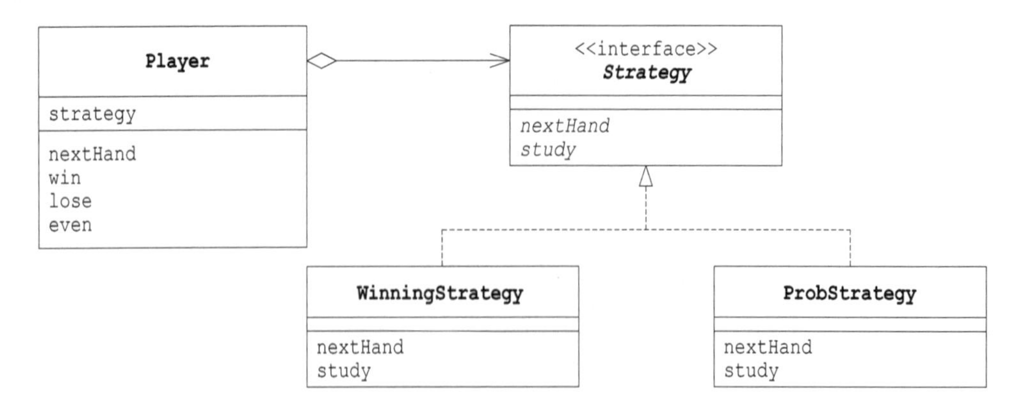

Hand 类

Hand 类（代码清单 10-1）是表示猜拳游戏中的“手势”的类。在该类的内部，用 int 表示所出的手势，其中 0 表示石头，1 表示剪刀，2 表示布，并将值保存在 handvalue 字段中。

我们只需要 3 个 Hand 类的实例。在程序的开始，创建这 3 个实例，并将它们保存在 hand 数组中。

Hand 类的实例可以通过使用类方法 getHand 来获取。只要将表示手势的值作为参数传递给 getHand 方法，它就会将手势的值所对应的 Hand 类的实例返回给我们。这也是一种 Singleton 模式（第 5 章）。

isStrongerThan 方法和 isWeakerThan 方法用于判断猜拳结果。例如，如果有手势 hand1 和手势 hand2，那么可以像下面这样判断猜拳结果。

```
hand1.isStrongerThan(hand2);
hand1.isWeakerThan(hand2);
```

在该类的内部，实际负责判断猜拳结果的是 fight 方法，其判断依据是手势的值。

代码清单 10-1 中的 (this.handvalue + 1) % 3 == h.handvalue 表达式可能会有些难以理解，所以这里稍微说明一下。如果 this 的手势值加 1 后是 h 的手势值（例如，如果 this 的手势是石头，而 h 是剪刀，或是 this 的手势是剪刀，而 h 是布，或是 this 的手势是布，而 h 是石头），那么判断 this 获胜。之所以使用“%”运算符进行取余数计算，是希望布 (2) 加 1 后，变成石头 (0)。

在上面的语句中，出现了 this.handvalue，这是为了让读者能够注意到它与 h.handvalue 的区别。在程序中，即使写作 (handvalue + 1) % 3 == h.handvalue，意思也是完全一样的。

虽然 Hand 类会被其他类（Player 类、WinningStrategy 类、ProbStrategy 类）使用，但它并非 Strategy 模式中的角色。

代码清单 10-1　Hand 类（Hand.java）

```
public class Hand {
    public static final int HANDVALUE_GUU = 0;  // 表示石头的值
    public static final int HANDVALUE_CHO = 1;  // 表示剪刀的值
    public static final int HANDVALUE_PAA = 2;  // 表示布的值
    public static final Hand[] hand = {         // 表示猜拳中 3 种手势的实例
        new Hand(HANDVALUE_GUU),
        new Hand(HANDVALUE_CHO),
        new Hand(HANDVALUE_PAA),
    };
    private static final String[] name = {      // 表示猜拳中手势所对应的字符串
        "石头", "剪刀", "布",
    };
    private int handvalue;                      // 猜拳中出的手势的值
    private Hand(int handvalue) {
        this.handvalue = handvalue;
    }
    public static Hand getHand(int handvalue) { // 根据手势的值获取其对应的实例
        return hand[handvalue];
    }
    public boolean isStrongerThan(Hand h) {     // 如果 this 胜了 h 则返回 true
```

```
        return fight(h) == 1;
    }
    public boolean isWeakerThan(Hand h) {          // 如果 this 输给了 h 则返回 true
        return fight(h) == -1;
    }

    private int fight(Hand h) {                    // 计分：平 0，胜 1，负 -1
        if (this == h) {
            return 0;
        } else if ((this.handvalue + 1) % 3 == h.handvalue) {
            return 1;
        } else {
            return -1;
        }
    }
    public String toString() {                     // 转换为手势值所对应的字符串
        return name[handvalue];
    }
}
```

Strategy 接口

Strategy 接口（代码清单 10-2）是定义了猜拳策略的抽象方法的接口。

nextHand 方法的作用是“获取下一局要出的手势”。调用该方法后，实现了 Strategy 接口的类会绞尽脑汁想出下一局出什么手势。

study 方法的作用是学习“上一局的手势是否获胜了”。如果在上一局中调用 nextHand 方法获胜了，就接着调用 study(true)；如果输了，就接着调用 study(false)。这样，Strategy 接口的实现类就会改变自己的内部状态，从而为下一次 nextHand 被调用时究竟是返回“石头”“剪刀”还是“布”提供判断依据。

代码清单 10-2 Strategy 接口（Strategy.java）

```
public interface Strategy {
    public abstract Hand nextHand();
    public abstract void study(boolean win);
}
```

WinningStrategy 类

WinningStrategy 类（代码清单 10-3）是 Strategy 接口的实现类之一，它实现了 nextHand 和 study 两个方法。

该类的猜拳策略有些笨，如果上一局的手势获胜了，则下一局的手势就与上局相同（上一局出石头，下一局继续出石头；上一局出布，下一局继续出布）。如果上一局的手势输了，则下一局就随机出手势。

由于在 WinningStrategy 类中需要使用随机值，因此我们在 random 字段中保存了 java.util.Random 的实例。也可以说，random 字段是该类的一个随机数生成器。

在 won 字段中保存了上一局猜拳的输赢结果。如果上一局猜拳获胜了，则 won 值为 true；如果输了，则 won 值为 false。

在 prevHand 字段中保存的是上一局出的手势。

代码清单 10-3 WinningStrategy 类（WinningStrategy.java）

```
import java.util.Random;

public class WinningStrategy implements Strategy {
    private Random random;
    private boolean won = false;
    private Hand prevHand;
    public WinningStrategy(int seed) {
        random = new Random(seed);
    }
    public Hand nextHand() {
        if (!won) {
            prevHand = Hand.getHand(random.nextInt(3));
        }
        return prevHand;
    }
    public void study(boolean win) {
        won = win;
    }
}
```

ProbStrategy 类

ProbStrategy 类（代码清单 10-4）是另外一个具体策略，这个策略就需要“动点脑筋”了。虽然它与 WinningStrategy 类一样，也是随机出手势，但是每种手势出现的概率会根据以前的猜拳结果而改变。

history 字段是一个表，被用于根据过去的胜负来进行概率计算。它是一个二维数组，每个数组下标的意思如下。

history[上一局出的手势][这一局所出的手势]

这个表达式的值越大，表示过去的胜率越高。下面稍微详细讲解下。

假设我们上一局出的是石头。

history[0][0]　两局分别出石头、石头时胜了的次数
history[0][1]　两局分别出石头、剪刀时胜了的次数
history[0][2]　两局分别出石头、布时胜了的次数

那么，我们就可以根据 history[0][0]、history[0][1]、history[0][2] 这 3 个表达式的值从概率上计算出下一局出什么。简而言之，就是先计算 3 个表达式的值的和（getSum 方法），然后再从 0 与这个和之间取一个随机数，并据此决定下一局应该出什么（nextHand 方法）。

例如，如果

history[0][0] 是 3
history[0][1] 是 5
history[0][2] 是 7

那么，下一局出什么就会以石头、剪刀和布的比率为 3:5:7 来决定。然后在 0 至 15（不含 15，15 是 3+5+7 的和）之间取一个随机数。

如果该随机数在 0 至 3（不含 3）之间，那么出石头

如果该随机数在 3 至 8（不含 8）之间，那么出剪刀

如果该随机数在 8 至 15（不含 15）之间，那么出布

study 方法会根据 nextHand 方法返回的手势的胜负结果来更新 history 字段中的值。

注意 此策略的大前提是对方只有一种猜拳模式。

代码清单 10-4 ProbStrategy 类（ProbStrategy.java）

```java
import java.util.Random;

public class ProbStrategy implements Strategy {
    private Random random;
    private int prevHandValue = 0;
    private int currentHandValue = 0;
    private int[][] history = {
        { 1, 1, 1, },
        { 1, 1, 1, },
        { 1, 1, 1, },
    };
    public ProbStrategy(int seed) {
        random = new Random(seed);
    }
    public Hand nextHand() {
        int bet = random.nextInt(getSum(currentHandValue));
        int handvalue = 0;
        if (bet < history[currentHandValue][0]) {
            handvalue = 0;
        } else if (bet < history[currentHandValue][0] + history[currentHandValue][1]) {
            handvalue = 1;
        } else {
            handvalue = 2;
        }
        prevHandValue = currentHandValue;
        currentHandValue = handvalue;
        return Hand.getHand(handvalue);
    }
    private int getSum(int hv) {
        int sum = 0;
        for (int i = 0; i < 3; i++) {
            sum += history[hv][i];
        }
        return sum;
    }
    public void study(boolean win) {
        if (win) {
            history[prevHandValue][currentHandValue]++;
        } else {
            history[prevHandValue][(currentHandValue + 1) % 3]++;
            history[prevHandValue][(currentHandValue + 2) % 3]++;
        }
    }
}
```

Player 类

`Player` 类（代码清单 10-5）是表示进行猜拳游戏的选手的类。在生成 `Player` 类的实例时，需要向其传递“姓名”和“策略”。`nextHand` 方法是用来获取下一局手势的方法，不过实际上决定下一局手势的是各个策略。`Player` 类的 `nextHand` 方法的返回值其实就是策略的 `nextHand` 方法的返回值。`nextHand` 方法将自己的工作委托给了 `Strategy`，这就形成了一种委托关系。

在决定下一局要出的手势时，需要知道之前各局的胜（`win`）、负（`lose`）、平（`even`）等结果，因此 `Player` 类会通过 `strategy` 字段调用 `study` 方法，然后 `study` 方法会改变策略的内部状态。`wincount`、`losecount` 和 `gamecount` 用于记录选手的猜拳结果。

代码清单 10-5　Player 类（Player.java）

```
public class Player {
    private String name;
    private Strategy strategy;
    private int wincount;
    private int losecount;
    private int gamecount;
    public Player(String name, Strategy strategy) {         // 赋予姓名和策略
        this.name = name;
        this.strategy = strategy;
    }
    public Hand nextHand() {                                 // 策略决定下一局要出的手势
        return strategy.nextHand();
    }
    public void win() {                 // 胜
        strategy.study(true);
        wincount++;
        gamecount++;
    }
    public void lose() {                // 负
        strategy.study(false);
        losecount++;
        gamecount++;
    }
    public void even() {                // 平
        gamecount++;
    }
    public String toString() {
        return "[" + name + ":" + gamecount + " games, " + wincount + " win, " +
losecount + " lose" + "]";
    }
}
```

Main 类

`Main` 类（代码清单 10-6）负责使用以上类让电脑进行猜拳游戏。这里 `Main` 类让以下两位选手进行 10 000 局比赛，然后显示比赛结果。

- 姓名：**"Taro"**、策略：**WinningStrategy**
- 姓名：**"Hana"**、策略：**ProbStrategy**

此外，"Winner:" + player1 与 "Winner:" + player1.toString() 的意思是一样的。

代码清单 10-6 Main 类（Main.java）

```
public class Main {
    public static void main(String[] args) {
        if (args.length != 2) {
            System.out.println("Usage: java Main randomseed1 randomseed2");
            System.out.println("Example: java Main 314 15");
            System.exit(0);
        }
        int seed1 = Integer.parseInt(args[0]);
        int seed2 = Integer.parseInt(args[1]);
        Player player1 = new Player("Taro", new WinningStrategy(seed1));
        Player player2 = new Player("Hana", new ProbStrategy(seed2));
        for (int i = 0; i < 10000; i++) {
            Hand nextHand1 = player1.nextHand();
            Hand nextHand2 = player2.nextHand();
            if (nextHand1.isStrongerThan(nextHand2)) {
                System.out.println("Winner:" + player1);
                player1.win();
                player2.lose();
            } else if (nextHand2.isStrongerThan(nextHand1)) {
                System.out.println("Winner:" + player2);
                player1.lose();
                player2.win();
            } else {
                System.out.println("Even...");
                player1.even();
                player2.even();
            }
        }
        System.out.println("Total result:");
        System.out.println(player1.toString());
        System.out.println(player2.toString());
    }
}
```

图 10-2　运行结果

```
java Main 314 15
Even...                                              ←平
Winner:[Hana:1 games, 0 win, 0 lose]                 ←Hana 胜
Winner:[Taro:2 games, 0 win, 1 lose]                 ←Taro 胜
Even...                                              ←平
Winner:[Hana:4 games, 1 win, 1 lose]                 ←Hana 胜
Winner:[Taro:5 games, 1 win, 2 lose]                 ←Taro 胜
Even...                                              ←平
Even...                                              ←平
Winner:[Taro:8 games, 2 win, 2 lose]                 ←Taro 胜
Winner:[Taro:9 games, 3 win, 2 lose]                 ←Taro 胜
Winner:[Taro:10 games, 4 win, 2 lose]                ←Taro 胜
Even...                                              ←平
（中间省略）
Even...                                              ←平
Winner:[Taro:9992 games, 3164 win, 3488 lose]        ←Taro 胜
Winner:[Hana:9993 games, 3488 win, 3165 lose]        ←Hana 胜
Winner:[Taro:9994 games, 3165 win, 3489 lose]        ←Taro 胜
Winner:[Taro:9995 games, 3166 win, 3489 lose]        ←Taro 胜
Winner:[Hana:9996 games, 3489 win, 3167 lose]        ←Hana 胜
Even...                                              ←平
Even...                                              ←平
Even...                                              ←平
Total result:
[Taro:10000 games, 3167 win, 3490 lose]              ←Taro 3167 胜、3490 负
[Hana:10000 games, 3490 win, 3167 lose]              ←Hana 3490 胜、3167 负
```

10.3　Strategy 模式中的登场角色

在 Strategy 模式中有以下登场角色。

◆ Strategy（策略）

Strategy 角色负责决定实现策略所必需的接口（API）。在示例程序中，由 `Strategy` 接口扮演此角色。

◆ ConcreteStrategy（具体的策略）

ConcreteStrategy 角色负责实现 Strategy 角色的接口（API），即负责实现具体的策略（战略、方向、方法和算法）。在示例程序中，由 `WinningStrategy` 类和 `ProbStrategy` 类扮演此角色。

◆ Context（上下文）

负责使用 Strategy 角色。Context 角色保存了 ConcreteStrategy 角色的实例，并使用 ConcreteStrategy 角色去实现需求（总之，还是要调用 Strategy 角色的接口（API））。在示例程序中，由 `Player` 类扮演此角色。

图 10-3 Strategy 模式的类图

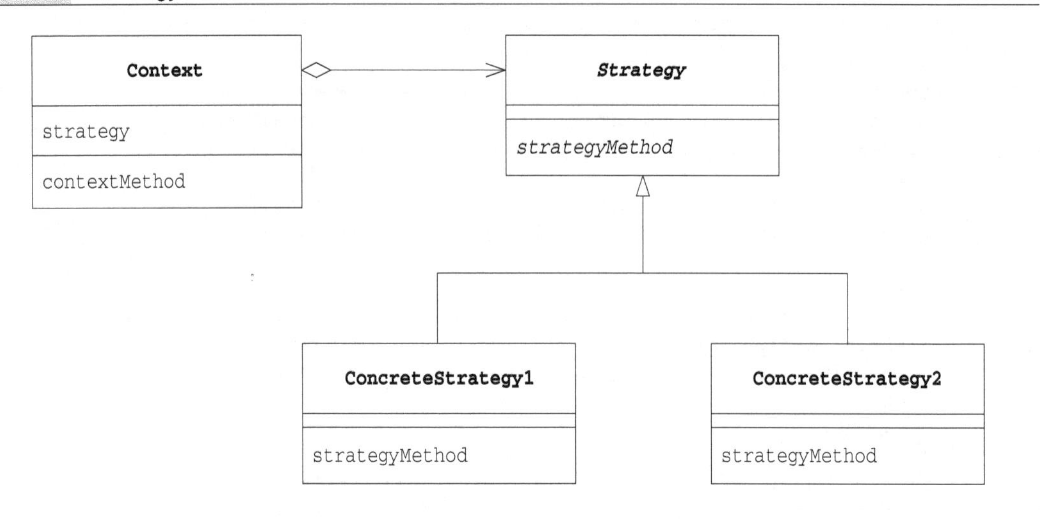

10.4 拓展思路的要点

为什么需要特意编写 Strategy 角色

通常在编程时算法会被写在具体方法中。Strategy 模式却特意将算法与其他部分分离开来，只是定义了与算法相关的接口（API），然后在程序中以委托的方式来使用算法。

这样看起来程序好像变复杂了，其实不然。例如，当我们想要通过改善算法来提高算法的处理速度时，如果使用了 Strategy 模式，就不必修改 Strategy 角色的接口（API）了，仅仅修改 ConcreteStrategy 角色即可。而且，**使用委托这种弱关联关系可以很方便地整体替换算法**。例如，如果想比较原来的算法与改进后的算法的处理速度有多大区别，简单地替换下算法即可进行测试。

使用 Strategy 模式编写象棋程序时，可以方便地根据棋手的选择切换 AI 例程的水平。

程序运行中也可以切换策略

如果使用 Strategy 模式，在程序运行中也可以切换 ConcreteStrategy 角色。例如，在内存容量少的运行环境中可以使用 `SlowButLessMemoryStrategy`（速度慢但省内存的策略），而在内存容量多的运行环境中则可以使用 `FastButMoreMemoryStrategy`（速度快但耗内存的策略）。

此外，还可以用某种算法去“验算”另外一种算法。例如，假设要在某个表格计算软件的开发版本中进行复杂的计算。这时，我们可以准备两种算法，即“高速但计算上可能有 Bug 的算法”和“低速但计算准确的算法”，然后让后者去验算前者的计算结果。

10.5 相关的设计模式

◆ **Flyweight 模式**（第 20 章）

有时会使用 Flyweight 模式让多个地方可以共用 ConcreteStrategy 角色。

◆ **Abstract Factory 模式**（第 8 章）

使用 Strategy 模式可以整体地替换算法。

使用 Abstract Factory 模式则可以整体地替换具体工厂、零件和产品。

◆ **State 模式**（第 19 章）

使用 Strategy 模式和 State 模式都可以替换被委托对象，而且它们的类之间的关系也很相似。但是两种模式的目的不同。

在 Strategy 模式中，ConcreteStrategy 角色是表示算法的类。在 Strategy 模式中，可以替换被委托对象的类。当然如果没有必要，也可以不替换。

而在 State 模式中，ConcreteState 角色是表示"状态"的类。在 State 模式中，每次状态变化时，被委托对象的类都必定会被替换。

10.6 本章所学知识

在本章中，我们学习了可以方便地替换算法的 Strategy 模式。借助于委托，算法的替换，特别是动态替换成为了可能。

10.7 练习题

答案请参见附录 A（P.315）

● **习题 10-1**

请编写一个随机出手势的 `RandomStrategy` 类。

● **习题 10-2**

Java 在本章的示例程序中，`Hand` 类（代码清单 10-1）的 `fight` 方法负责判断平局。在进行判断时，它使用的表达式不是 `this.handValue == h.value`，而是 `this == h`，请问为什么可以这样写？

● **习题 10-3**

Java 某位开发人员在编写 `WinningStrategy` 类（代码清单 10-3）时，`won` 字段的定义不是 `private boolean won = false;`，而是写成了如下这样。

```
private boolean won;
```

但是，从运行结果来看，却与加上"`= false`"时是完全一样的。请问这是为什么呢？

● 习题 10-4

下面的代码清单 10-7 至代码清单 10-10 定义了用于排序的类和接口。程序的运行结果如图 10-4 所示。这里使用的排序算法是选择排序（selection sort）。请编写一个表示其他算法（任何算法都行）的类，并让它实现 Sorter 接口。

代码清单 10-7　Sorter 接口（Sorter.java）

```
import java.lang.Comparable;

public interface Sorter {
    public abstract void sort(Comparable[] data);
}
```

代码清单 10-8　SelectionSorter 类（SelectionSorter.java）

```
public class SelectionSorter implements Sorter {
    public void sort(Comparable[] data) {
        for (int i = 0; i < data.length - 1; i++) {
            int min = i;
            for (int j = i + 1; j < data.length; j++) {
                if (data[min].compareTo(data[j]) > 0) {
                    min = j;
                }
            }
            Comparable passingplace = data[min];
            data[min] = data[i];
            data[i] = passingplace;
        }
    }
}
```

代码清单 10-9　SortAndPrint 类（SortAndPrint.java）

```
public class SortAndPrint {
    Comparable[] data;
    Sorter sorter;
    public SortAndPrint(Comparable[] data, Sorter sorter) {
        this.data = data;
        this.sorter = sorter;
    }
    public void execute() {
        print();
        sorter.sort(data);
        print();
    }
    public void print() {
        for (int i = 0; i < data.length; i++) {
            System.out.print(data[i] + ", ");
        }
        System.out.println("");
    }
}
```

代码清单 10-10　Main 类（Main.java）

```
public class Main {
    public static void main(String[] args) {
        String[] data = {
            "Dumpty", "Bowman", "Carroll", "Elfland", "Alice",
        };
        SortAndPrint sap = new SortAndPrint(data, new SelectionSorter());
        sap.execute();
    }
}
```

图 10-4　运行结果

```
Dumpty, Bowman, Carroll, Elfland, Alice,      ←排序前
Alice, Bowman, Carroll, Dumpty, Elfland,      ←排序后
```

第 5 部分　一致性

第 11 章　Composite 模式

容器与内容的一致性

11.1 Composite 模式

在计算机的文件系统中，有“文件夹”的概念（在有些操作系统中，也称为“目录”）。文件夹里面既可以放入文件，也可以放入其他文件夹（子文件夹）。在子文件夹中，一样地既可以放入文件，也可以放入子文件夹。可以说，文件夹是形成了一种容器结构、递归结构。

我们接着再想一想。虽然文件夹与文件是不同类型的对象，但是它们都“可以被放入到文件夹中”。文件夹和文件有时也被统称为“目录条目”（directory entry）。在目录条目中，文件夹和文件被当作是同一种对象看待（即一致性）。

例如，想查找某个文件夹中有什么东西时，找到的可能是文件夹，也可能是文件。简单地说，找到的都是目录条目。

有时，与将文件夹和文件都作为目录条目看待一样，将容器和内容作为同一种东西看待，可以帮助我们方便地处理问题。在容器中既可以放入内容，也可以放入小容器，然后在那个小容器中，又可以继续放入更小的容器。这样，就形成了容器结构、递归结构。

在本章中，我们要学习的 **Composite 模式**就是用于创造出这样的结构的模式。**能够使容器与内容具有一致性，创造出递归结构**的模式就是 Composite 模式。Composite 在英文中是“混合物”“复合物”的意思。

11.2 示例程序

下面我们来看一段 Composite 模式的示例程序。这段示例程序的功能是列出文件和文件夹的一览。在示例程序中，表示文件的是 `File` 类，表示文件夹的是 `Directory` 类，为了能将它们统一起来，我们为它们设计了父类 `Entry` 类。`Entry` 类是表示“目录条目”的类，这样就实现了 `File` 类和 `Directory` 类的一致性。

表 11-1 类的一览表

名字	说明
`Entry`	抽象类，用来实现 `File` 类和 `Directory` 类的一致性
`File`	表示文件的类
`Directory`	表示文件夹的类
`FileTreatementException`	表示向文件中增加 `Entry` 时发生的异常的类
`Main`	测试程序行为的类

图 11-1 示例程序的类图

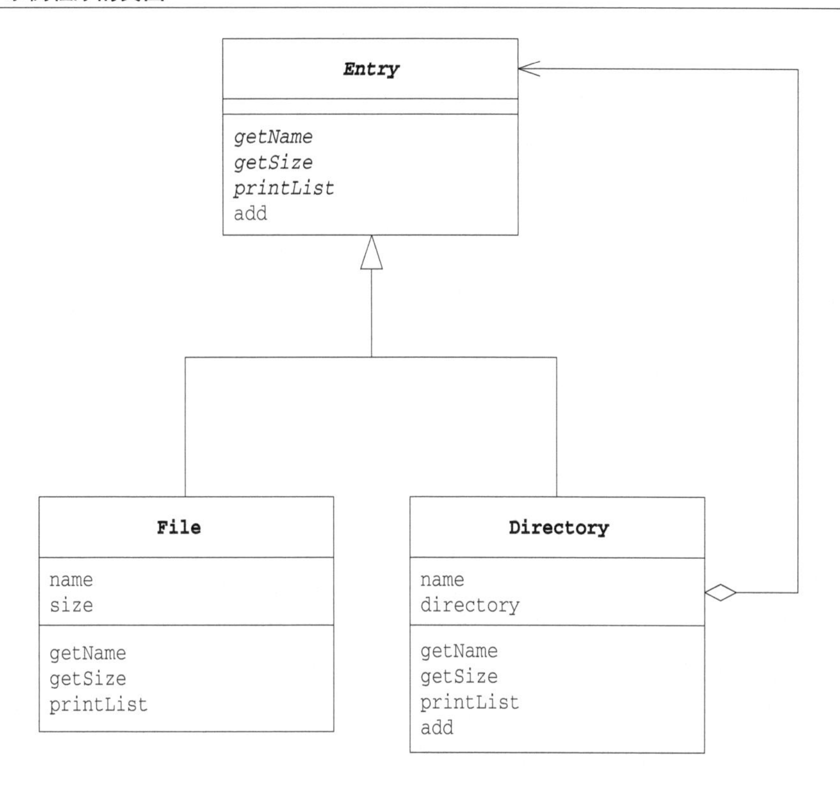

Entry 类

Entry 类（代码清单 11-1）是一个表示目录条目的抽象类。File 类和 Directory 类是它的子类。

目录条目有一个名字，我们可以通过 getName 方法获取这个名字。getName 方法的实现由子类负责。

此外，目录条目还有一个大小。我们可以通过 getSize 方法获得这个大小。getSize 方法的实现也由子类负责。

向文件夹中放入文件和文件夹（即目录条目）的方法是 add 方法。不过实现这个 add 方法的是目录条目类的子类 Directory 类。在 Entry 类中，它只是简单地抛出异常而已。当然，add 方法有多种实现方式，详细的讲解请参见本章 11.4 节。

printList 方法用于显示文件夹中的内容的"一览"，它有两种形式，一种是不带参数的 printList()，另一种是带参数的 printList(String)。我们称这种定义方法的方式为**重载**（overload）。程序在运行时会根据传递的参数类型选择并执行合适的 printList 方法。这里，printList() 的可见性是 public，外部可以直接调用；而 printList(String) 的可见性是 protected，只能被 Entry 类的子类调用。

toString 方法定义了实例的标准的文字显示方式。本例中的实现方式是将文件名和文件大小一起显示出来。getName 和 getSize 都是抽象方法，需要子类去实现这些方法，以供 toString 调用（即 Template Method 模式）。

代码清单 11-1 Entry 类 (Entry.java)

```
public abstract class Entry {
    public abstract String getName();                                   // 获取名字
    public abstract int getSize();                                      // 获取大小
    public Entry add(Entry entry) throws FileTreatmentException {       // 加入目录条目
        throw new FileTreatmentException();
    }
    public void printList() {                                           // 显示目录条目一览
        printList("");
    }
    protected abstract void printList(String prefix);                   // 为一览加上前缀并
                                                                        // 显示目录条目一览
    public String toString() {                                          // 显示代表类的文字
        return getName() + " (" + getSize() + ")";
    }
}
```

File 类

File 类 (代码清单 11-2) 是表示文件的类，它是 Entry 类的子类。

在 File 类中有两个字段，一个是表示文件名的 name 字段，另一个是表示文件大小的 size 字段。调用 File 类的构造函数，则会根据传入的文件名和文件大小生成文件实例。例如以下语句就会创建出一个文件名为 readme.txt，文件大小为 1000 的“文件”。当然这里创建出的文件是虚拟的文件，程序并不会在真实的文件系统中创建出任何文件。

```
new File("readme.txt", 1000)
```

getName 方法和 getSize 方法分别返回文件的名字和大小。

此外，File 类还实现了父类要求它实现的 printList(String) 方法，具体的显示方式是用 "/" 分隔 prefix 和表示实例自身的文字。这里我们使用了表达式 "/" + this。像这样用字符串加上对象时，程序会自动地调用对象的 toString 方法。这是 Java 语言的特点。也就是说下面这些的表达式是等价的。

```
prefix + "/" + this
prefix + "/" + this.toString()
prefix + "/" + toString()
```

因为 File 类实现了父类 Entry 的 abstract 方法，因此 File 类自身就不是抽象类了。

代码清单 11-2 File 类 (File.java)

```
public class File extends Entry {
    private String name;
    private int size;
    public File(String name, int size) {
        this.name = name;
        this.size = size;
    }
    public String getName() {
        return name;
    }
    public int getSize() {
```

```
        return size;
    }
    protected void printList(String prefix) {
        System.out.println(prefix + "/" + this);
    }
}
```

Directory 类

Directory 类（代码清单 11-3）是表示文件夹的类。它也是 Entry 类的子类。

在 Directory 类中有两个字段，一个是表示文件夹名字的 name 字段，这一点与 File 类相同。不过，在 Directory 类中，我们并没有定义表示文件夹大小的字段，这是因为文件夹大小是自动计算出来的。

另一个字段是 directory，它是 ArrayList 类型的，它的用途是保存文件夹中的目录条目。

getName 方法只是简单地返回了 name，但在 getSize 方法中则进行了计算处理。它会遍历 directory 字段中的所有元素，然后计算出它们的大小的总和。请注意以下语句。

```
size += entry.getSize();
```

这里，在变量 size 中加上了 entry 的大小，但 entry 可能是 File 类的实例，也可能是 Directory 类的实例。不过，不论它是哪个类的实例，我们**都可以通过 getSize 方法得到它的大小**。这就是 Composite 模式的特征——“容器与内容的一致性”——的表现。不管 entry 究竟是 File 类的实例还是 Directory 类的实例，它都是 Entry 类的子类的实例，因此可以放心地调用 getSize 方法。即使将来编写了其他 Entry 类的子类，它也会实现 getSize 方法，因此 Directory 类的这部分代码无需做任何修改。

如果 entry 是 Directory 类的实例，调用 entry.getSize() 时会将该文件夹下的所有目录条目的大小加起来。如果其中还有子文件夹，又会调用子文件夹的 getSize 方法，形成递归调用。这样一来，大家应该能够看出来，**getSize 方法的递归调用与 Composite 模式的结构是相对应的**。

add 方法用于向文件夹中加入文件和子文件夹。该方法并不会判断接收到的 entry 到底是 Directory 类的实例还是 File 类的实例，而是通过如下语句直接将目录条目加入至 directory 字段中。“加入”的具体处理则被委托给了 ArrayList 类。

```
directory.add(entry);
```

printList 方法用于显示文件夹的目录条目一览。printList 方法也会递归调用，这一点和 getSize 方法一样。而且，printList 方法也没有判断变量 entry 究竟是 File 类的实例还是 Directory 类的实例，这一点也与 getSize 方法一样。这是因为容器和内容具有一致性。

代码清单 11-3 Directory 类（Directory.java）

```
import java.util.Iterator;
import java.util.ArrayList;

public class Directory extends Entry {
    private String name;                                 // 文件夹的名字
    private ArrayList directory = new ArrayList();   // 文件夹中目录条目的集合
    public Directory(String name) {                      // 构造函数
        this.name = name;
```

```
    }
    public String getName() {                          // 获取名字
        return name;
    }
    public int getSize() {                             // 获取大小
        int size = 0;
        Iterator it = directory.iterator();
        while (it.hasNext()) {
            Entry entry = (Entry)it.next();
            size += entry.getSize();
        }
        return size;
    }
    public Entry add(Entry entry) {                    // 增加目录条目
        directory.add(entry);
        return this;
    }
    protected void printList(String prefix) {          // 显示目录条目一览
        System.out.println(prefix + "/" + this);
        Iterator it = directory.iterator();
        while (it.hasNext()) {
            Entry entry = (Entry)it.next();
            entry.printList(prefix + "/" + name);
        }
    }
}
```

FileTreatMentException 类

FileTreatMentException 类（代码清单 11-4）是对文件调用 add 方法时抛出的异常。该异常类并非 Java 类库的自带异常类，而是我们为本示例程序编写的异常类。

代码清单 11-4　FileTreatMentException 类（FileTreatMentException.java）

```
public class FileTreatmentException extends RuntimeException {
    public FileTreatmentException() {
    }
    public FileTreatmentException(String msg) {
        super(msg);
    }
}
```

Main 类

Main 类（代码清单 11-5）将使用以上的类建成下面这样的文件夹结构。在 Main 类中，我们首先新建 root、bin、tmp、usr 这 4 个文件夹，然后在 bin 文件夹中放入 vi 文件和 latex 文件。

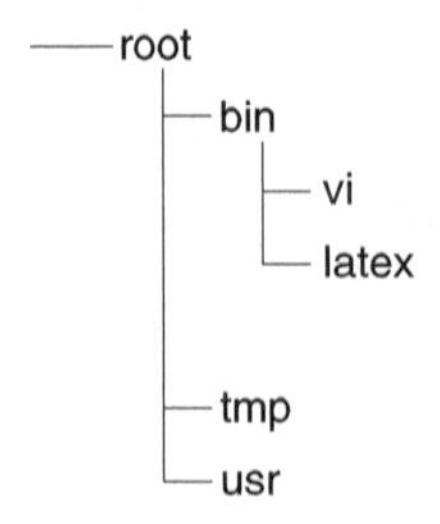

接着，我们在 usr 文件夹下新建 yuki、hanako、tomura 这个文件夹，然后将这 3 个用户各自的文件分别放入到这些文件夹中。

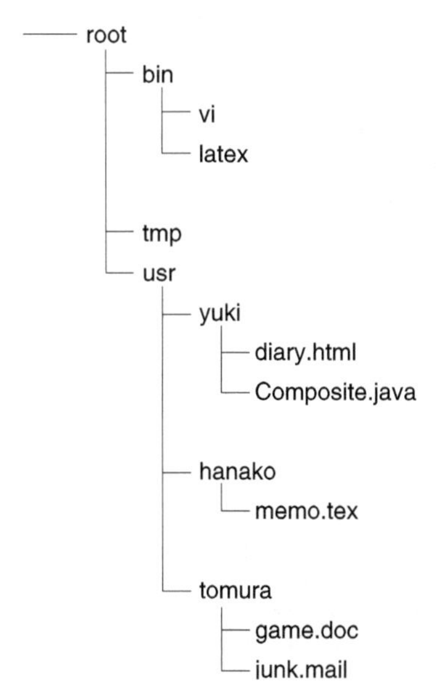

运行结果如图 11-2 所示。请注意，在放入了各用户的文件后，root 文件夹变大了。

代码清单 11-5 Main 类（Main.java）

```
public class Main {
    public static void main(String[] args) {
        try {
            System.out.println("Making root entries...");
            Directory rootdir = new Directory("root");
            Directory bindir = new Directory("bin");
            Directory tmpdir = new Directory("tmp");
            Directory usrdir = new Directory("usr");
            rootdir.add(bindir);
            rootdir.add(tmpdir);
            rootdir.add(usrdir);
            bindir.add(new File("vi", 10000));
            bindir.add(new File("latex", 20000));
            rootdir.printList();

            System.out.println("");
            System.out.println("Making user entries...");
            Directory yuki = new Directory("yuki");
            Directory hanako = new Directory("hanako");
            Directory tomura = new Directory("tomura");
            usrdir.add(yuki);
            usrdir.add(hanako);
            usrdir.add(tomura);
            yuki.add(new File("diary.html", 100));
            yuki.add(new File("Composite.java", 200));
            hanako.add(new File("memo.tex", 300));
            tomura.add(new File("game.doc", 400));
            tomura.add(new File("junk.mail", 500));
            rootdir.printList();
        } catch (FileTreatmentException e) {
            e.printStackTrace();
```

```
        }
    }
}
```

图 11-2 运行结果

```
Making root entries...
/root (30000)
/root/bin (30000)
/root/bin/vi (10000)
/root/bin/latex (20000)
/root/tmp (0)
/root/usr (0)

Making user entries...
/root (31500)
/root/bin (30000)
/root/bin/vi (10000)
/root/bin/latex (20000)
/root/tmp (0)
/root/usr (1500)
/root/usr/yuki (300)
/root/usr/yuki/diary.html (100)
/root/usr/yuki/Composite.java (200)
/root/usr/hanako (300)
/root/usr/hanako/memo.tex (300)
/root/usr/tomura (900)
/root/usr/tomura/game.doc (400)
/root/usr/tomura/junk.mail (500)
```

11.3 Composite 模式中的登场角色

在 Composite 模式中有以下登场角色。

◆ Leaf（树叶）

表示“内容”的角色。在该角色中不能放入其他对象。在示例程序中，由 `File` 类扮演此角色。

◆ Composite（复合物）

表示容器的角色。可以在其中放入 Leaf 角色和 Composite 角色。在示例程序中，由 `Directory` 类扮演此角色。

◆ Component

使 Leaf 角色和 Composite 角色具有一致性的角色。Component 角色是 Leaf 角色和 Composite 角色的父类。在示例程序中，由 `Entry` 类扮演此角色。

◆ Client

使用 Composite 模式的角色。在示例程序中，由 `Main` 类扮演此角色。

Composite 模式的类图如图 11-3 所示。在该图中，可以将 Composite 角色与它内部的 Component 角色（即 Leaf 角色或 Composite 角色）看成是父亲与孩子们的关系。`getChild` 方法的作用是从 Component 角色获取这些“孩子们”。

图 11-3 Composite 模式的类图

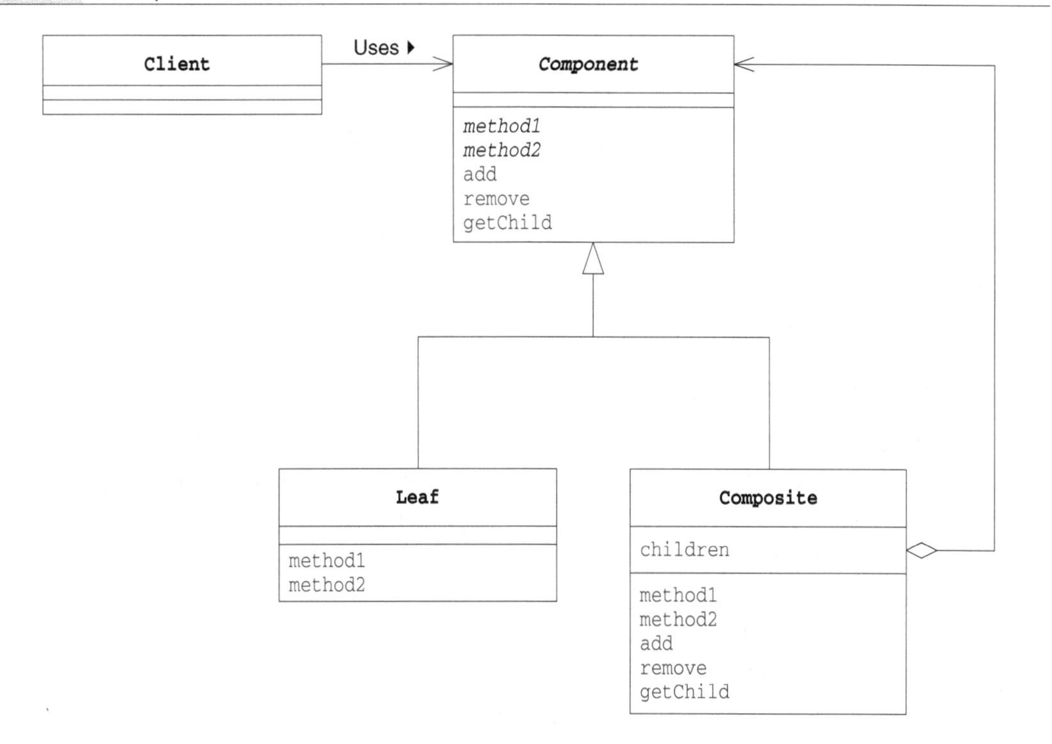

11.4 拓展思路的要点

多个和单个的一致性

使用 Composite 模式可以使容器与内容具有一致性，也可以称其为**多个和单个的一致性**，即将多个对象结合在一起，当作一个对象进行处理。

例如，让我们试想一下测试程序行为时的场景。现在假设 Test1 是用来测试输入数据来自键盘输入时的程序的行为，Test2 是用来测试输入数据来自文件时的程序的行为，Test3 是用来测试输入数据来自网络时的程序的行为。如果我们想将这 3 种测试统一为“输入测试”，那么 Composite 模式就有用武之地了。我们可以将这几个测试结合在一起作为“输入测试”，或是将其他几个测试结合在一起作为“输出测试”，甚至可以最后将“输入测试”和“输出测试”结合在一起作为“输入输出测试”。

例如，在以下网址介绍的测试场景中，测试程序中使用了 Composite 模式。

- Kent Beck Testing Framework 入门

  `http://objectclub.jp/community/memorial/homepage3.nifty.com/masarl/article/testing-framework.html`

- Simple Smalltalk Testing:With Patterns（by Kent Beck）

  `http://swing.fit.cvut.cz/projects/stx/doc/online/english/tools/misc/testfram.htm`

Add 方法应该放在哪里

在示例程序中，Entry 类中定义了 add 方法，所做的处理是抛出异常，这是因为能使用 add 方法的只能是 Directory 类。下面我们学习一下各种 add 方法的定义位置和实现方法。

◆方法 1：定义在 Entry 类中，报错

将 add 方法定义在 Entry 类中，让其报错，这是示例程序中的做法。能使用 add 方法的只有 Directory 类，它会重写 add 方法，根据需求实现其处理。

File 类会继承 Entry 类的 add 方法，虽然也可以调用它的 add 方法，不过会抛出异常。

◆方法 2：定义在 Entry 类中，但什么都不做

也可以将 add 方法定义在 Entry 类中，但什么处理都不做。

◆方法 3：声明在 Entry 类中，但不实现

也可以在 Entry 类中声明 add 抽象方法。如果子类需要 add 方法就根据需求实现该方法，如果不需要 add 方法，则可以简单地报错。该方法的优点是所有子类必须都实现 add 方法，不需要 add 方法时的处理也可以交给子类自己去做决定。不过，使用这种实现方法时，在 File 一方中也必须定义本来完全不需要的 add（有时还包括 remove 和 getChild）方法。

◆方法 4：只定义在 Directory 类中

因为只有 Directory 类可以使用 add 方法，所以可以不在 Entry 类中定义 add 方法，而是只将其定义在 Directory 类中。不过，使用这种方法时，如果要向 Entry 类型的变量（实际保存的是 Directory 类的实例）中 add 时，需要先将它们一个一个地类型转换（cast）为 Directory 类型。

到处都存在递归结构

在示例程序中，我们以文件夹的结构为例进行了学习，但实际上在程序世界中，到处都存在递归结构和 Composite 模式。例如，在**视窗系统**中，一个窗口可以含有一个子窗口，这就是 Composite 模式的典型应用。此外，在文章的**列表**中，各列表之间可以相互嵌套，这也是一种递归结构。将多条计算机命令合并为一条**宏命令**时，如果使用递归结构实现宏命令，那么还可以编写出宏命令的宏命令。另外，通常来说，树结构的数据结构都适用 Composite 模式。

11.5 相关的设计模式

◆ Command 模式（第 22 章）

使用 Command 模式编写宏命令时使用了 Composite 模式。

◆ Visitor 模式（第 13 章）

可以使用 Visitor 模式访问 Composite 模式中的递归结构。

◆ **Decorator 模式**（第 12 章）

Composite 模式通过 Component 角色使容器（Composite 角色）和内容（Leaf 角色）具有一致性。

Decorator 模式使装饰框和内容具有一致性。

11.6　本章所学知识

在本章中，我们学习了使容器和内容具有一致性，并且可以创建出递归结构的 Composite 模式。

11.7　练习题

答案请参见附录 A（P.317）

● **习题 11-1**

请思考一下，除了文件系统以外，还有哪些地方使用了 Composite 模式。

● **习题 11-2**

请为示例程序中的 `Entry` 类（子类）的实例增加一个获取完整路径的功能。例如，我们需要从 `File` 的实例中获取如下的完整路径。

```
"/root/usr/yuki/Composite.java"
```

这时，应该修改示例程序中的哪些类呢？应该怎样修改呢？

第 12 章　Decorator 模式

装饰边框与被装饰物的一致性

12.1　Decorator 模式

假如现在有一块蛋糕，如果只涂上奶油，其他什么都不加，就是奶油蛋糕。如果加上草莓，就是草莓奶油蛋糕。如果再加上一块黑色巧克力板，上面用白色巧克力写上姓名，然后插上代表年龄的蜡烛，就变成了一块生日蛋糕。

不论是蛋糕、奶油蛋糕、草莓蛋糕还是生日蛋糕，它们的核心都是蛋糕。不过，经过涂上奶油，加上草莓等装饰后，蛋糕的味道变得更加甜美了，目的也变得更加明确了。

程序中的对象与蛋糕十分相似。首先有一个相当于蛋糕的对象，然后像不断地装饰蛋糕一样地不断地对其增加功能，它就变成了使用目的更加明确的对象。

像这样不断地为对象添加装饰的设计模式被称为 **Decorator 模式**。Decorator 指的是"装饰物"。本章中，我们将学习 Decorator 模式的相关知识。

12.2　示例程序

本章中的示例程序的功能是给文字添加装饰边框。这里所谓的装饰边框是指用"-""+""|"等字符组成的边框。图 12-1 是一个输出结果示例。

图 12-1　为 Hello,world. 添加装饰边框的示例

```
+-------------+
|Hello, world.|
+-------------+
```

表 12-1　类的一览表

名字	说明
Display	用于显示字符串的抽象类
StringDisplay	用于显示单行字符串的类
Border	用于显示装饰边框的抽象类
SideBorder	用于只显示左右边框的类
FullBorder	用于显示上下左右边框的类
Main	测试程序行为的类

图 12-2 示例程序的类图

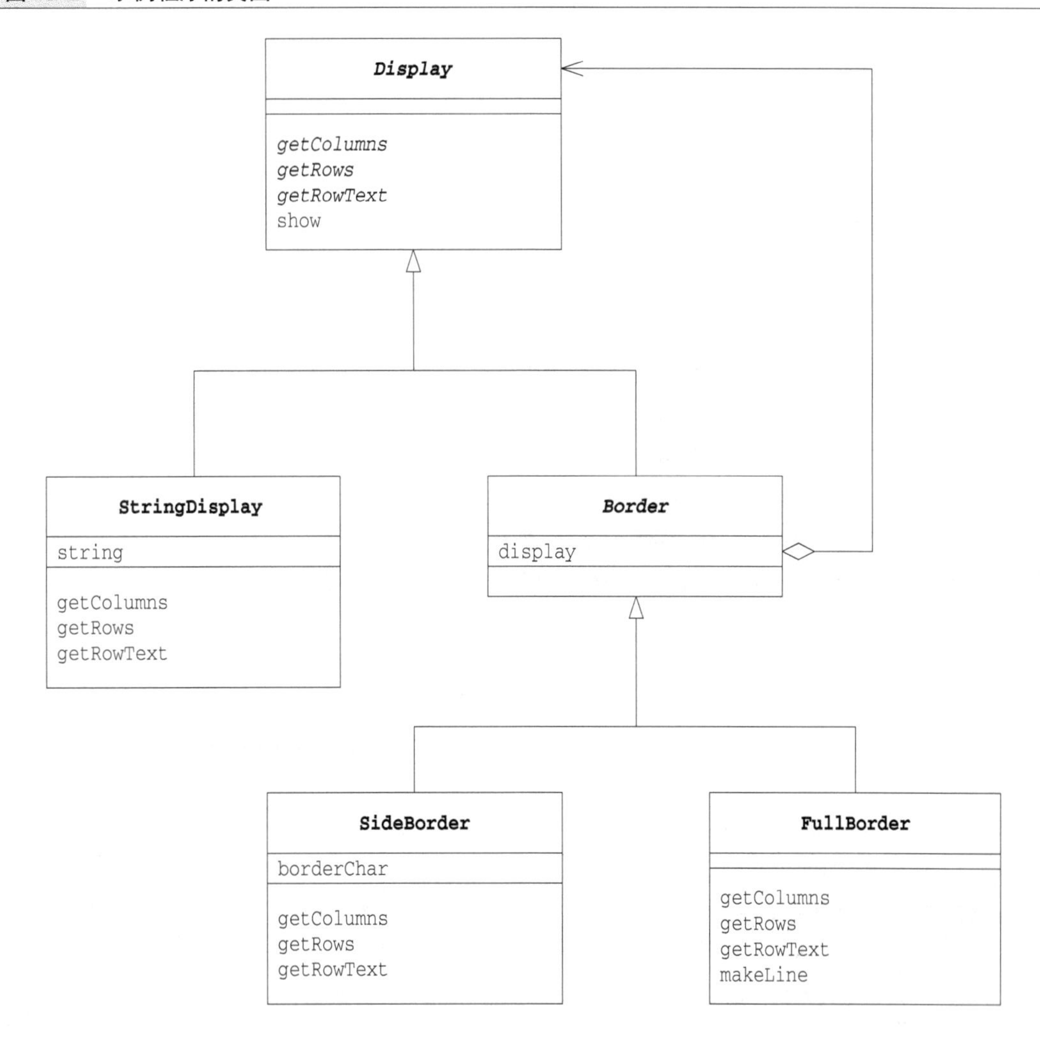

Display 类

Display 类（代码清单 12-1）是可以显示多行字符串的抽象类。

getColumns 方法和 getRows 方法分别用于获取横向字符数和纵向行数。它们都是抽象方法，需要子类去实现。getRowText 方法用于获取指定的某一行的字符串。它也是抽象方法，需要子类去实现。

show 是显示所有行的字符串的方法。在 show 方法内部，程序会调用 getRows 方法获取行数，调用 getRowText 获取该行需要显示的字符串，然后通过 for 循环语句将所有的字符串显示出来。show 方法使用了 getRows 和 getRowText 等抽象方法，这属于 Tempate Method 模式（第 3 章）。

代码清单 12-1 Display 类（Display.java）

```
public abstract class Display {
    public abstract int getColumns();                // 获取横向字符数
    public abstract int getRows();                   // 获取纵向行数
    public abstract String getRowText(int row);      // 获取第 row 行的字符串
```

```
    public final void show() {                          // 全部显示
        for (int i = 0; i < getRows(); i++) {
            System.out.println(getRowText(i));
        }
    }
}
```

StringDisplay 类

仅查看 Display 类的代码是不能明白程序究竟要做什么的。下面我们来看看它的子类——StringDisplay 类。

StringDisplay 类（代码清单 12-2）是用于显示单行字符串的类。由于 StringDisplay 类是 Display 类的子类，因此它肩负着实现 Display 类中声明的抽象方法的重任。

string 字段中保存的是要显示的字符串。由于 StringDisplay 类只显示一行字符串，因此 getColumns 方法返回 string.getBytes().length 的值，getRows 方法则返回固定值 1[①]。

此外，仅当要获取第 0 行的内容时 getRowText 方法才会返回 string 字段。以本章开头的蛋糕的比喻来说，StringDisplay 类就相当于生日蛋糕中的核心蛋糕。

代码清单 12-2 StringDisplay 类（StringDisplay.java）

```
public class StringDisplay extends Display {
    private String string;                              // 要显示的字符串
    public StringDisplay(String string) {               // 通过参数传入要显示的字符串
        this.string = string;
    }
    public int getColumns() {                           // 字符数
        return string.getBytes().length;
    }
    public int getRows() {                              // 行数是 1
        return 1;
    }
    public String getRowText(int row) {                 // 仅当 row 为 0 时返回值
        if (row == 0) {
            return string;
        } else {
            return null;
        }
    }
}
```

Border 类

Border 类（代码清单 12-3）是装饰边框的抽象类。虽然它所表示的是装饰边框，但它也是 Display 类的子类。

也就是说，通过继承，**装饰边框与被装饰物具有了相同的方法**。具体而言，Border 类继承了父类的 getColumns、getRows、getRowText、show 等各方法。从接口（API）角度而言，装饰边框（Border）与被装饰物（Display）具有相同的方法也就意味着它们具有一致性。哎呀，好像把本章后面的内容提前说了。现在大家应该还很难理解吧，不过没关系，我们先继续看下去。

① 为了简单起见，这里我们以内存上的一字节长度的字符占界面上的一列为前提。

在装饰边框 Border 类中有一个 Display 类型的 display 字段，它表示被装饰物。不过，display 字段所表示的被装饰物并仅不限于 StringDisplay 的实例。因为，Border 也是 Display 类的子类，display 字段所表示的也可能是其他的装饰边框（Border 类的子类的实例），而且那个边框中也有一个 display 字段。这样，大家应该能大致理解 Decorator 模式的结构了吧。

代码清单 12-3 Border 类（Border.java）

```
public abstract class Border extends Display {
    protected Display display;          // 表示被装饰物
    protected Border(Display display) { // 在生成实例时通过参数指定被装饰物
        this.display = display;
    }
}
```

SideBorder 类

SideBorder 类（代码清单 12-4）是一种具体的装饰边框，是 Border 类的子类。SideBorder 类用指定的字符（borderchar）装饰字符串的左右两侧。例如，如果指定 borderchar 字段的值是“|”，那么我们就可以调用 show 方法，像下面这样在“被装饰物”的两侧加上“|”。还可以通过构造函数指定 borderchar 字段。

```
|被装饰物|
```

SideBorder 类并非抽象类，这是因为它实现了父类中声明的所有抽象方法。

getColumns 方法是用于获取横向字符数的方法。字符数应当如何计算呢？非常简单，只需要在被装饰物的字符数的基础上，再加上两侧边框的字符数即可。那被装饰物的字符数应该如何计算呢？是的，大家应该都想到了，其实只需调用 display.getColumns() 即可得到被装饰物的字符数。display 字段的可见性是 protected，因此 SideBorder 类的子类都可以使用该字段。然后我们再像下面这样，分别加上左右边框的字符数。

```
1 + display.getColumns() + 1
```

这就是 getColumns 方法的返回值了。当然，写作 display.getColumns() + 2 也是可以的。只是在本书中，我们为了明确地表示是分别加上左右两侧边框的字符数 1，所以采用了上面的表达式。

在理解了 getColumns 方法的处理方式后，也就可以很快地理解 getRows 方法的处理了。因为 SideBorder 类并不会在字符串的上下两侧添加字符，因此 getRows 方法直接返回 display.getRows() 即可。

那么，getRowText 方法应该如何实现呢？调用 getRowText 方法可以获取参数指定的那一行的字符串。因此，我们会像下面这样，在 display.getRowText(row) 的字符串两侧，加上 borderchar 这个装饰边框。

```
borderChar + display.getRowText(row) + borderChar
```

这就是 getRowText 方法的返回值（也就是 SideBorder 的装饰效果）。

代码清单 12-4 SideBorder 类 (SideBorder.java)

```
public class SideBorder extends Border {
    private char borderChar;                            // 表示装饰边框的字符
    public SideBorder(Display display, char ch) {       // 通过构造函数指定 Display 和
                                                        // 装饰边框字符
        super(display);
        this.borderChar = ch;
    }
    public int getColumns() {                           // 字符数为字符串字符数加上
                                                        // 两侧边框字符数
        return 1 + display.getColumns() + 1;
    }
    public int getRows() {                              // 行数即被装饰物的行数
        return display.getRows();
    }
    public String getRowText(int row) {                 // 指定的那一行的字符串为被装饰物的字符串
                                                        // 加上两侧的边框的字符
        return borderChar + display.getRowText(row) + borderChar;
    }
}
```

FullBorder 类

FullBorder 类 (代码清单 12-5) 与 SideBorder 类一样，也是 Border 类的子类。SideBorder 类会在字符串的左右两侧加上装饰边框，而 FullBorder 类则会在字符串的上下左右都加上装饰边框。不过，在 SideBorder 类中可以指定边框的字符，而在 FullBorder 类中，边框的字符是固定的。

makeLine 方法可以连续地显示某个指定的字符，它是一个工具方法 (为了防止 FullBorder 类外部使用该方法，我们设置它的可见性为 private)。

代码清单 12-5 FullBorder 类 (FullBorder.java)

```
public class FullBorder extends Border {
    public FullBorder(Display display) {
        super(display);
    }
    public int getColumns() {                       // 字符数为被装饰物的字符数加上两侧边框字符数
        return 1 + display.getColumns() + 1;
    }
    public int getRows() {                          // 行数为被装饰物的行数加上上下边框的行数
        return 1 + display.getRows() + 1;
    }
    public String getRowText(int row) {             // 指定的那一行的字符串
        if (row == 0) {                                                 // 下边框
            return "+" + makeLine('-', display.getColumns()) + "+";
        } else if (row == display.getRows() + 1) {                      // 上边框
            return "+" + makeLine('-', display.getColumns()) + "+";
        } else {                                                        // 其他边框
            return "|" + display.getRowText(row - 1) + "|";
        }
    }
    private String makeLine(char ch, int count) {  // 生成一个重复 count 次字符 ch 的字符串
        StringBuffer buf = new StringBuffer();
        for (int i = 0; i < count; i++) {
```

```
            buf.append(ch);
        }
        return buf.toString();
    }
}
```

Main 类

Main类（代码清单 12-6）是用于测试程序行为的类。在Main类中一共生成了 4 个实例，即 b1~b4，它们的作用分别如下所示。

- b1：将"Hello, world."不加装饰地直接显示出来
- b2：在b1的两侧加上装饰边框'#'
- b3：在b2的上下左右加上装饰边框
- b4：为"你好，世界。"加上多重边框

代码清单 12-6 Main 类（Main.java）

```
public class Main {
    public static void main(String[] args) {
        Display b1 = new StringDisplay("Hello, world.");
        Display b2 = new SideBorder(b1, '#');
        Display b3 = new FullBorder(b2);
        b1.show();
        b2.show();
        b3.show();
        Display b4 =
                    new SideBorder(
                        new FullBorder(
                            new FullBorder(
                                new SideBorder(
                                    new FullBorder(
                                        new StringDisplay("你好，世界。")
                                    ),
                                    '*'
                                )
                            )
                        ),
                        '/'
                    );
        b4.show();
    }
}
```

图 12-3 运行结果[①]

```
Hello, world.                    ←b1.show()的显示结果
#Hello, world.#                  ←b2.show()的显示结果
+---------------+                ←b3.show()的显示结果
|#Hello, world.#|
+---------------+
/+-----------------+/            ←b4.show()的显示结果
/|+---------------+|/
/||*+-----------+*||/
/||*|你好，世界。 |*||/
/||*+-----------+*||/
/|+---------------+|/
/+-----------------+/
```

为了便于大家理解这几个对象之间的关系，我们画出了它们的对象图（图 12-4）。从图中可以看出，b1 的装饰边框是 b2，b2 的装饰边框是 b3。

图 12-4 b3、b2和 b1的对象图

12.3 Decorator模式中的登场角色

在 Decorator 模式中有以下登场角色。

◆ Component

增加功能时的核心角色。以本章开头的例子来说，装饰前的蛋糕就是 Component 角色。Component 角色只是定义了蛋糕的接口（API）。在示例程序中，由 Display 类扮演此角色。

◆ ConcreteComponent

该角色是实现了 Component 角色所定义的接口（API）的具体蛋糕。在示例程序中，由 StringDisplay 类扮演此角色。

◆ Decorator（装饰物）

该角色具有与 Component 角色相同的接口（API）。在它内部保存了被装饰对象——Component 角色。Decorator 角色知道自己要装饰的对象。在示例程序中，由 Border 类扮演此角色。

◆ ConcreteDecorator（具体的装饰物）

该角色是具体的 Decorator 角色。在示例程序中，由 SideBorder 类和 FullBorder 类扮演此角色。

① 原文源代码的编码标准是 Shift_JIS，翻译为中文后编码标准变为了 UTF-8，一个全角字符占用的字节发生了变化，因此实际代码的运行结果与图 12-3 不同。——译者注

Decorator 模式的类图如图 12-5 所示。

图 12-5 Decorator 模式的类图

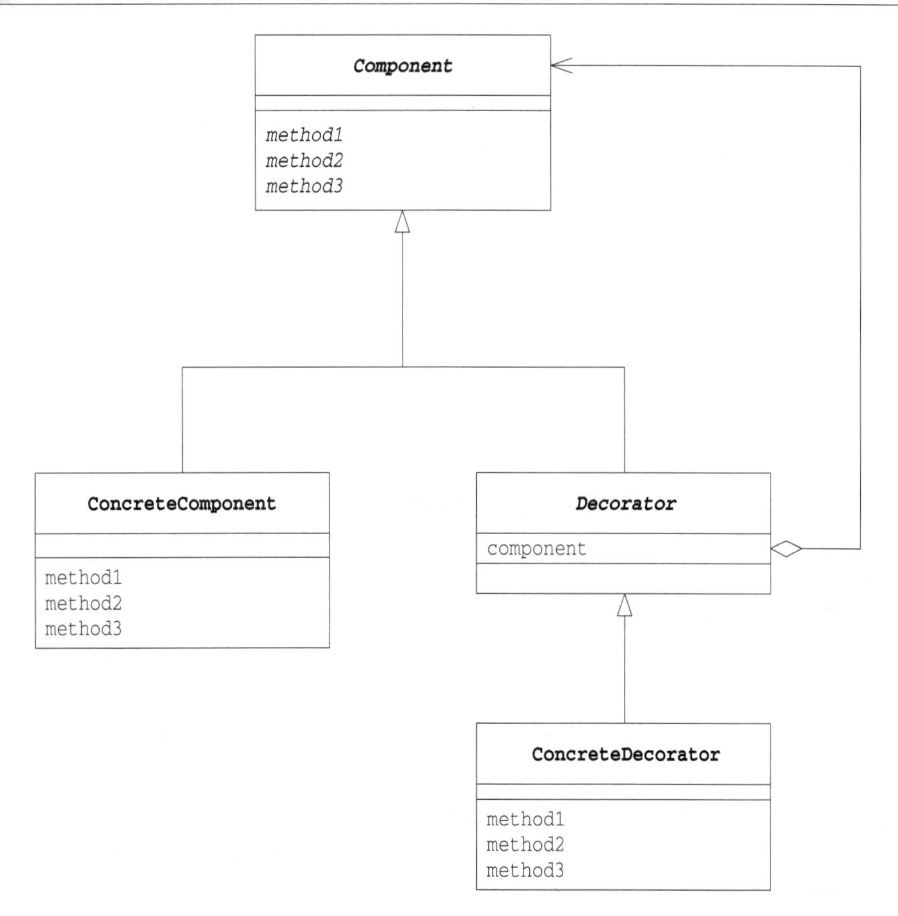

12.4 拓展思路的要点

接口（API）的透明性

在 Decorator 模式中，装饰边框与被装饰物具有一致性。具体而言，在示例程序中，表示装饰边框的 `Border` 类是表示被装饰物的 `Display` 类的子类，这就体现了它们之间的一致性。也就是说，`Border` 类（以及它的子类）与表示被装饰物的 `Display` 类具有相同的接口（API）。

这样，即使被装饰物被边框装饰起来了，接口（API）也不会被隐藏起来。其他类依然可以调用 `getColumns`、`getRows`、`getRowText` 以及 `show` 方法。这就是接口（API）的"透明性"。在示例程序中，实例 `b4` 被装饰了多次，但是接口（API）却没有发生任何变化。

得益于接口（API）的透明性，Decorator 模式中也形成了类似于 Composite 模式中的递归结构。也就是说，装饰边框里面的"被装饰物"实际上又是别的物体的"装饰边框"。就像是剥洋葱时以为洋葱心要出来了，结果却发现还是皮。不过，Decorator 模式虽然与 Composite 模式一样，都具有递归结构，但是它们的使用目的不同。Decorator 模式的主要目的是通过添加装饰物来增加对象的功能。

在不改变被装饰物的前提下增加功能

在 Decorator 模式中，装饰边框与被装饰物具有相同的接口（API）。虽然接口（API）是相同的，但是越装饰，功能则越多。例如，用 SideBorder 装饰 Display 后，就可以在字符串的左右两侧加上装饰字符。如果再用 FullBorder 装饰，那么就可以在字符串的四周加上边框。此时，我们完全不需要对被装饰的类做任何修改。这样，我们就实现了**不修改被装饰的类即可增加功能**。

Decorator 模式使用了**委托**。对“装饰边框”提出的要求（调用装饰边框的方法）会被转交（委托）给“被装饰物”去处理。以示例程序来说，就是 SideBorder 类的 getColumns 方法调用了 display.getColumns()。除此以外，getRows 方法也调用了 display.getRows()。

可以动态地增加功能

Decorator 模式中用到了委托，它使类之间形成了弱关联关系。因此，不用改变框架代码，就可以生成一个与其他对象具有不同关系的新对象。

只需要一些装饰物即可添加许多功能

使用 Decorator 模式可以为程序添加许多功能。只要准备一些装饰边框（ConcreteDecorator 角色），即使这些装饰边框都只具有非常简单的功能，也可以将它们自由组合成为新的对象。

这就像我们可以自由选择香草味冰激凌、巧克力冰激凌、草莓冰激凌、猕猴桃冰激凌等各种口味的冰激凌一样。如果冰激凌店要为顾客准备所有的冰激凌成品那真是太麻烦了。因此，冰激凌店只会准备各种香料，当顾客下单后只需要在冰激凌上加上各种香料就可以了。不管是香草味，还是咖啡朗姆和开心果的混合口味，亦或是香草味、草莓味和猕猴桃三重口味，顾客想吃什么口味都可以。Decorator 模式就是可以应对这种多功能对象的需求的一种模式。

java.io 包与 Decorator 模式

Java

下面我们来谈谈 java.io 包中的类。java.io 包是用于输入输出（Input/Output，简称 I/O）的包。这里，我们使用了 Decorator 模式。

首先，我们可以像下面这样生成一个读取文件的实例。

```
Reader reader = new FileReader("datafile.txt");
```

然后，我们也可以像下面这样在读取文件时将文件内容放入缓冲区。

```
Reader reader = new BufferedReader(
                        new FileReader("datafile.txt")
                    );
```

这样，在生成 BufferedReader 类的实例时，会指定将文件读取到 FileReader 类的实例中。

再然后，我们也可以像下面这样管理行号。

```
Reader reader = new LineNumberReader(
                        New BufferedReader(
                            New FileReader("datafile.txt")
```

```
                        )
                    );
```

无论是 LineNumberReader 类的构造函数还是 BufferedReader 类的构造函数，都可以接收 Reader 类（的子类）的实例作为参数，因此我们可以像上面那样自由地进行各种组合。

我们还可以只管理行号，但不进行缓存处理。

```
Reader reader = new LineNumberReader(
                        new FileReader("datafile.txt")
                    );
```

接下来，我们还会管理行号，进行缓存，但是我们不从文件中读取数据，而是从网络中读取数据（下面的代码中省略了细节部分和异常处理）。

```
java.net.Socket socket = new Socket(hostname, portnumber);
…
Reader reader = new LineNumberReader(
                        new BufferedReader(
                            new InputStreamReader(
                                socket.getInputStream()
                            )
                        )
                    );
```

这里使用的 InputStreamReader 类既接收 getInputStream 方法返回的 InputStream 类的实例作为构造函数的参数，也提供了 Reader 类的接口（API）（这属于第 2 章学习过的 Adapter 模式）。

除了 java.io 包以外，我们还在 javax.swing.border 包中使用了 Decorator 模式。javax.swing.border 包为我们提供了可以为界面中的控件添加装饰边框的类。

导致增加许多很小的类

Decorator 模式的一个缺点是会导致程序中增加许多功能类似的很小的类。

12.5 相关的设计模式

◆ **Adapter 模式**（第 2 章）

Decorator 模式可以在不改变被装饰物的接口（API）的前提下，为被装饰物添加边框（透明性）。

Adapter 模式用于适配两个不同的接口（API）。

◆ **Stragety 模式**（第 10 章）

Decorator 模式可以像改变被装饰物的边框或是为被装饰物添加多重边框那样，来增加类的功能。

Stragety 模式通过整体地替换算法来改变类的功能。

12.6 延伸阅读：继承和委托中的一致性

这里让我们再稍微了解一下“一致性”，即“可以将不同的东西当作同一种东西看待”的相关知识。

继承——父类和子类的一致性

子类和父类具有一致性。下面我们看一个简单的例子。

```
class Parent {
    ...
    void parentMethod() {
        ...
    }
}
```

```
class Child extends Parent {
    ...
    void childMethod() {
        ...
    }
}
```

此时，Child 类的实例可以被保存在 Parent 类型的变量中，也可以调用从 Parent 类中继承的方法。

```
Parent obj = new Child();
obj.parentMethod();
```

也就是说，可以像操作 Parent 类的实例一样操作 Child 类的实例。这是将子类当作父类看待的一个例子。

但是，反过来，如果想将父类当作子类一样操作，则需要先进行类型转换。

```
Parent obj = new Child();
((Child)obj).childMethod();
```

委托——自己和被委托对象的一致性

使用委托让接口具有透明性时，自己和被委托对象具有一致性。

下面我们看一个稍微有点生硬的例子。

```
class Rose {
    Violet obj = ...
    void method() {
        obj.method();
    }
}
```

```
class Violet {
    void method() {
        ...
    }
}
```

Rose 和 Violet 都有相同的 method 方法。Rose 将 method 方法的处理委托给了 Violet。这样，会让人有一种好像这两个类有所关联，又好像没有关联的感觉。

要说有什么奇怪的地方，那就是这两个类虽然都有 method 方法，但是却没有明确地在代码中体现出这个“共通性”。如果要明确地表示 method 方法是共通的，只需要像下面这样编写一个共通的抽象类 Flower 就可以了。

```
abstract class Flower {
    abstract void method();
}
```

```
class Rose extends Flower {
    Violet obj = ...
    void method() {
        obj.method();
    }
}
```

```
class Violet extends Flower {
    void method() {
        ...
    }
}
```

或者是像下面这样，让 Flower 作为接口也行。

```
interface Flower {
    abstract void method();
}
```

```
class Rose implements Flower {
    Violet obj = ...
    void method() {
        obj.method();
    }
}
```

```
class Violet implements Flower
{
    void method() {
        ...
    }
}
```

至此，大家可能会产生这样的疑问，即 `Rose` 类中的 `obj` 字段被指定为具体类型 `Violet` 真的好吗？如果指定为抽象类型 `Flower` 会不会更好呢？……究竟应该怎么做才好呢？其实没有固定答案，需求不同，做法也不同。

12.7 本章所学知识

在本章中，我们学习了在保持透明性的接口 (API) 不变的前提下，向类中增加功能的 Decorator 模式。此外，我们还学习了继承与委托。大家应该差不多理解了抽象类和接口了吧。

下面请大家试着挑战一下练习题吧。

12.8 练习题

答案请参见附录 A（P.319）

●习题 12-1

请在本章的示例程序中增加一个 `UpDownBorder` 类，用于为字符串装饰上下两条边框。`UpDownBorder` 类的使用方法如代码清单 12-7 所示，运行结果如图 12-6 所示。

代码清单 12-7 Main 类（Main.java）

```
public class Main {
    public static void main(String[] args) {
        Display b1 = new StringDisplay("Hello, world.");
        Display b2 = new UpDownBorder(b1, '-');
        Display b3 = new SideBorder(b2, '*');
        b1.show();
        b2.show();
        b3.show();
        Display b4 =
                    new FullBorder(
                        new UpDownBorder(
                            new SideBorder(
                                new UpDownBorder(
                                    new SideBorder(
                                        new StringDisplay("你好，世界。"),
                                        '*'
                                    ),
                                    '='
                                ),
                                '|'
                            ),
                            '/'
                        )
                    );
        b4.show();
    }
}
```

图 12-6 运行结果[①]

```
Hello, world.           ←b1.show() 的显示结果
-------------           ←b2.show() 的显示结果
Hello, world.
-------------
*-------------*         ←b3.show() 的显示结果
*Hello, world.*
*-------------*
+----------------+      ←b4.show() 的显示结果
|////////////////|
||==============||
||* 你好，世界。 *||
||==============||
|////////////////|
+----------------+
```

●习题 12-2

请为示例程序编写一个可以显示多行字符串MultiStringDisplay类，它在Decorator模式中扮演ConcreteComponent角色。MultiStringDisplay类的使用方法如代码清单12-8所示，运行结果如图12-7所示。

代码清单 12-8 Main 类（Main.java）

```
public class Main {
    public static void main(String[] args) {
        MultiStringDisplay md = new MultiStringDisplay();
        md.add("早上好。");
        md.add("下午好。");
        md.add("晚安，明天见。");
        md.show();

        Display d1 = new SideBorder(md, '#');
        d1.show();

        Display d2 = new FullBorder(md);
        d2.show();
    }
}
```

① 原文源代码的编码标准是Shift_JIS，翻译为中文后编码标准变为了UTF-8，一个全角字符占用的字节发生了变化，因此实际代码的运行结果与图12-6不同。——译者注

图 12-7 运行结果[①]

```
早上好。              ← md.show() 的显示结果
下午好。
晚安，明天见。
# 早上好。         #  ← b1.show() 的显示结果
# 下午好。         #
# 晚安，明天见。   #
+-----------------+   ← b2.show() 的显示结果
| 早上好。         |
| 下午好。         |
| 晚安，明天见。   |
+-----------------+
```

① 原文源代码的编码标准是 Shift_JIS，翻译为中文后编码标准变为了 UTF-8，一个全角字符占用的字节发生了变化，因此实际代码的运行结果与图 12-7 不同。——译者注

第 6 部分　访问数据结构

第 13 章　Visitor 模式

访问数据结构并处理数据

13.1 Visitor 模式

大家知道圣诞节的故事吗？即将生产的玛利亚在丈夫约瑟夫的陪伴下来到伯利恒，这里有很多住宿的地方，他们依次敲门……

本章中我们将要学习 Visitor 模式。Visitor 是“访问者”的意思。

在数据结构中保存着许多元素，我们会对这些元素进行“处理”。这时，“处理”代码放在哪里比较好呢？通常的做法是将它们放在表示数据结构的类中。但是，如果“处理”有许多种呢？这种情况下，每当增加一种处理，我们就不得不去修改表示数据结构的类。

在 Visitor 模式中，**数据结构与处理被分离开来**。我们编写一个表示“访问者”的类来访问数据结构中的元素，并把对各元素的处理交给访问者类。这样，当需要增加新的处理时，我们只需要编写新的访问者，然后让数据结构可以接受访问者的访问即可。

13.2 示例程序

下面我们来看看 Visitor 模式的示例程序。在示例程序中，我们使用 Composite 模式（第 11 章）中用到的那个文件和文件夹的例子作为访问者要访问的数据结构。访问者会访问由文件和文件夹构成的数据结构，然后显示出文件和文件夹的一览。

表 13-1 类和接口的一览表

名字	说明
`Visitor`	表示访问者的抽象类，它访问文件和文件夹
`Element`	表示数据结构的接口，它接受访问者的访问
`ListVisitor`	`Visitor` 类的子类，显示文件和文件夹一览
`Entry`	`File` 类和 `Directory` 类的父类，它是抽象类 （实现了 `Element` 接口）
`File`	表示文件的类
`Directory`	表示文件夹的类
`FileTreatementException`	表示向文件中 add 时发生的异常的类
`Main`	测试程序行为的类

图 13-1 示例程序的类图

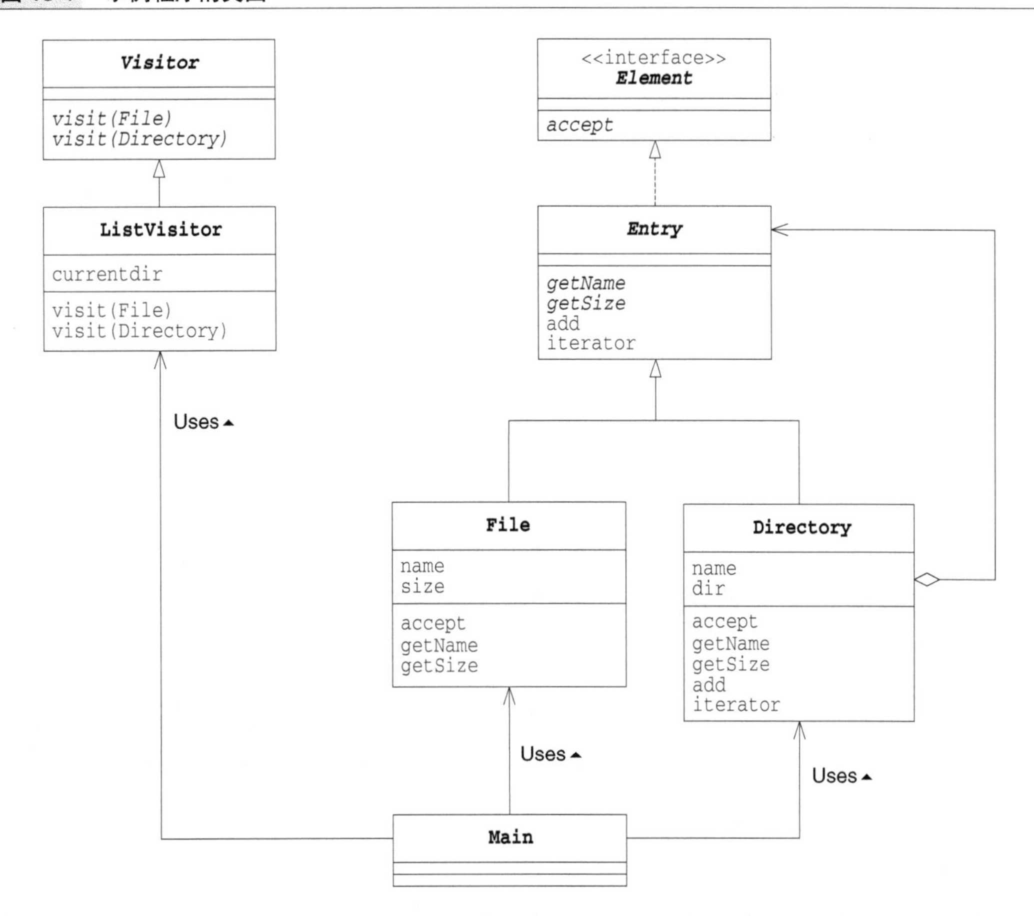

Visitor 类

Visitor 类（代码清单 13-1）是表示访问者的抽象类。访问者依赖于它所访问的数据结构（即 File 类和 Directory 类）。

Visitor 类中定义了两个方法，名字都叫 visit。不过它们接收的参数不同，一个接收 File 类型的参数，另一个接收 Directory 类型的参数。从外部调用 visit 方法时，程序会根据接收的参数的类型自动选择和执行相应的 visit 方法。通常，我们称这种方式为方法的**重载**。

visit(File) 是用于访问 File 类的方法，visit(Directory) 则是用于访问 Directory 类的方法。在 Visitor 模式中，各个类之间的相互调用非常复杂，单看 Visitor 类是无法整体理解该模式的。这里，我们在理解了 Visitor 类中定义的两个 visit 方法后，就接着看下一个类吧。

代码清单 13-1 Visitor 类（Visitor.java）

```
public abstract class Visitor {
    public abstract void visit(File file);
    public abstract void visit(Directory directory);
}
```

Element 接口

Visitor 类是表示访问者的类，而 Element 接口（代码清单 13-2）则是接受访问者的访问的接口。如果将 Visitor 比喻为玛利亚，Element 接口就相当于住宿的地方（实现了 Element 接口的类的实例才是实际住宿的地方）。

Element 接口中声明了 accept 方法（accept 在英文中是“接受”的意思）。该方法的参数是访问者 Visitor 类。

代码清单 13-2　Element 接口（Element.java）

```
public interface Element {
    public abstract void accept(Visitor v);
}
```

Entry 类

虽然 Entry 类（代码清单 13-3）在本质上与 Composite 模式（第 11 章）中的 Entry 类是一样的，不过本章中的 Entry 类实现（implements）了 Element 接口。这是为了让 Entry 类适用于 Visitor 模式。实际上实现 Element 接口中声明的抽象方法 accept 的是 Entry 类的子类——File 类和 Directory 类。

add 方法仅对 Directory 类有效，因此在 Entry 类中，我们让它简单地报错。同样地，用于获取 Iterator 的 iterator 方法也仅对 Directory 类有效，我们也让它简单地报错。

代码清单 13-3　Entry 类（Entry.java）

```
import java.util.Iterator;

public abstract class Entry implements Element {
    public abstract String getName();                                     // 获取名字
    public abstract int getSize();                                        // 获取大小
    public Entry add(Entry entry) throws FileTreatmentException {        // 增加目录条目
        throw new FileTreatmentException();
    }
    public Iterator iterator() throws FileTreatmentException {           // 生成 Iterator
        throw new FileTreatmentException();
    }
    public String toString() {                                            // 显示字符串
        return getName() + " (" + getSize() + ")";
    }
}
```

File 类

File 类（代码清单 13-4）也与 Composite 模式中的 File 类一样。当然，在 Visitor 模式中要注意理解它是如何实现 accept 接口的。accept 方法的参数是 Visitor 类，然后 accept 方法的内部处理是“v.visit(this);”，即调用了 Visitor 类的 visit 方法。visit 方法被重载了，此处调用的是 visit(File)。这是因为这里的 this 是 File 类的实例。

通过调用 visit 方法，可以告诉 Visitor“正在访问的对象是 File 类的实例 this”（大家在阅读代码后可能仍然难以透彻地理解 visit 方法和 accept 方法之间的关系，稍后我们会结合本章中的时序图（图 13-3）来详细学习）。

代码清单 13-4　File 类（File.java）

```
public class File extends Entry {
    private String name;
    private int size;
    public File(String name, int size) {
        this.name = name;
        this.size = size;
    }
    public String getName() {
        return name;
    }
    public int getSize() {
        return size;
    }
    public void accept(Visitor v) {
        v.visit(this);
    }
}
```

Directory 类

Directory 类（代码清单 13-5）是表示文件夹的类。与 Composite 模式中的 Directory 类相比，本章中的 Directory 类中增加了下面两个方法。

第一个方法是 iterator 方法。iterator 方法会返回 Iterator，我们可以使用它遍历文件夹中的所有目录条目（文件和文件夹）。

第二个方法当然就是 accept 方法了。与 File 类中的 accept 方法调用了 visit(File) 方法一样，Directory 类中的 accept 方法调用了 visit(Directory) 方法。这样就可以告诉访问者“当前正在访问的是 Directory 类的实例”。

代码清单 13-5　Directory 类（Directory.java）

```
import java.util.Iterator;
import java.util.ArrayList;

public class Directory extends Entry {
    private String name;                          // 文件夹名字
    private ArrayList dir = new ArrayList();      // 目录条目集合
    public Directory(String name) {               // 构造函数
        this.name = name;
    }
    public String getName() {                     // 获取名字
        return name;
    }
    public int getSize() {                        // 获取大小
        int size = 0;
        Iterator it = dir.iterator();
        while (it.hasNext()) {
            Entry entry = (Entry)it.next();
            size += entry.getSize();
        }
        return size;
    }
```

```
    public Entry add(Entry entry) {            // 增加目录条目
        dir.add(entry);
        return this;
    }
    public Iterator iterator() {               // 生成 Iterator
        return dir.iterator();
    }
    public void accept(Visitor v) {            // 接受访问者的访问
        v.visit(this);
    }
}
```

ListVisitor 类

ListVisitor 类（代码清单 13-6）是 Visitor 类的子类，它的作用是访问数据结构并显示元素一览。因为 ListVisitor 类是 Visitor 类的子类，所以它实现了 visit(File) 方法和 visit(Directory) 方法。

currentdir 字段中保存的是现在正在访问的文件夹名字。visit(File) 方法在访问者访问文件时会被 File 类的 accept 方法调用，参数 file 是所访问的 File 类的实例。也就是说，visit(File) 方法是用来实现"**对 File 类的实例要进行的处理**"的。在本例中，我们实现的处理是先显示当前文件夹的名字（currentdir），然后显示间隔符号 "/"，最后显示文件名。

visit(Directory) 方法在访问者访问文件夹时会被 Directory 类的 accept 方法调用，参数 directory 是所访问的 Directory 类的实例。

在 visit(Directory) 方法中实现了"**对 Directory 类的实例要进行的处理**"。

本例中我们是如何实现的呢？与 visit(File) 方法一样，我们先显示当前文件夹的名字，接着调用 iterator 方法获取文件夹的 Iterator，然后通过 Iterator 遍历文件夹中的所有目录条目并调用它们各自的 accept 方法。由于文件夹中可能存在着许多目录条目，逐一访问会非常困难。

accept 方法调用 visit 方法，visit 方法又会调用 accept 方法，这样就形成了非常复杂的递归调用。通常的递归调用是某个方法调用自身，在 Visitor 模式中，则是 **accept 方法与 visit 方法之间相互递归调用**。

代码清单 13-6 ListVisitor 类（ListVisitor.java）

```
import java.util.Iterator;

public class ListVisitor extends Visitor {
    private String currentdir = "";                     // 当前访问的文件夹的名字
    public void visit(File file) {                      // 在访问文件时被调用
        System.out.println(currentdir + "/" + file);
    }
    public void visit(Directory directory) {            // 在访问文件夹时被调用
        System.out.println(currentdir + "/" + directory);
        String savedir = currentdir;
        currentdir = currentdir + "/" + directory.getName();
        Iterator it = directory.iterator();
        while (it.hasNext()) {
            Entry entry = (Entry)it.next();
            entry.accept(this);
        }
        currentdir = savedir;
    }
}
```

FileTreatmentException 类

FileTreatmentException 类（代码清单 13-7）与 Composite 模式中的 FileTreatmentException 类完全相同。

代码清单 13-7 FileTreatmentException 类（FileTreatmentException.java）

```
public class FileTreatmentException extends RuntimeException {
    public FileTreatmentException() {
    }
    public FileTreatmentException(String msg) {
        super(msg);
    }
}
```

Main 类

Main 类（代码清单 13-8）与 Composite 模式中的 Main 类基本相同。不同之处仅仅在于，本章中的 Main 类使用了访问者 ListVisitor 类的实例来显示 Directory 中的内容。

在 Composite 模式中，我们调用 printList 方法来显示文件夹中的内容。该方法已经在 Directory 类（即表示数据结构的类）中被实现了。与之相对，在 Visitor 模式中是在访问者中显示文件夹中的内容。这是因为显示文件夹中的内容也属于对数据结构中的各元素进行的处理。

代码清单 13-8 Main 类（Main.java）

```
public class Main {
    public static void main(String[] args) {
        try {
            System.out.println("Making root entries...");
            Directory rootdir = new Directory("root");
            Directory bindir = new Directory("bin");
            Directory tmpdir = new Directory("tmp");
            Directory usrdir = new Directory("usr");
            rootdir.add(bindir);
            rootdir.add(tmpdir);
            rootdir.add(usrdir);
            bindir.add(new File("vi", 10000));
            bindir.add(new File("latex", 20000));
            rootdir.accept(new ListVisitor());

            System.out.println("");
            System.out.println("Making user entries...");
            Directory yuki = new Directory("yuki");
            Directory hanako = new Directory("hanako");
            Directory tomura = new Directory("tomura");
            usrdir.add(yuki);
            usrdir.add(hanako);
            usrdir.add(tomura);
            yuki.add(new File("diary.html", 100));
            yuki.add(new File("Composite.java", 200));
            hanako.add(new File("memo.tex", 300));
            tomura.add(new File("game.doc", 400));
            tomura.add(new File("junk.mail", 500));
            rootdir.accept(new ListVisitor());
        } catch (FileTreatmentException e) {
```

```
            e.printStackTrace();
        }
    }
}
```

图 13-2 运行结果

```
Making root entries...
/root (30000)
/root/bin (30000)
/root/bin/vi (10000)
/root/bin/latex (20000)
/root/tmp (0)
/root/usr (0)

Making user entries...
/root (31500)
/root/bin (30000)
/root/bin/vi (10000)
/root/bin/latex (20000)
/root/tmp (0)
/root/usr (1500)
/root/usr/yuki (300)
/root/usr/yuki/diary.html (100)
/root/usr/yuki/Composite.java (200)
/root/usr/hanako (300)
/root/usr/hanako/memo.tex (300)
/root/usr/tomura (900)
/root/usr/tomura/game.doc (400)
/root/usr/tomura/junk.mail (500)
```

Visitor 与 Element 之间的相互调用

读到这里，大家应该理解了 Visitor 模式是如何工作的吧。笔者在初次接触 Visitor 模式时，完全无法理解这个模式。在笔者的头脑中，accept 方法和 visit 方法的调用关系是一片混乱的。因此，这里我们再结合时序图（图 13-3）来学习一下示例程序的处理流程（关于时序图的知识请参见 p.xiii）。

为了方便理解，我们在图 13-3 中展示了当一个文件夹下有两个文件时，示例程序的处理流程。

① 首先，Main 类生成 ListVisitor 的实例。在示例程序中，Main 类还生成了其他的 Directory 类和 File 类的实例，但在本图中我们省略了。

② 接着，Main 类调用 Directory 类的 accept 方法。这时传递的参数是 ListVisitor 的实例，但我们在本图中省略了。

③ Directory 类的实例调用接收到的参数 ListVisitor 的 visit(Directory) 方法。

④ 接下来，ListVisitor 类的实例会访问文件夹，并调用找到的第一个文件的 accept 方法。传递的参数是自身（this）。

⑤ File 的实例调用接收到的参数 ListVisitor 的 visit(File) 方法。请注意，这时 ListVisitor 的 visit(Directory) 还在执行中（并非多线程执行，而是表示 visit(Directory) 还存在于调用堆栈（callstack）中的意思。在时序图中，表示生命周期的长方

形的右侧发生了重叠就说明了这一点)。

⑥ 从 visit(File) 返回到 accept，接着又从 accept 也返回出来，然后调用另外一个 File 的实例(同一文件夹下的第二个文件)的 accept 方法。传递的参数是 ListVisitor 的实例 this。

⑦ 与前面一样，File 的实例调用 visit(File) 方法。所有的处理完成后，逐步返回，最后回到 Main 类中的调用 accept 方法的地方。

图 13-3 示例程序的时序图(当一个文件夹下有两个文件时)

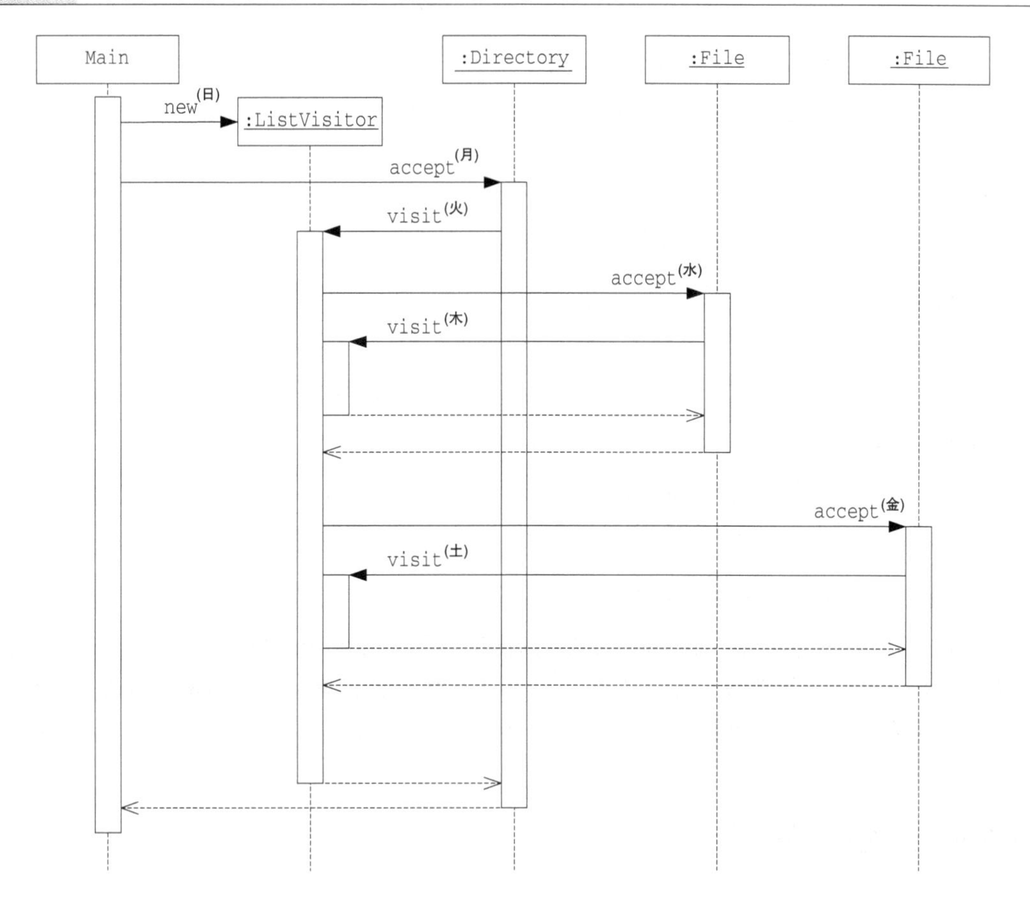

在阅读时序图时，请大家注意以下几点。

- **对于 Directory 类的实例和 File 类的实例，我们调用了它们的 accept 方法**
- **对于每一个 Directory 类的实例和 File 类的实例，我们只调用了一次它们的 accept 方法**
- **对于 ListVisitor 的实例，我们调用了它的 visit(Directory) 和 visit(File) 方法**
- **处理 visit(Directory) 和 visit(File) 的是同一个 ListVisitor 的实例**

通过上面的学习大家应该明白了吧。在 Visitor 模式中，visit 方法将“处理”都集中在 ListVisitor 里面了。

13.3 Visitor 模式中的登场角色

在 Visitor 模式中有以下登场角色。

◆ **Visitor（访问者）**

Visitor 角色负责对数据结构中每个具体的元素（ConcreteElement 角色）声明一个用于访问 *XXXXX* 的 `visit(`*XXXXX*`)` 方法。`visit(`*XXXXX*`)` 是用于处理 *XXXXX* 的方法，负责实现该方法的是 ConcreteVisitor 角色。在示例程序中，由 `Visitor` 类扮演此角色。

◆ **ConcreteVisitor（具体的访问者）**

ConcreteVisitor 角色负责实现 Visitor 角色所定义的接口（API）。它要实现所有的 `visit(`*XXXXX*`)` 方法，即实现如何处理每个 ConcreteElement 角色。在示例程序中，由 `ListVisitor` 类扮演此角色。如同在 `ListVisitor` 中，`currentdir` 字段的值不断发生变化一样，随着 `visit(`*XXXXX*`)` 处理的进行，ConcreteVisitor 角色的内部状态也会不断地发生变化。

◆ **Element（元素）**

Element 角色表示 Visitor 角色的访问对象。它声明了接受访问者的 `accept` 方法。`accept` 方法接收到的参数是 Visitor 角色。在示例程序中，由 `Element` 接口扮演此角色。

◆ **ConcreteElement**

ConcreteElement 角色负责实现 Element 角色所定义的接口（API）。在示例程序中，由 `File` 类和 `Directory` 类扮演此角色。

◆ **ObjectStructure（对象结构）**

ObjectStructur 角色负责处理 Element 角色的集合。ConcreteVisitor 角色为每个 Element 角色都准备了处理方法。在示例程序中，由 `Directory` 类扮演此角色（一人分饰两角）。为了让 ConcreteVisitor 角色可以遍历处理每个 Element 角色，在示例程序中，我们在 `Directory` 类中实现了 `iterator` 方法。

图 13-4 Visitor 模式的类图

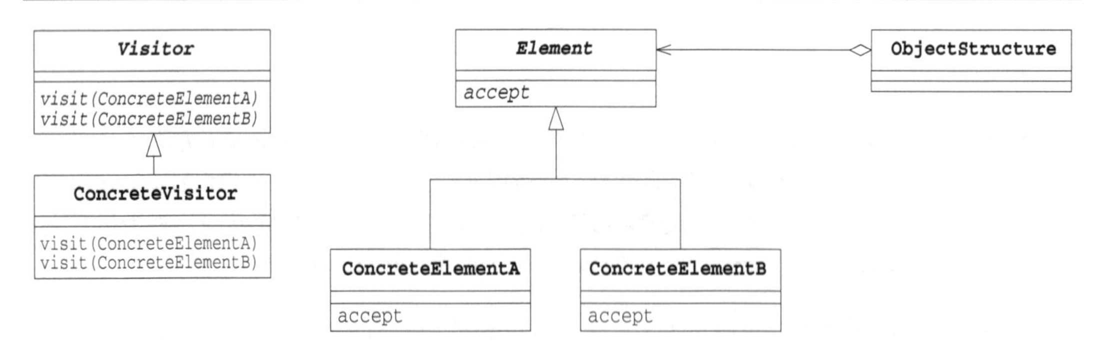

13.4 拓展思路的要点

双重分发

我们来整理一下 Visitor 模式中方法的调用关系吧。

accept（接受）方法的调用方式如下。

```
element.accept(visitor);
```

而 visit（访问）方法的调用方式如下。

```
visitor.visit(element);
```

对比一下这两个方法会发现，它们是相反的关系。element 接受 visitor，而 visitor 又访问 element。

在 Visitor 模式中，ConcreteElement 和 ConcreteVisitor 这两个角色共同决定了实际进行的处理。这种消息分发的方式一般被称为**双重分发**（double dispatch）。

为什么要弄得这么复杂

当看到上面的处理流程后，大家可能会感觉到“Visitor 模式不是把简单问题复杂化了吗？”“如果需要循环处理，在数据结构的类中直接编写循环语句不就解决了吗？为什么要搞出 accept 方法和 visit 方法之间那样复杂的调用关系呢？”

Visitor 模式的目的是**将处理从数据结构中分离出来**。数据结构很重要，它能将元素集合和关联在一起。但是，需要注意的是，保存数据结构与以数据结构为基础进行处理是两种不同的东西。

在示例程序中，我们创建了 ListVisitor 类作为显示文件夹内容的 ConcreteVisitor 角色。此外，在练习题中，我们还要编写进行其他处理的 ConcreteVisitor 角色。通常，ConcreteVisitor 角色的开发可以独立于 File 类和 Directory 类。也就是说，Visitor 模式提高了 File 类和 Directory 类**作为组件的独立性**。如果将进行处理的方法定义在 File 类和 Directory 类中，当每次要扩展功能，增加新的“处理”时，就不得不去修改 File 类（代码清单 13-4）和 Directory 类（代码清单 13-5）。

开闭原则——对扩展开放，对修改关闭

既然谈到了功能扩展和修改，那就顺带谈一谈开闭原则（The Open-Closed Principle，OCP）。该原则是勃兰特 · 梅耶提出的，而后 Robert C. Martin 在 C++ Report（1996 年 1 月）中的 Engineering NoteBook 专栏中对其进行了总结[①]。

该原则主张类应当是下面这样的。

- **对扩展（extension）是开放（open）的**

---

① *The Open-Closed Principle.*
http://www.cs.utexas.edu/users/downing/papers/OCP.1996.pdf

- **对修改（modification）是关闭（close）的**

在设计类时，若无特殊理由，必须要考虑到将来可能会扩展类。绝不能毫无理由地禁止扩展类。这就是“对扩展是开放的”的意思。

但是，如果在每次扩展类时都需要修改现有的类就太麻烦了。所以我们需要在不用修改现有类的前提下能够扩展类，这就是“对修改是关闭的”的意思。

我们提倡扩展，但是如果需要修改现有代码，那就不行了。**在不修改现有代码的前提下进行扩展**，这就是开闭原则。

至此大家已经学习了多种设计模式。那么在看到这条设计原则后，大家应该都会点头表示赞同吧。

功能需求总是在不断变化，而且这些功能需求大都是“希望扩展某个功能”。因此，如果不能比较容易地扩展类，开发过程将会变得非常困难。另一方面，如果要修改已经编写和测试完成的类，又可能会导致软件产品的质量降低。

对扩展开放、对修改关闭的类具有高可复用性，可作为组件复用。设计模式和面向对象的目的正是为我们提供一种结构，可以帮助我们设计出这样的类。

易于增加 ConcreteVisitor 角色

使用 Visitor 模式可以很容易地增加 ConcreteVisitor 角色。因为具体的处理被交给 ConcreteVisitor 角色负责，因此完全不用修改 ConcreteElement 角色。

难以增加 ConcreteElement 角色

虽然使用 Visitor 模式可以很容易地增加 ConcreteVisitor 角色，不过它却很难应对 ConcreteElement 角色的增加。

例如，假设现在我们要在示例程序中增加 `Entry` 类的子类 `Device` 类。也就是说，`Device` 类是 `File` 类和 `Directory` 类的兄弟类。这时，我们需要在 `Visitor` 类中声明一个 `visit(Device)` 方法，并在所有的 `Visitor` 类的子类中都实现这个方法。

Visitor 工作所需的条件

“在 Visitor 模式中，对数据结构中的元素进行处理的任务被分离出来，交给 `Visitor` 类负责。这样，就实现了数据结构与处理的分离”这个主题，我们在本章的学习过程中已经提到过很多次了。但是要达到这个目的是有条件的，那就是 Element 角色必须向 Visitor 角色公开足够多的信息。

例如，在示例程序中，`visit(Directory)` 方法需要调用每个目录条目的 `accept` 方法。为此，`Directory` 类必须提供用于获取每个目录条目的 `iterator` 方法。

访问者只有从数据结构中获取了足够多的信息后才能工作。如果无法获取到这些信息，它就无法工作。这样做的缺点是，如果公开了不应当被公开的信息，将来对数据结构的改良就会变得非常困难。

13.5 相关的设计模式

◆ Iterator 模式（第 1 章）

Iterator 模式和 Visitor 模式都是在某种数据结构上进行处理。

Iterator 模式用于逐个遍历保存在数据结构中的元素。

Visitor 模式用于对保存在数据结构中的元素进行某种特定的处理。

◆ Composite 模式（第 11 章）

有时访问者所访问的数据结构会使用 Composite 模式。

◆ Interpreter 模式（第 23 章）

在 Interpreter 模式中，有时会使用 Visitor 模式。例如，在生成了语法树后，可能会使用 Visitor 模式访问语法树的各个节点进行处理。

13.6 本章所学知识

在本章中，我们学习了访问数据结构并对数据结构中的元素进行处理的 Visitor 模式。

13.7 练习题

答案请参见附录 A（P.321）

● 习题 13-1

请在本章的示例程序中增加一个 `FileFindVisitor` 类，用于将带有指定后缀名的文件汇集起来。`FileFindVisitor` 类的使用方法如代码清单 13-9 所示，运行结果如图 13-5 所示。在本例中，它将所有后缀名为 `.html` 的文件都汇集起来了。

代码清单 13-9　Main 类（Main.java）

```
import java.util.Iterator;

public class Main {
    public static void main(String[] args) {
        try {
            Directory rootdir = new Directory("root");
            Directory bindir = new Directory("bin");
            Directory tmpdir = new Directory("tmp");
            Directory usrdir = new Directory("usr");
            rootdir.add(bindir);
            rootdir.add(tmpdir);
            rootdir.add(usrdir);
            bindir.add(new File("vi", 10000));
            bindir.add(new File("latex", 20000));

            Directory yuki = new Directory("yuki");
            Directory hanako = new Directory("hanako");
            Directory tomura = new Directory("tomura");
```

```
            usrdir.add(yuki);
            usrdir.add(hanako);
            usrdir.add(tomura);
            yuki.add(new File("diary.html", 100));
            yuki.add(new File("Composite.java", 200));
            hanako.add(new File("memo.tex", 300));
            hanako.add(new File("index.html", 350));
            tomura.add(new File("game.doc", 400));
            tomura.add(new File("junk.mail", 500));

            FileFindVisitor ffv = new FileFindVisitor(".html");
            rootdir.accept(ffv);

            System.out.println("HTML files are:");
            Iterator it = ffv.getFoundFiles();
            while (it.hasNext()) {
                File file = (File)it.next();
                System.out.println(file.toString());
            }
        } catch (FileTreatmentException e) {
            e.printStackTrace();
        }
    }
}
```

图 13-5 运行结果

```
HTML files are:
diary.html (100)
index.html (350)
```

●习题 13-2

在示例程序中，Directory 类（代码清单 13-5）的 getSize 方法的作用是获取文件夹大小。请编写一个获取大小的 SizeVisitor 类，用它替换掉 Directory 类的 getSize 方法。

●习题 13-3

请基于 java.util.ArrayList 类编写一个具有 Element 接口的 ElementArrayList 类，使得 Directory 类和 File 类可以被 add 至 ElementArrayList 中，而且它还可以接受（accept）ListVisitor 的实例访问它。ElementArrayList 类的使用方法如代码清单 13-10 所示，运行结果如图 13-6 所示。

代码清单 13-10 Main 类（Main.java）

```
import java.util.Iterator;

public class Main {
    public static void main(String[] args) {
        try {
            Directory root1 = new Directory("root1");
            root1.add(new File("diary.html", 10));
            root1.add(new File("index.html", 20));

            Directory root2 = new Directory("root2");
```

```
            root2.add(new File("diary.html", 1000));
            root2.add(new File("index.html", 2000));

            ElementArrayList list = new ElementArrayList();
            list.add(root1);
            list.add(root2);
            list.add(new File("etc.html", 1234));

            list.accept(new ListVisitor());
        } catch (FileTreatmentException e) {
            e.printStackTrace();
        }
    }
}
```

图 13-6 运行结果

```
/root1 (30)                    ←显示文件夹 root1 的相关信息
/root1/diary.html (10)
/root1/index.html (20)
/root2 (3000)                  ←显示文件夹 root2 的相关信息
/root2/diary.html (1000)
/root2/index.html (2000)
/etc.html (1234)               ←显示文件 etc.html 的相关信息
```

●习题 13-4

Java 使用 final 关键字定义的类是无法被继承的。例如，java.lang.String 类是 final 类，因此我们无法像下面这样定义 MyString 类。

× 编译错误

```
class MyString extends String {
    ...
}
```

这么看，String 类似乎违背了开闭原则，但实际上这是有正当理由的。请问是什么理由呢？

第 14 章 Chain of Responsibility 模式

推卸责任

14.1 Chain of Responsibility 模式

我们首先看看什么是**推卸责任**。假设现在我们要去公司领取资料。首先我们向公司前台打听要去哪里领取资料，她告诉我们应该去“营业窗口”。然后等我们到了“营业窗口”后，又被告知应该去“售后部门”。等我们好不容易赶到了“售后部门”，又被告知应该去“资料中心”，因此最后我们又不得不赶往“资料中心”。像这样，在找到合适的办事人之前，我们被不断地踢给一个又一个人，这就是“推卸责任”。

“推卸责任”听起来有些贬义的意思，但是有时候也确实存在需要“推卸责任”的情况。例如，当外部请求程序进行某个处理，但程序暂时无法直接决定由哪个对象负责处理时，就需要推卸责任。这种情况下，我们可以考虑**将多个对象组成一条职责链，然后按照它们在职责链上的顺序一个一个地找出到底应该谁来负责处理**。

这种模式被称为 **Chain of Responsibility 模式**。Responsibility 有“责任”的意思，在汉语中，该模式称为“职责链”。总之，我们可以将它想象为推卸责任的结构，这有利于大家记住这种模式。

使用 Chain of Responsibility 模式可以弱化“请求方”和“处理方”之间的关联关系，让双方各自都成为可独立复用的组件。此外，程序还可以应对其他需求，如根据情况不同，负责处理的对象也会发生变化的这种需求。

当一个人被要求做什么事情时，如果他可以做就自己做，如果不能做就将“要求”转给另外一个人。下一个人如果可以自己处理，就自己做；如果也不能自己处理，就再转给另外一个人……这就是 Chain of Responsibility 模式。

14.2 示例程序

下面我们来看看使用了 Chain of Responsibility 模式的示例程序。在阅读示例程序时请注意谁必须负责处理所发生的问题。在示例程序中出现的类请参见表 14-1。

表 14-1 类的一览表

名字	说明
Trouble	表示发生的问题的类。它带有问题编号（number）
Support	用来解决问题的抽象类
NoSupport	用来解决问题的具体类（永远“不处理问题”）
LimitSupport	用来解决问题的具体类（仅解决编号小于指定编号的问题）
OddSupport	用来解决问题的具体类（仅解决奇数编号的问题）
SpecialSupport	用来解决问题的具体类（仅解决指定编号的问题）
Main	制作 Support 的职责链，制造问题并测试程序行为

图 14-1　示例程序的类图

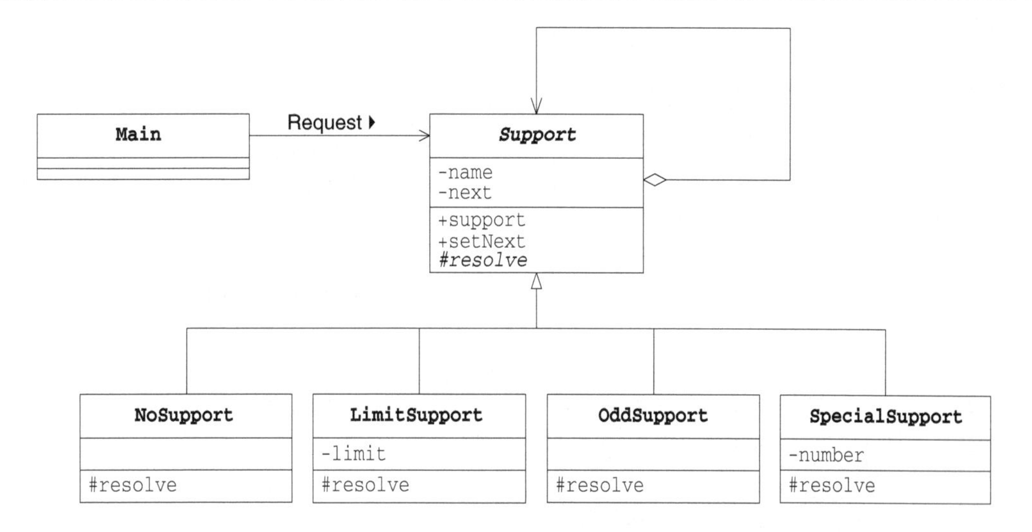

Trouble 类

Trouble 类（代码清单 14-1）是表示发生的问题的类。number 是问题编号。通过 getNumber 方法可以获取问题编号。

代码清单 14-1　Trouble 类（Trouble.java）

```
public class Trouble {
    private int number;                 // 问题编号
    public Trouble(int number) {        // 生成问题
        this.number = number;
    }
    public int getNumber() {            // 获取问题编号
        return number;
    }
    public String toString() {          // 代表问题的字符串
        return "[Trouble " + number + "]";
    }
}
```

Support 类

Support 类（代码清单 14-2）是用来解决问题的抽象类，它是职责链上的对象。

next 字段中指定了要推卸给的对象。可以通过 setNext 方法设定该对象。

resolve 方法是需要子类去实现的抽象方法。如果 resolve 返回 true，则表示问题已经被处理，如果返回 false 则表示问题还没有被处理（即需要被推卸给下一个对象）。Resolve 有"解决"的意思。

support 方法会调用 resolve 方法，如果 resolve 方法返回 false，则 support 方法会将问题转交给下一个对象。如果已经到达职责链中的最后一个对象，则表示没有人处理问题，将会显示出处理失败的相关信息。在本例中我们只是简单地输出处理失败的相关信息，但根据需求不同，有时候也需要抛出异常。

顺便告诉大家，support 方法调用了抽象方法 resolve，因此它属于 Template Method 模式（第 3 章）。

代码清单 14-2 support 类（support.java）

```
public abstract class Support {
    private String name;                          // 解决问题的实例的名字
    private Support next;                         // 要推卸给的对象
    public Support(String name) {                 // 生成解决问题的实例
        this.name = name;
    }
    public Support setNext(Support next) {        // 设置要推卸给的对象
        this.next = next;
        return next;
    }
    public final void support(Trouble trouble) {  // 解决问题的步骤
        if (resolve(trouble)) {
            done(trouble);
        } else if (next != null) {
            next.support(trouble);
        } else {
            fail(trouble);
        }
    }
    public String toString() {                 // 显示字符串
        return "[" + name + "]";
    }
    protected abstract boolean resolve(Trouble trouble); // 解决问题的方法
    protected void done(Trouble trouble) {  // 解决
        System.out.println(trouble + " is resolved by " + this + ".");
    }
    protected void fail(Trouble trouble) {  // 未解决
        System.out.println(trouble + " cannot be resolved.");
    }
}
```

NoSupport 类

NoSupport 类（代码清单 14-3）是 Support 类的子类。NoSupport 类的 resolve 方法总是返回 false。即它是一个永远“不解决问题”的类。

代码清单 14-3 NoSupport 类（NoSupport.java）

```
public class NoSupport extends Support {
    public NoSupport(String name) {
        super(name);
    }
    protected boolean resolve(Trouble trouble) {     // 解决问题的方法
        return false;                                // 自己什么也不处理
    }
}
```

LimitSupport 类

LimitSupport 类（代码清单 14-4）**解决编号小于 limit 值的问题**。resolve 方法在判断编号小于 limit 值后，只是简单地返回 true，但实际上这里应该是解决问题的代码。

代码清单 14-4 LimitSupport 类（LimitSupport.java）

```
public class LimitSupport extends Support {
    private int limit;                               // 可以解决编号小于 limit 的问题
    public LimitSupport(String name, int limit) {    // 构造函数
        super(name);
        this.limit = limit;
    }
    protected boolean resolve(Trouble trouble) {     // 解决问题的方法
        if (trouble.getNumber() < limit) {
            return true;
        } else {
            return false;
        }
    }
}
```

OddSupport 类

OddSupport 类（代码清单 14-5）**解决奇数编号的问题**。

代码清单 14-5 OddSupport 类（OddSupport.java）

```
public class OddSupport extends Support {
    public OddSupport(String name) {                 // 构造函数
        super(name);
    }
    protected boolean resolve(Trouble trouble) {     // 解决问题的方法
        if (trouble.getNumber() % 2 == 1) {
            return true;
        } else {
            return false;
        }
    }
}
```

SpecialSupport 类

SpecialSupport 类（代码清单 14-6）**只解决指定编号的问题**。

代码清单 14-6 SpecialSupport 类（SpecialSupport.java）

```
public class SpecialSupport extends Support {
    private int number;                                  // 只能解决指定编号的问题
    public SpecialSupport(String name, int number) {     // 构造函数
        super(name);
        this.number = number;
    }
    protected boolean resolve(Trouble trouble) {         // 解决问题的方法
        if (trouble.getNumber() == number) {
            return true;
        } else {
            return false;
        }
    }
}
```

Main 类

Main 类（代码清单 14-7）首先生成了 Alice 至 Fred 等 6 个解决问题的实例。虽然此处定义的变量都是 Support 类型的，但是实际上所保存的变量却是 NoSupport、LimitSupprot、SpecialSupport、OddSupport 等各个类的实例。

接下来，Main 类调用 setNext 方法将 Alice 至 Fred 这 6 个实例串联在职责链上。之后，Main 类逐个生成问题，并将它们传递给 alice，然后显示最终谁解决了该问题。请注意，这里的问题编号从 0 开始，增长步长为 33。这里的 33 并没有什么特别的意思，我们只是随便使用一个增长步长使程序更有趣而已。

代码清单 14-7　Main 类（Main.java）

```
public class Main {
    public static void main(String[] args) {
        Support alice   = new NoSupport("Alice");
        Support bob     = new LimitSupport("Bob", 100);
        Support charlie = new SpecialSupport("Charlie", 429);
        Support diana   = new LimitSupport("Diana", 200);
        Support elmo    = new OddSupport("Elmo");
        Support fred    = new LimitSupport("Fred", 300);
        // 形成职责链
        alice.setNext(bob).setNext(charlie).setNext(diana).setNext(elmo).setNext(fred);
        // 制造各种问题
        for (int i = 0; i < 500; i += 33) {
            alice.support(new Trouble(i));
        }
    }
}
```

图 14-2　运行结果

```
[Trouble 0] is resolved by [Bob].
[Trouble 33] is resolved by [Bob].
[Trouble 66] is resolved by [Bob].
[Trouble 99] is resolved by [Bob].
[Trouble 132] is resolved by [Diana].
[Trouble 165] is resolved by [Diana].
[Trouble 198] is resolved by [Diana].
[Trouble 231] is resolved by [Elmo].
[Trouble 264] is resolved by [Fred].
[Trouble 297] is resolved by [Elmo].
[Trouble 330] cannot be resolved.
[Trouble 363] is resolved by [Elmo].
[Trouble 396] cannot be resolved.
[Trouble 429] is resolved by [Charlie].
[Trouble 462] cannot be resolved.
[Trouble 495] is resolved by [Elmo].
```

让我们看看最终运行结果（图 14-2）。最开始 Bob 非常努力地解决了几个问题，当他无法解决的时候会将问题交给 Diana 负责。在运行结果中，完全没有出现 Alice 的身影，这是因为 Alice 会把所有的问题推给别人。当问题编号超过 300 后，不论是哪个 LimitSupport 类的实例都无法解决了。不过，只要编号为奇数，OddSupport 类的实例 Elmo 就可以帮我们解决问题。而

SpecialSupport 类的实例 Charlie 只负责解决编号为 429 的问题，因此在运行结果中它只出现了一次。

图 14-3 展示了解决编号为 363 号问题时的时序图。在该时序图中，我们重点关注了 support 方法的调用情况。实际上，每个 Support 在调用下一个 Support 的 support 方法之前，都会先调用自身的 resolve 方法。

图 14-3 解决 [Trouble 363] 时的示例程序的时序图

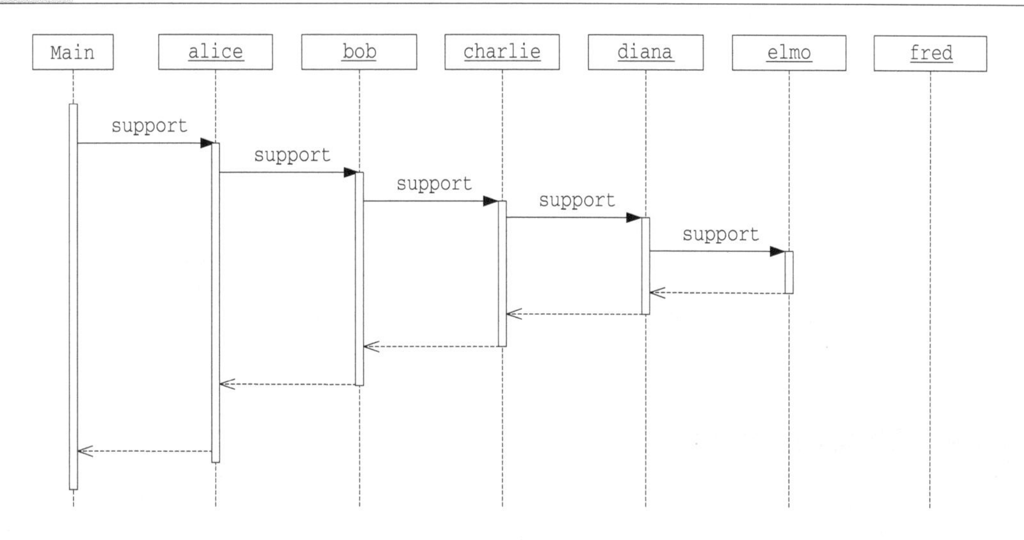

14.3 Chain of Responsibility 模式中的登场角色

在 Chain of Responsibility 模式中有以下登场角色。

◆ Handler（处理者）

Handler 角色定义了处理请求的接口（API）。Handler 角色知道“下一个处理者”是谁，如果自己无法处理请求，它会将请求转给“下一个处理者”。当然，“下一个处理者”也是 Handler 角色。在示例程序中，由 Support 类扮演此角色。负责处理请求的是 support 方法。

◆ ConcreteHandler（具体的处理者）

ConcreteHandler 角色是处理请求的具体角色。在示例程序中，由 NoSupport、LimitSupport、OddSupport、SpecialSupport 等各个类扮演此角色。

◆ Client（请求者）

Client 角色是向第一个 ConcreteHandler 角色发送请求的角色。在示例程序中，由 Main 类扮演此角色。

Chain of Responsibility 模式的类图如图 14-4 所示。

图 14-4 Chain of Responsibility 模式的类图

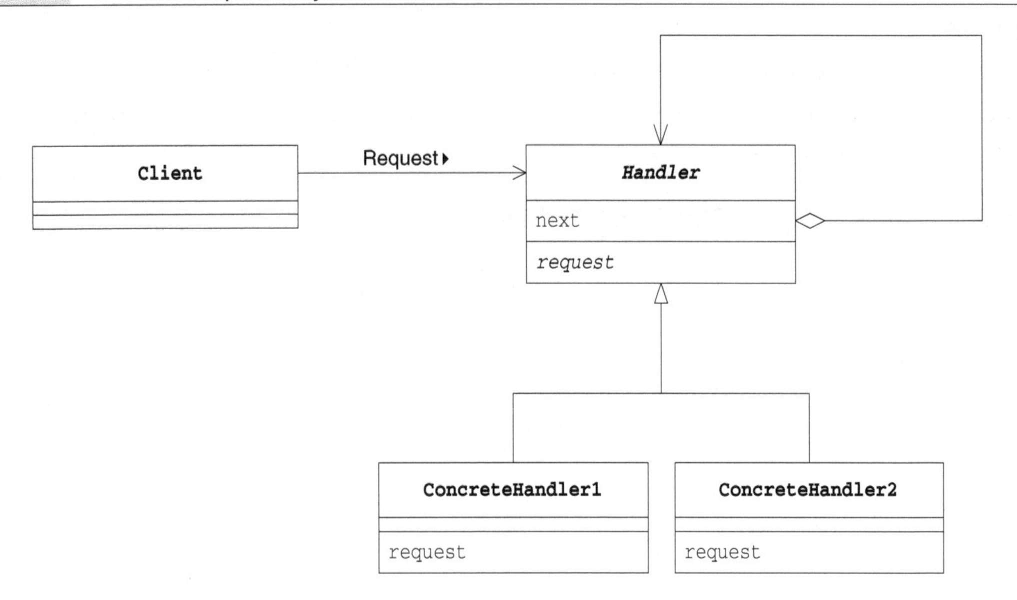

14.4 拓展思路的要点

弱化了发出请求的人和处理请求的人之间的关系

Chain of Responsibility 模式的最大优点就在于它弱化了发出请求的人（Client 角色）和处理请求的人（ConcreteHandler 角色）之间的关系。Client 角色向第一个 ConcreteHandler 角色发出请求，然后请求会在职责链中传播，直到某个 ConcreteHandler 角色处理该请求。

如果不使用该模式，就必须有某个伟大的角色知道“谁应该处理什么请求”，这有点类似中央集权制。而让“发出请求的人”知道“谁应该处理该请求”并不明智，因为如果发出请求的人不得不知道处理请求的人各自的责任分担情况，就会降低其作为可复用的组件的独立性。

补充说明 为了简单起见，在示例程序中，我们让扮演 Client 角色的 Main 类负责串联起 ConcreteHandler 的职责链。

可以动态地改变职责链

在示例程序中，问题的解决是按照从 Alice 到 Fred 的固定顺序进行处理的。但是，我们还需要考虑负责处理的各个 ConcreteHandler 角色之间的关系可能会发生变化的情况。如果使用 Chain of Responsibility 模式，通过委托推卸责任，就可以根据情况变化动态地重组职责链。

如果不使用 Chain of Responsibility 模式，而是在程序中固定写明“某个请求需要谁处理”这样的对应关系，那么很难在程序运行中去改变请求的处理者。

在视窗系统中，用户有时需要可以自由地在视窗中添加控件（按钮和文本输入框等）。这时，Chain of Responsibility 模式就有了用武之地。

专注于自己的工作

“推卸”这个词虽然有贬义，但是反过来想，这样才可以使每个对象更专注于自己的工作，即每个 ConcreteHandler 角色都专注于自己所负责的处理。当自己无法处理时，ConcreteHandler 角色就会干脆地对下一个处理者说一句“嘿，交给你了”，然后将请求转出去。这样，每个 ConcreteHandler 角色就能只处理它应该负责的请求了。

如果我们不使用 Chain of Responsibility 模式又会怎样呢？这时，我们需要编写一个“决定谁应该负责什么样的处理”的方法。亦或是让每个 ConcreteHandler 角色自己负责“任务分配”工作，即“如果自己不能处理，就转交给那个人。如果他也不能处理，那就根据系统情况将请求再转交给另外一个人”。

推卸请求会导致处理延迟吗

使用 Chain of Responsibility 模式可以推卸请求，直至找到合适的处理请求的对象，这样确实提高了程序的灵活性，但是难道不会导致处理延迟吗？

确实如此，与“事先确定哪个对象负责什么样的处理，当接收到请求时，立即让相应的对象去处理请求”相比，使用 Chain of Responsibility 模式确实导致处理请求发生了延迟。

不过，这是一个需要权衡的问题。如果请求和处理者之间的关系是确定的，而且需要非常快的处理速度时，不使用 Chain of Responsibility 模式会更好。

14.5 相关的设计模式

◆ **Composite 模式**（第 11 章）

Handler 角色经常会使用 Composite 模式。

◆ **Command 模式**（第 23 章）

有时会使用 Command 模式向 Handler 角色发送请求。

14.6 本章所学知识

在本章中，我们学习了将处理请求的实例串联在职责链上，然后当接收到请求后，按顺序去确认每个实例是否可以处理请求，如果不能处理，就推卸请求的 Chain of Responsibility 模式。

在视窗系统中经常会使用到 Chain of Responsibility 模式。在后面的习题中我们会看到具体的例子。

14.7 练习题

答案请参见附录 A（P.323）

● **习题 14-1**

在视窗系统中经常会使用到 Chain of Responsibility 模式。

在视窗系统的窗口中，有按钮和文本输入框、勾选框等组件（也称为部件或控件）。当点击鼠标时，鼠标点击事件的处理是如何传播的呢？ Chain of Responsibility 模式中的 next（要推卸给的对象）是哪个组件呢？

● 习题 14-2

我们再看看另外一个在视窗系统的窗口中使用 Chain of Responsibility 模式的问题。

例如，我们看看图 14-5 中的小对话框。当焦点移动至“字体”列表框上时，按下键盘上的↑↓键可以选择相应的字体。但是，当焦点移动至“显示均衡字体”勾选框上时，如果按下↑键，焦点会移动至“字体”列表框，之后，即使按下↓键，焦点也不会返回到勾选框上。请运用 Chain of Responsibility 模式的思考方法来说明这个问题。

图 14-5 选择字体的小对话框

● 习题 14-3

Java 在示例程序中的 Support 类（代码清单 14-2）中，support 方法的可见性是 public 的，而 resolve 方法的可见性是 protected 的。请问设计者为什么要这样区别开来呢？

● 习题 14-4

请将示例程序中的 Support 类（代码清单 14-2）修改为不使用递归调用，而是循环。

第 7 部分　简单化

第 15 章　Facade 模式

简单窗口

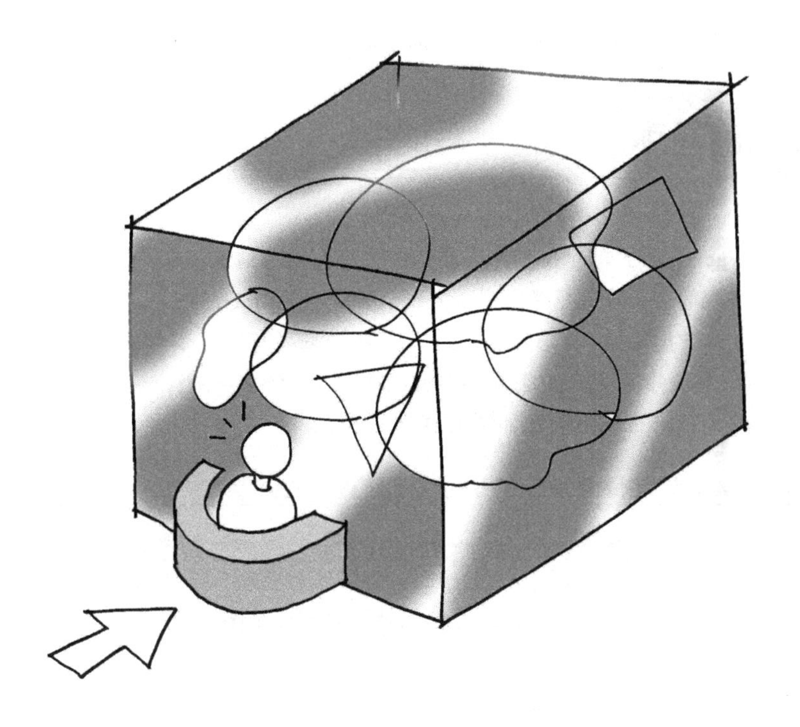

15.1 Facade 模式

程序这东西总是会变得越来越大。随着时间的推移，程序中的类会越来越多，而且它们之间相互关联，这会导致程序结构也变得越来越复杂。我们在使用这些类之前，必须先弄清楚它们之间的关系，注意正确的调用顺序。

特别是在调用大型程序进行处理时，我们需要格外注意那些数量庞大的类之间错综复杂的关系。不过与其这么做，不如为这个大型程序准备一个“窗口”。这样，我们就不必单独地关注每个类了，只需简单地对“窗口”提出请求即可。

这个“窗口”就是我们在本章中将要学习的 **Facade 模式**。Facade 是一个源自法语 Façade 的单词，它的意思是“建筑物的正面”。

使用 Facade 模式可以为互相关联在一起的错综复杂的类整理出高层接口（API）。其中的 Facade 角色可以让系统对外只有一个简单的接口（API）。而且，Facade 角色还会考虑到系统内部各个类之间的责任关系和依赖关系，按照正确的顺序调用各个类。

本章中，我们将学习可以为系统提供一个简单窗口的 Facade 模式。

15.2 示例程序

在示例程序中，我们将要编写简单的 Web 页面。

本来，编写 Facade 模式的示例程序需要“许多错综复杂地关联在一起的类”。不过在本书中，为了使示例程序更加简短，我们只考虑一个由 3 个简单的类构成的系统。也就是一个用于从邮件地址中获取用户名字的数据库类（`Database`），一个用于编写 HTML 文件的类（`HtmlWriter`），以及一个扮演 Facade 角色并提供高层接口（API）的类（`PageMaker`）。

使用示例程序编写出的 Web 页面如图 15-1 所示。

图 15-1 在浏览器中查看到的使用示例程序编写出的 Web 页面

各个类的一览如表 15-1 所示，UML 类图如图 15-2 所示。

各个文件在文件夹中的结构如图 15-3 所示。

表 15-1 类的一览表

包	名字	说明
pagemaker	Database	从邮件地址中获取用户名的类
pagemaker	HtmlWriter	编写 HTML 文件的类
pagemaker	PageMaker	根据邮件地址编写该用户的 Web 页面
无名	Main	测试程序行为的类

图 15-2 示例程序的类图

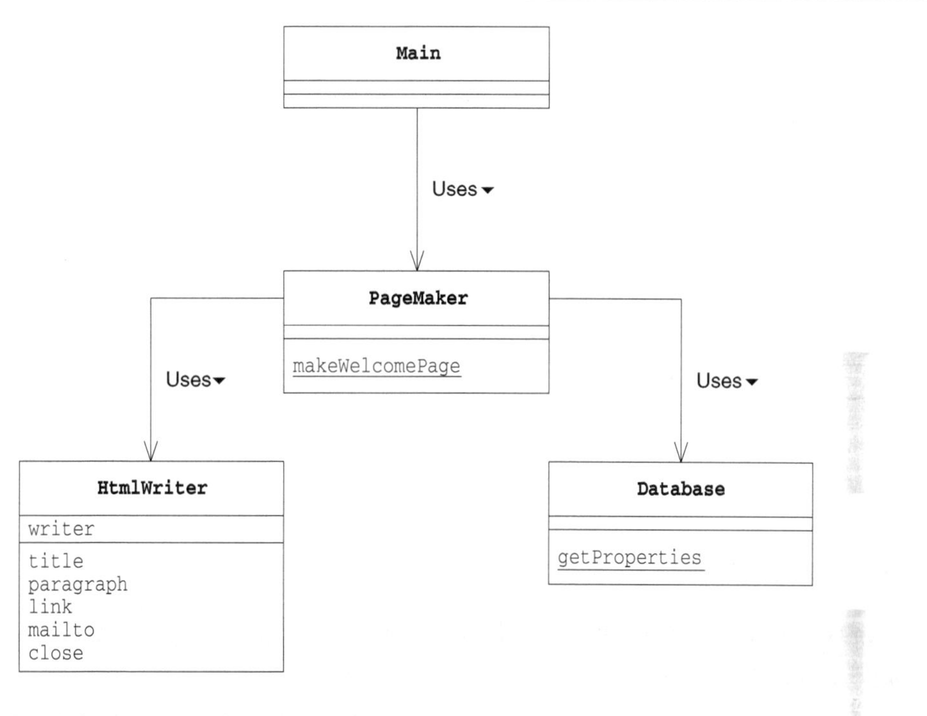

图 15-3 源文件在文件夹中的结构

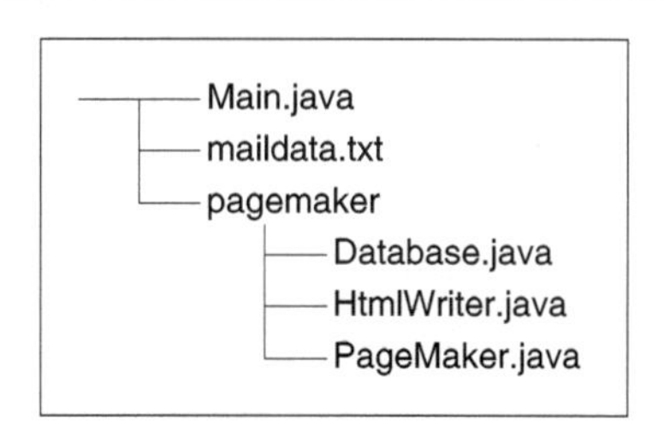

Database 类

Database类(代码清单 15-1)可获取指定数据库[①]名(如maildata)所对应的Properties的实例。我们无法生成该类的任何实例，只能通过它的getProperties静态方法获取Properties 的实例。代码清单 15-2 是数据库的一个示例。

① 这里的数据库指的是一个记录了几条数据的文本，并非编程中常用的关系数据库。——译者注

代码清单 15-1 Database 类（Database.java）

```
package pagemaker;

import java.io.FileInputStream;
import java.io.IOException;
import java.util.Properties;

public class Database {
    private Database() {    // 防止外部 new 出 Database 的实例，所以声明为 private
    }
    public static Properties getProperties(String dbname) { // 根据数据库名获取 Properties
        String filename = dbname + ".txt";
        Properties prop = new Properties();
        try {
            prop.load(new FileInputStream(filename));
        } catch (IOException e) {
            System.out.println("Warning: " + filename + " is not found.");
        }
        return prop;
    }
}
```

代码清单 15-2 数据文件（maildata.txt）

```
hyuki@hyuki.com=Hiroshi Yuki
hanako@hyuki.com=Hanako Sato
tomura@hyuki.com=Tomura
mamoru@hyuki.com=Mamoru Takahashi
```

HtmlWriter 类

HtmlWriter 类（代码清单 15-3）用于编写简单的 Web 页面。我们在生成 HtmlWriter 类的实例时赋予其 Writer，然后使用该 Writer 输出 HTML。

title 方法用于输出标题；paragraph 方法用于输出段落；link 方法用于输出超链接；mailto 方法用于输出邮件地址链接；close 方法用于结束 HTML 的输出。

该类中隐藏着一个限制条件，那就是必须首先调用 title 方法。窗口类 PageMaker 使用 HtmlWriter 类时必须严格遵守这个限制条件。

代码清单 15-3 HtmlWriter 类（HtmlWriter.java）

```
package pagemaker;

import java.io.Writer;
import java.io.IOException;

public class HtmlWriter {
    private Writer writer;
    public HtmlWriter(Writer writer) {  // 构造函数
        this.writer = writer;
    }
    public void title(String title) throws IOException {    // 输出标题
        writer.write("<html>");
        writer.write("<head>");
        writer.write("<title>" + title + "</title>");
        writer.write("</head>");
        writer.write("<body>\n");
```

```
        writer.write("<h1>" + title + "</h1>\n");
    }
    public void paragraph(String msg) throws IOException {   // 输出段落
        writer.write("<p>" + msg + "</p>\n");
    }
    public void link(String href, String caption) throws IOException {  // 输出超链接
        paragraph("<a href=\"" + href + "\">" + caption + "</a>");
    }
    public void mailto(String mailaddr, String username) throws IOException {// 输出邮件地址
        link("mailto:" + mailaddr, username);
    }
    public void close() throws IOException {     // 结束输出 HTML
        writer.write("</body>");
        writer.write("</html>\n");
        writer.close();
    }
}
```

PageMaker 类

PageMaker 类（代码清单 15-4）使用 Database 类和 HtmlWriter 类来生成指定用户的 Web 页面。

在该类中定义的方法只有一个，那就是 public 的 makeWelcomePage 方法。该方法会根据指定的邮件地址和文件名生成相应的 Web 页面。

PageMaker 类一手包办了调用 HtmlWriter 类的方法这一工作。**对外部，它只提供了 makeWelcomePage 接口**。这就是一个简单窗口。

代码清单 15-4　PageMaker 类（PageMaker.java）

```
package pagemaker;

import java.io.FileWriter;
import java.io.IOException;
import java.util.Properties;

public class PageMaker {
    private PageMaker() {    // 防止外部 new 出 PageMaker 的实例，所以声明为 private 方法
    }
    public static void makeWelcomePage(String mailaddr, String filename) {
        try {
            Properties mailprop = Database.getProperties("maildata");
            String username = mailprop.getProperty(mailaddr);
            HtmlWriter writer = new HtmlWriter(new FileWriter(filename));
            writer.title("Welcome to " + username + "'s page!");
            writer.paragraph(username + " 欢迎来到 " + username + " 的主页。");
            writer.paragraph(" 等着你的邮件哦！ ");
            writer.mailto(mailaddr, username);
            writer.close();
            System.out.println(filename + " is created for " + mailaddr + " (" +
username + ")");
        } catch (IOException e) {
            e.printStackTrace();
        }
    }
}
```

Main 类

Main 类（代码清单 15-5）使用了 pagemaker 包中的 PageMaker 类，具体内容只有下面这一行。

```
PageMaker.makeWelcomePage("hyuki@hyuki.com", "welcome.html");
```

它会获取 hyuki@hyuki.com 的名字，然后编写出一个名为 welcome.html 的 Web 页面。

代码清单 15-5　Main 类（Main.java）

```
import pagemaker.PageMaker;

public class Main {
    public static void main(String[] args) {
        PageMaker.makeWelcomePage("hyuki@hyuki.com", "welcome.html");
    }
}
```

图 15-4　编译和运行结果

```
javac Main.java
java Main
welcome.html is created for hyuki@hyuki.com (Hiroshi Yuki)
（之后，在浏览器中查看到的使用示例程序编写出的 Web 页面如图 15-5 所示。）
```

图 15-5　在浏览器中查看到的 welcome.html 的样子

15.3　Facade 模式中的登场角色

在 Facade 模式中有以下登场角色。

◆ Facade（窗口）

Facade 角色是代表构成系统的许多其他角色的“简单窗口”。Facade 角色向系统外部提供高层接口（API）。在示例程序中，由 PageMaker 类扮演此角色。

◆构成系统的许多其他角色

这些角色各自完成自己的工作，它们并不知道 Facade 角色。Facade 角色调用其他角色进行工作，但是其他角色不会调用 Facade 角色。在示例程序中，由 Database 类和 HtmlWriter 类扮演此角色。

◆ Client（请求者）

Client 角色负责调用 Facade 角色（在 GoF 书（请参见附录 E[GoF]）中，Client 角色并不包含在 Facade 模式中）。在示例程序中，由 Main 类扮演此角色。

图 15-6 Facade 模式的类图

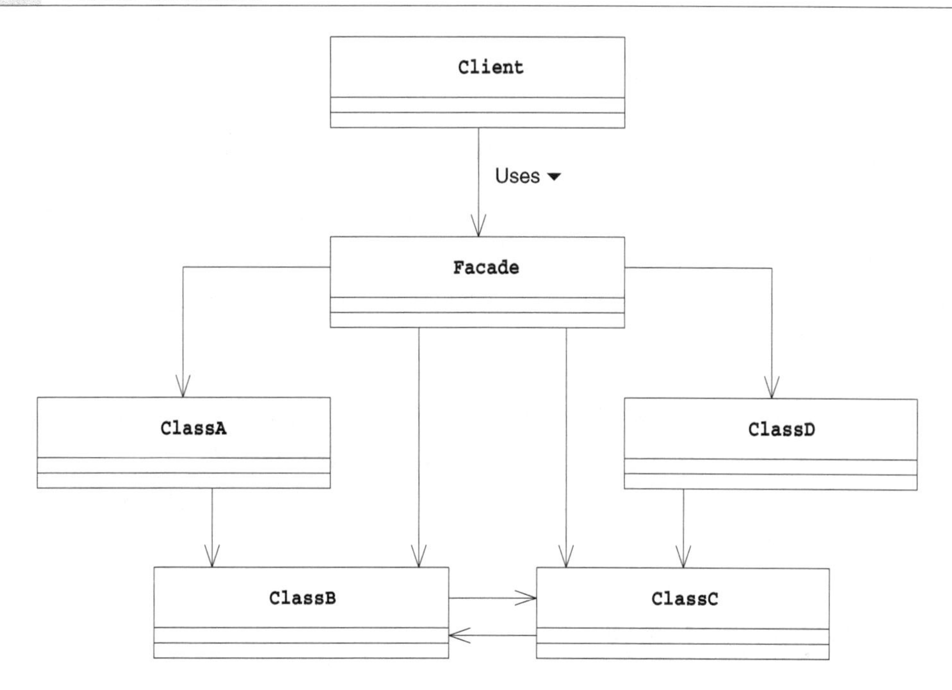

15.4 拓展思路的要点

Facade 角色到底做什么工作

Facade 模式可以让复杂的东西看起来简单。那么，这里说到的"复杂的东西"到底是什么呢？其实就是在后台工作的这些类之间的关系和它们的使用方法。使用 Facade 模式可以让我们不必在意这些复杂的东西。

这里的重点是**接口（API）变少了**。程序中如果有很多类和方法，我们在决定到底应该使用哪个类或是方法时就很容易迷茫。有时，类和方法的调用顺序也很容易弄错，必须格外注意。因此，如果有一个能够使接口（API）变少的 Facade 角色是一件多么美好的事情啊。

接口（API）变少了还意味着程序与外部的关联关系弱化了，这样更容易使我们的包（类的集合）作为组件被复用。

在设计类时，我们还需要考虑将哪些方法的可见性设为 public。如果公开的方法过多，会导致类的内部的修改变得困难。字段也是一样的，如果不小心将某个字段公开出去了，那么其他类可能会读取或是修改这个字段，导致难以修改该类。

与设计类一样，在设计包时，需要考虑类的可见性。如果让外部（包的外部）看到了类，包内部代码的修改就会变得困难（关于这一点，请大家参考本章的习题 15-1）。

递归地使用 Facade 模式

既然上面我们从设计类谈到了设计包的问题，下面就让我们把思考范围再扩大一些。

假设现在有几个持有 Facade 角色的类的集合。那么，我们可以通过整合这几个集合来引入新的 Facade 角色。也就是说，我们可以递归地使用 Facade 模式。

在超大系统中，往往都含有非常多的类和包。如果我们在每个关键的地方都使用 Facade 模式，那么系统的维护就会变得轻松很多。

开发人员不愿意创建 Facade 角色的原因——心理原因

下面我们来讨论一个有意思的话题。通常，熟悉系统内部复杂处理的开发人员可能不太愿意创建 Facade 角色。也就是说，他们在下意识地回避创建 Facade 角色。

这是为什么呢？这可能是因为对熟练的开发人员而言，系统中的所有信息全部都记忆在脑中，他们对类之间的所有相互依赖关系都一清二楚。当然，也可能是出于他们对自己技术的骄傲，或是不懂装懂。

当某个程序员得意地说出“啊，在调用那个类之前需要先调用这个类。在调用那个方法之前需要先在这个类中注册一下”的时候，就意味着我们需要引入 Facade 角色了。

对于那些能够明确地用语言描述出来的知识，我们不应该将它们隐藏在自己脑袋中，而是应该用代码将它们表现出来。

15.5 相关的设计模式

◆ Abstract Factory 模式（第 8 章）

可以将 Abstract Factory 模式看作生成复杂实例时的 Facade 模式。因为它提供了“要想生成这个实例只需要调用这个方法就 OK 了”的简单接口。

◆ Singleton 模式（第 5 章）

有时会使用 Singleton 模式创建 Facade 角色。

◆ Mediator 模式（第 16 章）

在 Facade 模式中，Facade 角色单方面地使用其他角色来提供高层接口（API）。

而在 Mediator 模式中，Mediator 角色作为 Colleague 角色间的仲裁者负责调停。可以说，**Facade 模式是单向的，而 Mediator 角色是双向的**。

15.6 本章所学知识

在本章中，我们学习了为复杂系统创建简单窗口的 Facade 模式。

15.7 练习题

答案请参见附录 A（P.325）

●习题 15-1

Java 为了能够方便地对程序进行扩展和改善，作为设计者，我们想让 pagemaker 包外部的程序只能使用 PageMaker 类，而不能使用 Database 类和 HtmlWriter 类。那么我们应该如何修改示例程序呢？

●习题 15-2

Java 请在 PageMaker 类中增加一个 makeLinkPage 方法，使其可以根据 maildata.txt（代码清单 15-2）中的用户的邮件地址制作出邮件地址超链接集合。makeLinkPage 的调用方法如代码清单 15-6 所示。制作完成的超链接集合如图 15-8 所示（界面效果如图 15-9 所示）。

代码清单 15-6 Main 类（Main.java）

```
import pagemaker.PageMaker;

public class Main {
    public static void main(String[] args) {
        PageMaker. makeLinkPage("linkpage.html");
    }
}
```

图 15-7 编译和运行结果

```
javac Main.java
java Main
linkpage.html is created.
（这之后，在浏览器中查看到的 linkpage.html 如图 15-9 所示）
```

图 15-8 制作完成的 linkpage.html

```
<html><head><title>Link page</title></head><body>
<h1>Link page</h1>
<p><a href="mailto:hanako@hyuki.com">Hanako Sato</a></p>
<p><a href="mailto:mamoru@hyuki.com">Mamoru Takahashi</a></
p>
<p><a href="mailto:hyuki@hyuki.com">Hiroshi Yuki</a></p>
<p><a href="mailto:tomura@hyuki.com">Tomura</a></p>
</body></html>
```

图 15-9 在浏览器中查看 linkpage.html

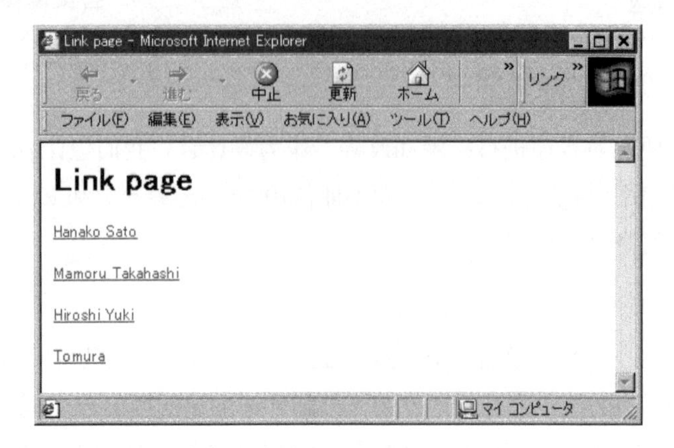

第 16 章　Mediator 模式

只有一个仲裁者

16.1 Mediator 模式

请大家想象一下一个乱糟糟的开发小组的工作状态。小组中的 10 个成员虽然一起协同工作，但是意见难以统一，总是互相指挥，导致工作始进度始终滞后。不仅如此，他们还都十分在意编码细节，经常为此争执不下。这时，我们就需要一个中立的仲裁者站出来说："各位，请大家将情况报告给我，我来负责仲裁。我会从团队整体出发进行考虑，然后下达指示。但我不会评价大家的工作细节。"这样，当出现争执时大家就会找仲裁者进行商量，仲裁者会负责统一大家的意见。

最后，整个团队的交流过程就变为了**组员向仲裁者报告，仲裁者向组员下达指示**。组员之间不再相互询问和相互指示。

在本章中，我们将要学习 Mediator 模式。

Mediator 的意思是"仲裁者""中介者"。一方面，当发生麻烦事情的时候，通知仲裁者；当发生涉及全体组员的事情时，也通知仲裁者。当仲裁者下达指示时，组员会立即执行。团队组员之间不再互相沟通并私自做出决定，而是发生任何事情都向仲裁者报告。另一方面，仲裁者站在整个团队的角度上对组员上报的事情做出决定。这就是 Mediator 模式。

在 Mediator 模式中，"仲裁者"被称为 Mediator，各组员被称为 Colleague。Colleague 这个单词很容易拼错，大家可能也不太明白这个英文单词的意思，但在 GoF 书（请参见附录 E[GoF]）中就是这么记述的，因此本书中沿用该术语。

16.2 示例程序

下面我们来看一段使用了 Mediator 模式的示例程序。这段示例程序是一个 GUI 应用程序，它展示了一个登录对话框，用户在其中输入正确的用户名和密码后可以登录。示例程序的运行结果如图 16-1 所示。

图 16-1 登录对话框

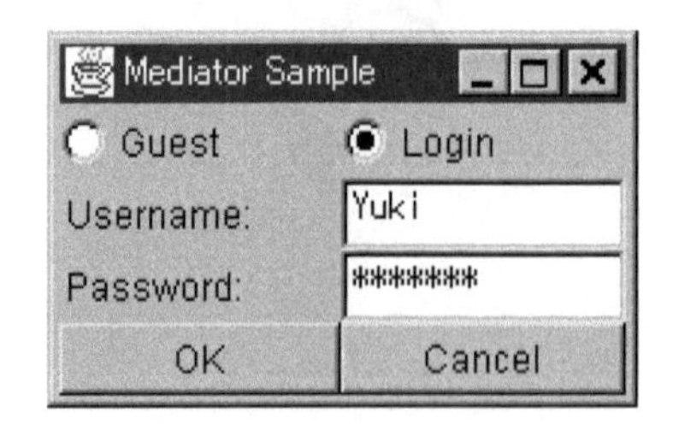

对话框的使用方法如下。

- 可以选择作为游客访问（Guest）或是作为用户登录（Login）
- 作为用户登录时，需要输入正确的用户名（Username）和密码（Password）
- 点击 OK 按钮可以登录，点击 Cancel 按钮可以取消登录
  （在示例程序中我们不会真正登录，而是在按下按钮后就退出程序）

看起来这似乎是一段很简单的程序。不过真的如此吗？仅看上面的介绍大家可能会认为程序很简单，不过当我们考虑一下下面这些程序行为时，就会发现并非如此。

- 如果选择作为游客访问，那么禁用用户名输入框和密码输入框，使用户无法输入
- 如果选择作为用户登录，那么启用用户名输入框和密码输入框，使用户可以输入
- 如果在用户名输入框中一个字符都没有输入，那么禁用密码输入框，使用户无法输入密码
- 如果在用户名输入框中输入了至少一个字符，那么启用密码输入框，使用户可以输入密码（当然，如果选择作为游客访问，那么密码框依然是禁用状态）
- 只有当用户名输入框和密码输入框中都至少输入一个字符后，OK 按钮才处于启用状态，可以被按下。用户名输入框或密码输入框中一个字符都没有被输入的时候，禁用 OK 按钮，使其不可被按下（当然，如果选择作为游客访问，那么 OK 按钮总是处于启用状态）
- Cancel 按钮总是处于启用状态，任何时候都可以按下该按钮

图 16-2　如果选择作为用户登录，那么用户名输入框处于启用状态，密码输入框处于禁用状态

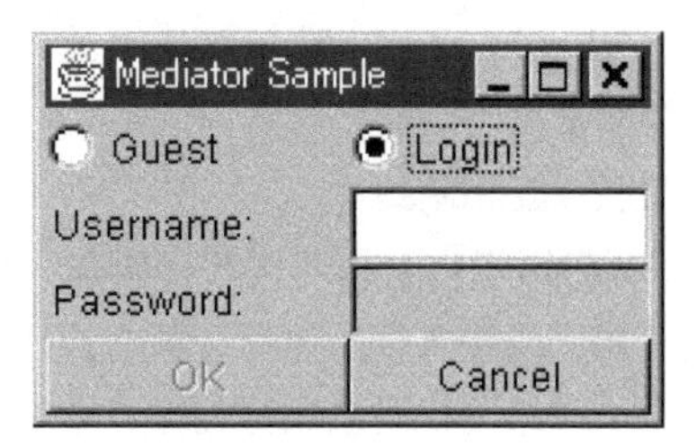

图 16-3　如果在用户名输入框中输入了字符，那么密码输入框处于启用状态，OK 按钮处于禁用状态

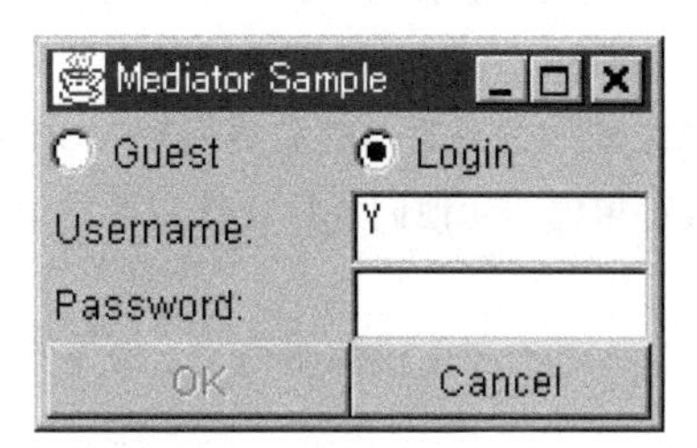

图 16-4　如果又输入了密码，那么 OK 按钮处于可按下状态

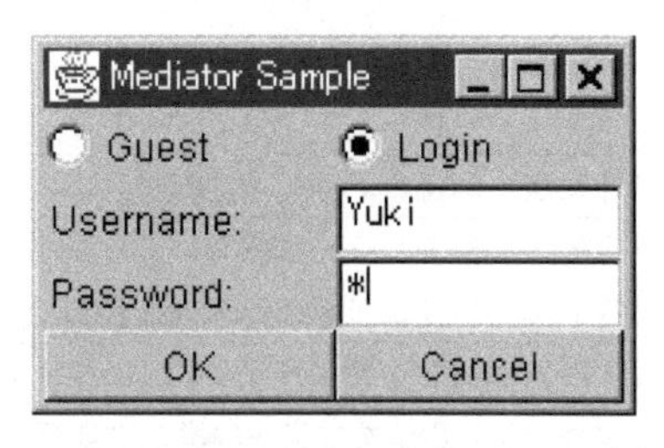

图 16-5　如果选择作为游客访问，那么禁用用户名输入框和密码输入框

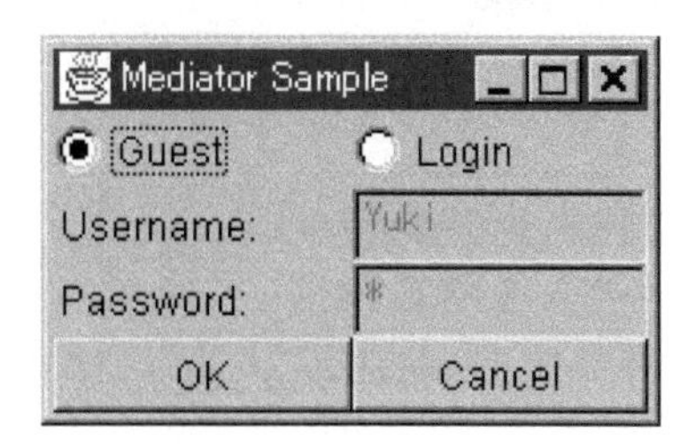

图 16-6 即使输入了密码，但只要删除了用户名，OK 按钮和密码输入框就会变为禁用状态

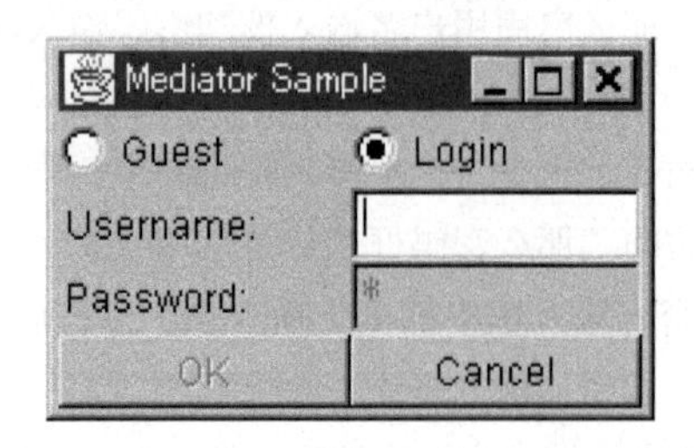

哎呀，上面列举的这些操作情况好复杂，用语言都很难表达清楚。不过大家在实际操作一下这个对话框后，应该能够很容易地理解设计者的意图。那么，我们应该如何编写程序呢？

对话框中的单选按钮（radiobutton，用于选择作为游客访问还是作为用户登录）、文本输入框（用于输入用户名和密码）、按钮（OK 和 Cancel）都是单独的类。如果将上面的逻辑处理分散在各个类中，那么编码的工作量会变得非常大。

这是因为所有的对象都互相关联、互相制约。

"如果选择作为用户登录，那么启用用户名输入框和密码输入框，但是如果在用户名输入框中一个字符都没有被输入，就必须禁用密码输入框。然后，只有当用户名输入框和密码输入框中都输入有文字后，才能启用 OK 按钮"……这段代码应该写在哪里才好呢？写在单选按钮的类里面吗？不过如果这样写代码，负责控制显示的代码就会散落在各个类里面了，导致不论是编写代码还是调试代码，都会变得非常麻烦。而且，一旦需求发生了变化，例如要"增加一个用于输入邮件地址的输入框"……想想都让人害怕。

像上面这样**要调整多个对象之间的关系时，就需要用到 Mediator 模式了**。即不让各个对象之间互相通信，而是增加一个仲裁者角色，让他们各自与仲裁者通信。然后，**将控制显示的逻辑处理交给仲裁者负责**。

前面讲得很多，该模式的大致内容大家应该都明白了。接下来，请注意结合上面这些内容来阅读示例程序。

示例程序的类和接口的一览表请参见图 16-1，类图和时序图请分别参见图 16-7 和图 16-8。

表 16-1 类和接口的一览表

名字	说明
Mediator	定义"仲裁者"的接口（API）的接口
Colleague	定义"组员"的接口（API）的接口
ColleagueButton	表示按钮的类。它实现了 Colleague 接口
ColleagueTextField	表示文本输入框的类。它实现了 Colleague 接口
ColleagueCheckbox	表示勾选框（此处是单选按钮）的类。它实现了 Colleague 接口
LoginFrame	表示登录对话框的类。它实现了 Mediator 接口
Main	测试程序行为的类

图 16-7 示例程序的类图

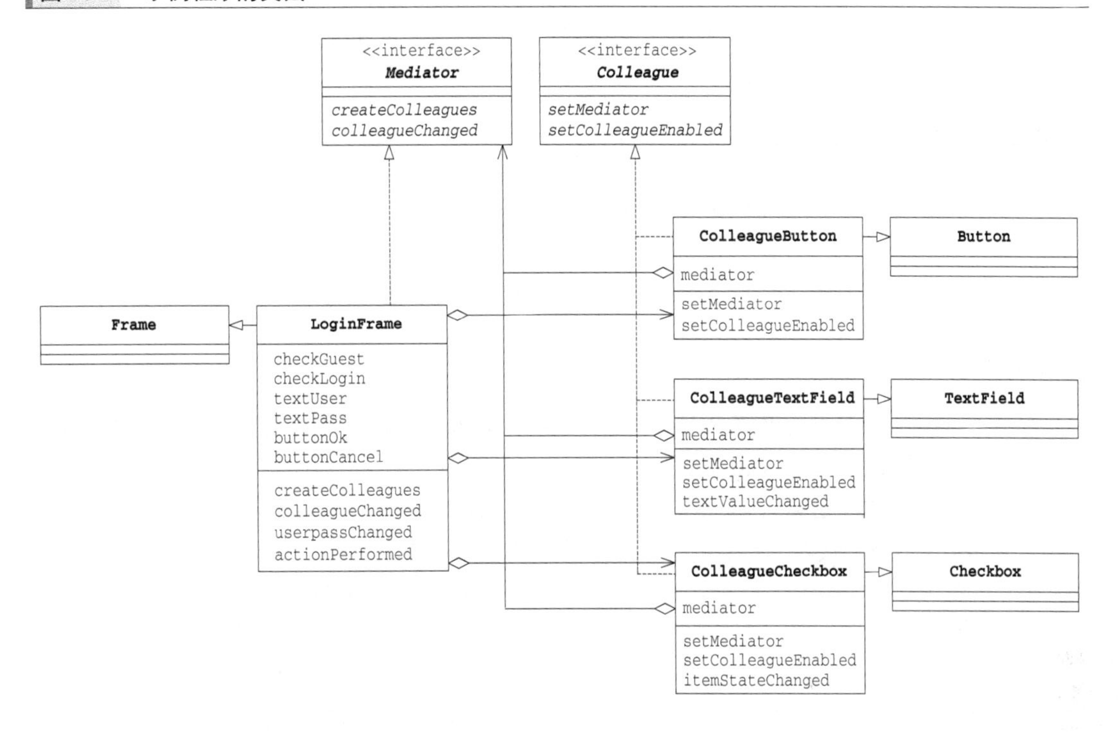

图 16-8 示例程序的时序图

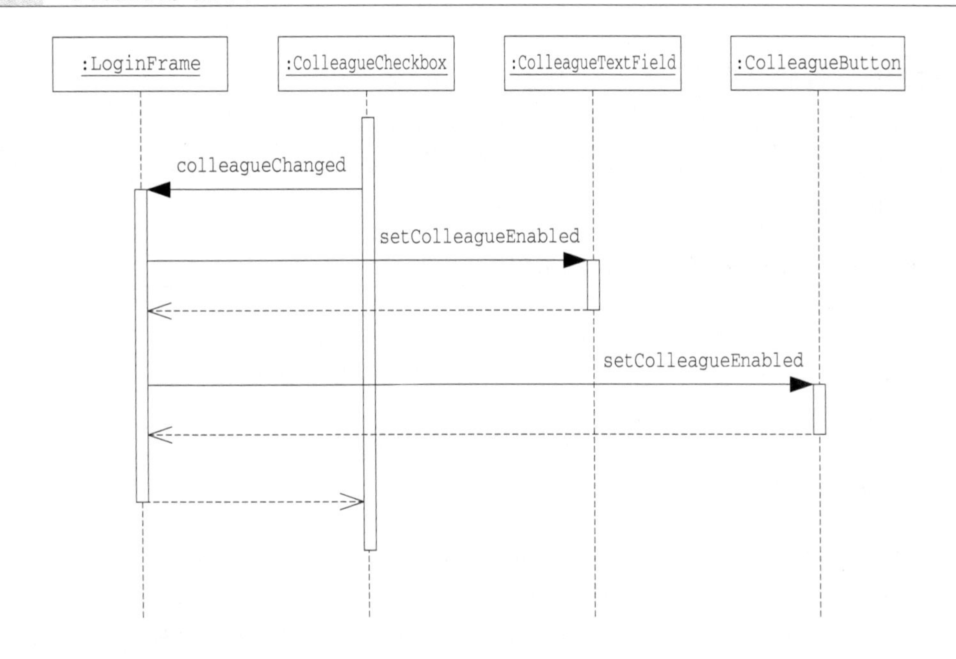

Mediator 接口

Mediator 接口（代码清单 16-1）是表示仲裁者的接口。具体的仲裁者（后文中即将学习的 LoginFrame 类）会实现这个接口。

createColleagues 方法用于生成 Mediator 要管理的组员。在示例程序中，createColleagues

会生成对话框中的按钮和文本输入框等控件。

colleagueChanged 方法会被各个 Colleague 组员调用。它的作用是让组员可以向仲裁者进行报告。在本例中，当单选按钮和文本输入框的状态发生变化时，该方法会被调用。

代码清单 16-1　Mediator 接口（Mediator.java）

```
public interface Mediator {
    public abstract void createColleagues();
    public abstract void colleagueChanged();
}
```

Colleague 接口

Colleague 接口（代码清单 16-2）是表示向仲裁者进行报告的组员的接口。具体的组员（ColleagueButton、ColleagueTextField、ColleagueCheckbox）会实现这个接口。

LoginFrame 类（它实现了 Mediator 接口）首先会调用 setMediator 方法。该方法的作用是告知组员"我是仲裁者，有事请报告我"。向该方法中传递的参数是仲裁者的实例，之后在需要向仲裁者报告时（即调用 colleagueChanged 方法时）会用到该实例。

setColleagueEnabled 方法的作用是告知组员仲裁者所下达的指示。参数 enabled 如果为 true，就表示自己需要变为"启用状态"；如果是 false，则表示自己需要变为"禁用状态"。这个方法表明，究竟是变为"启用状态"还是变为"禁用状态"，并非由组员自己决定，而是由仲裁者来决定。

此外需要说明的是，关于 Mediator 接口和 Colleague 接口中究竟需要定义哪些方法这一点，是根据需求不同而不同的。在示例程序中，我们在 Mediator 中定义了 colleagueChanged 方法，在 Colleague 接口中定义了 setColleagueEnabled 方法。如果需要让 Mediator 角色和 Colleague 角色之间进行更加详细的通信，还需要定义更多的方法。也就是说，即使两段程序都使用了 Mediator 模式，但它们实际定义的方法可能会不同。

代码清单 16-2　Colleague 接口（Colleague.java）

```
public interface Colleague {
    public abstract void setMediator(Mediator mediator);
    public abstract void setColleagueEnabled(boolean enabled);
}
```

ColleagueButton 类

ColleagueButton 类（代码清单 16-3）是 java.awt.Button 的子类，它实现了 Colleague 接口，与 LoginFrame（Mediator 接口）共同工作。

mediator 字段中保存了通过 setMediator 方法的参数传递进来的 Mediator 对象（LoginFrame 类的实例）。setColleagueEnabled 方法会调用 Java 的 GUI 中定义的 setEnabled 方法，设置禁用或是启用控件。setEnabled(true) 后控件按钮可以被按下，setEnabled(false) 后按钮无法被按下。

代码清单 16-3 ColleagueButton 类（ColleagueButton.java）

```
import java.awt.Button;

public class ColleagueButton extends Button implements Colleague {
    private Mediator mediator;
    public ColleagueButton(String caption) {
        super(caption);
    }
    public void setMediator(Mediator mediator) {          // 保存 Mediator
        this.mediator = mediator;
    }
    public void setColleagueEnabled(boolean enabled) {    // Mediator 下达启用 / 禁用的指示
        setEnabled(enabled);
    }
}
```

ColleagueTextField 类

ColleagueTextField 类（代码清单 16-4）是 java.awt.TextField 的子类，它不仅实现了 Colleague 接口，还实现了 java.awt.event.TextListener 接口。这是因为我们希望通过 textValueChanged 方法捕捉到文本内容发生变化这一事件，并通知仲裁者。

在 Java 语言中，我们虽然无法继承（extends）多个类，但是我们可以实现（implements）多个接口。在 setColleagueEnabled 方法中，我们不仅调用了 setEnabled 方法，还调用了 setBackground 方法。这是因为我们希望在启用控件后，将它的背景色改为白色；禁用控件后，将它的背景色改为灰色。

textValueChanged 方法是在 TextListener 接口中定义的方法。当文本内容发生变化时，AWT 框架会调用该方法。在示例程序中，textValueChanged 方法调用了 colleagueChanged 方法，这是在向仲裁者表达“对不起，文本内容有变化，请处理。”的意思。

代码清单 16-4 ColleagueTextField 类（ColleagueTextField.java）

```
import java.awt.TextField;
import java.awt.Color;
import java.awt.event.TextListener;
import java.awt.event.TextEvent;

public class ColleagueTextField extends TextField implements TextListener, Colleague {
    private Mediator mediator;
    public ColleagueTextField(String text, int columns) { // 构造函数
        super(text, columns);
    }
    public void setMediator(Mediator mediator) {          // 保存 Mediator
        this.mediator = mediator;
    }
    public void setColleagueEnabled(boolean enabled) {    // Mediator 下达启用 / 禁用的指示
        setEnabled(enabled);
        setBackground(enabled ? Color.white : Color.lightGray);
    }
    public void textValueChanged(TextEvent e) {           // 当文字发生变化时通知 Mediator
        mediator.colleagueChanged();
    }
}
```

ColleagueCheckbox 类

ColleagueCheckbox 类（代码清单 16-5）是 java.awt.Checkbox 的子类。在示例程序中，我们将其作为单选按钮使用，而没有将其作为勾选框使用（使用 CheckboxGroup）。

该类实现了 java.awt.event.ItemListener 接口，这是因为我们希望通过 itemSateChanged 方法来捕获单选按钮的状态变化。

代码清单 16-5 ColleagueCheckbox 类（ColleagueCheckbox.java）

```
import java.awt.Checkbox;
import java.awt.CheckboxGroup;
import java.awt.event.ItemListener;
import java.awt.event.ItemEvent;

public class ColleagueCheckbox extends Checkbox implements ItemListener, Colleague {
    private Mediator mediator;
    public ColleagueCheckbox(String caption, CheckboxGroup group, boolean state) {
                                                                // 构造函数
        super(caption, group, state);
    }
    public void setMediator(Mediator mediator) {               // 保存 Mediator
        this.mediator = mediator;
    }
    public void setColleagueEnabled(boolean enabled) { // Mediator 下达启用 / 禁用指示
        setEnabled(enabled);
    }
    public void itemStateChanged(ItemEvent e) {               // 当状态发生变化时通知 Mediator
        mediator.colleagueChanged();
    }
}
```

LoginFrame 类

现在，我们终于可以看看仲裁者的代码了。LoginFrame 类（代码清单 16-6）是 java.awt.Frame（用于编写 GUI 程序的类）的子类，它实现了 Mediator 接口。

关于 Java 的 AWT 框架的内容已经超出了本书的范围，这里我们只学习与本章内容相关的重点知识。

LoginFrame 类的构造函数进行了以下处理。

- **设置背景色**
- **设置布局管理器（配置 4（纵）×2（横）窗格）**
- **调用 createColleagues 方法生成 Colleague**
- **配置 Colleague**
- **设置初始状态**
- **显示**

createColleagues 方法会生成登录对话框所需的 Colleague，并将它们保存在 LoginFrame 类的字段中。此外，它还会调用每个 Colleague 的 setMediator 方法，事先告知它们“我是仲裁者，有什么问题的可以向我报告”。createColleagues 方法还设置了各个

Colleague 的 Listener。这样，AWT 框架就可以调用合适的 Listener 了。

整个示例程序中最重要的方法当属 LoginFrame 类的 colleagueChanged 方法。该方法负责前面讲到过的“设置控件的启用/禁用的复杂逻辑处理”。请大家回忆一下之前学习过的 ColleagueButton、ColleagueCheckbox、ColleagueTextField 等各个类。这些类中虽然都有设置自身的启用/禁用状态的方法，但是并没有“具体什么情况下需要设置启用/禁用”的逻辑处理。它们都只是简单地调用仲裁者的 colleagueChanged 方法告知仲裁者“剩下的就拜托给你了”。也就是说，**所有最终的决定都是由仲裁者的 colleagueChanged 方法下达的**。

通过 getState 方法可以获取单选按钮的状态，通过 getText 方法可以获取文本输入框中的文字。那么剩下的工作就是在 colleagueChanged 方法中实现之前学习过的那段复杂的控制逻辑处理了。此外，这里我们提取了一个共同的方法 userpassChanged。该方法仅在 LoginFrame 类内部使用，其可见性为 private。

代码清单 16-6 LoginFrame 类 (LoginFrame.java)

```
import java.awt.Frame;
import java.awt.Label;
import java.awt.Color;
import java.awt.CheckboxGroup;
import java.awt.GridLayout;
import java.awt.event.ActionListener;
import java.awt.event.ActionEvent;

public class LoginFrame extends Frame implements ActionListener, Mediator {
    private ColleagueCheckbox checkGuest;
    private ColleagueCheckbox checkLogin;
    private ColleagueTextField textUser;
    private ColleagueTextField textPass;
    private ColleagueButton buttonOk;
    private ColleagueButton buttonCancel;

    // 构造函数
    // 生成并配置各个 Colleague 后，显示对话框
    public LoginFrame(String title) {
        super(title);
        setBackground(Color.lightGray);
        // 使用布局管理器生成 4×2 窗格
        setLayout(new GridLayout(4, 2));
        // 生成各个 Colleague
        createColleagues();
        // 配置
        add(checkGuest);
        add(checkLogin);
        add(new Label("Username:"));
        add(textUser);
        add(new Label("Password:"));
        add(textPass);
        add(buttonOk);
        add(buttonCancel);
        // 设置初始的启用 / 禁用状态
        colleagueChanged();
        // 显示
        pack();
        show();
    }
```

```
    // 生成各个 Colleague
    public void createColleagues() {
        // 生成
        CheckboxGroup g = new CheckboxGroup();
        checkGuest = new ColleagueCheckbox("Guest", g, true);
        checkLogin = new ColleagueCheckbox("Login", g, false);
        textUser = new ColleagueTextField("", 10);
        textPass = new ColleagueTextField("", 10);
        textPass.setEchoChar('*');
        buttonOk = new ColleagueButton("OK");
        buttonCancel = new ColleagueButton("Cancel");
        // 设置 Mediator
        checkGuest.setMediator(this);
        checkLogin.setMediator(this);
        textUser.setMediator(this);
        textPass.setMediator(this);
        buttonOk.setMediator(this);
        buttonCancel.setMediator(this);
        // 设置 Listener
        checkGuest.addItemListener(checkGuest);
        checkLogin.addItemListener(checkLogin);
        textUser.addTextListener(textUser);
        textPass.addTextListener(textPass);
        buttonOk.addActionListener(this);
        buttonCancel.addActionListener(this);
    }

    // 接收来自于 Colleage 的通知然后判断各 Colleage 的启用 / 禁用状态
    public void colleagueChanged() {
        if (checkGuest.getState()) {                        // Guest mode
            textUser.setColleagueEnabled(false);
            textPass.setColleagueEnabled(false);
            buttonOk.setColleagueEnabled(true);
        } else {                                            // Login mode
            textUser.setColleagueEnabled(true);
            userpassChanged();
        }
    }
    // 当 textUser 或 textPass 文本输入框中的文字发生变化时
    // 判断各 Colleage 的启用 / 禁用状态
    private void userpassChanged() {
        if (textUser.getText().length() > 0) {
            textPass.setColleagueEnabled(true);
            if (textPass.getText().length() > 0) {
                buttonOk.setColleagueEnabled(true);
            } else {
                buttonOk.setColleagueEnabled(false);
            }
        } else {
            textPass.setColleagueEnabled(false);
            buttonOk.setColleagueEnabled(false);
        }
    }
    public void actionPerformed(ActionEvent e) {
        System.out.println(e.toString());
        System.exit(0);
    }
}
```

Main 类

Main 类（代码清单 16-7）生成了 LoginFrame 类的实例。虽然 Main 类的 main 方法结束了，但是 LoginFrame 类的实例还一直被保存在 AWT 框架中。

代码清单 16-7 Main 类（Main.java）

```
public class Main {
    static public void main(String args[]) {
        new LoginFrame("Mediator Sample");
    }
}
```

16.3 Mediator 模式中的登场角色

在 Mediator 模式中有以下登场角色。

◆ **Mediator（仲裁者、中介者）**

Mediator 角色负责定义与 Colleague 角色进行通信和做出决定的接口（API）。在示例程序中，由 Mediator 接口扮演此角色。

◆ **ConcreteMediator（具体的仲裁者、中介者）**

ConcreteMediator 角色负责实现 Mediator 角色的接口（API），负责实际做出决定。在示例程序中，由 LoginFrame 类扮演此角色。

◆ **Colleague（同事）**

Colleague 角色负责定义与 Mediator 角色进行通信的接口（API）。在示例程序中，由 Colleague 接口扮演此角色。

◆ **ConcreteColleague（具体的同事）**

ConcreteColleague 角色负责实现 Colleague 角色的接口（API）。在示例程序中，由 ColleagueButton 类、ColleagueTextField 类和 ColleagueCheckbox 类扮演此角色。

图 16-9 Mediator 模式的类图

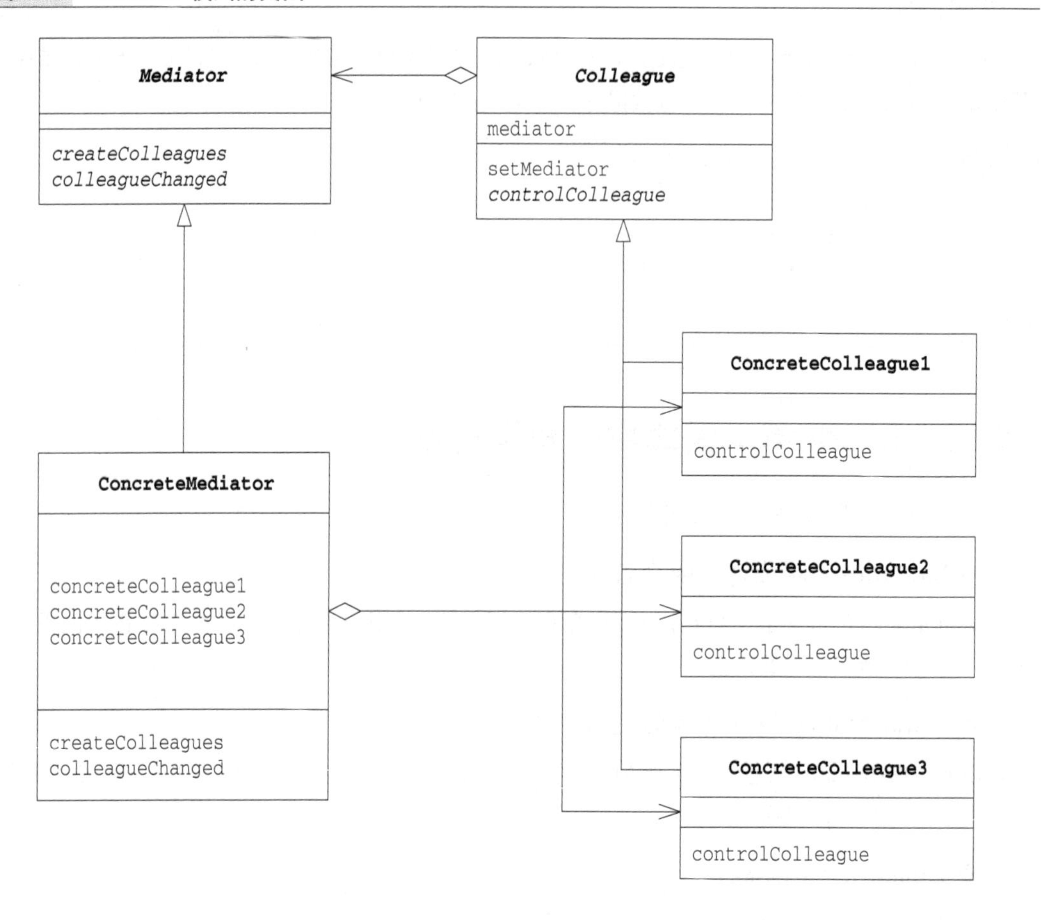

16.4 拓展思路的要点

当发生分散灾难时

示例程序中的 `LoginFrame` 类的 `colleagueChanged` 方法（代码清单 16-6）稍微有些复杂。如果发生需求变更，该方法中很容易发生 Bug。不过这并不是什么问题。因为即使 `colleagueChanged` 方法中发生了 Bug，由于**其他地方并没有控制控件的启用 / 禁用状态的逻辑处理**，因此只要调试该方法就能很容易地找出 Bug 的原因。

请试想一下，如果这段逻辑分散在 `ColleagueButton` 类、`ColleagueTextField` 类和 `ColleagueCheckbox` 类中，那么无论是编写代码还是调试代码和修改代码，都会非常困难。

通常情况下，面向对象编程可以帮助我们分散处理，避免处理过于集中，也就是说可以“分而治之”。但是在本章中的示例程序中，把处理分散在各个类中是不明智的。如果只是将应当分散的处理分散在各个类中，但是没有将应当集中的处理集中起来，那么这些分散的类最终只会导致灾难。

通信线路的增加

假设现在有 A 和 B 这 2 个实例，它们之间互相通信（相互之间调用方法），那么通信线路有两条，即 A→B 和 A←B。如果是有 A、B 和 C 这 3 个实例，那么就会有 6 条通信线路，即 A→B、A←B、B→C、B←C、C→A 和 C←A。如果有 4 个实例，会有 12 条通信线路；5 个实例就会有 20 条通信线路，而 6 个实例则会有 30 条通信线路。如果存在很多这样的互相通信的实例，那么程序结构会变得非常复杂。

可能会有读者认为，如果实例很少就不需要 Mediator 模式了。但是需要考虑到的是，即使最初实例很少，很可能随着需求变更实例数量会慢慢变多，迟早会暴露出问题。

哪些角色可以复用

ConcreteColleague 角色可以复用，但 ConcreteMediator 角色很难复用。

例如，假设我们现在需要制作另外一个对话框。这时，我们可将扮演 ConcreteColleague 角色的 `ColleagueButton` 类、`ColleagueTextField` 类和 `ColleagueCheckbox` 类用于新的对话框中。这是因为在 ConcreteColleague 角色中并没有任何依赖于特定对话框的代码。

在示例程序中，依赖于特定应用程序的部分都被封装在扮演 ConcreteMediator 角色的 `LoginFrame` 类中。**依赖于特定应用程序就意味着难以复用**。因此，`LoginFrame` 类很难在其他对话框中被复用。

16.5 相关的设计模式

◆ **Facade 模式**（第 15 章）

在 Mediator 模式中，Mediator 角色与 Colleague 角色进行交互。

而在 Facade 模式中，Facade 角色单方面地使用其他角色来对外提供高层接口（API）。因此，可以说 Mediator 模式是双向的，而 Facade 模式是单向的。

◆ **Observer 模式**（第 17 章）

有时会使用 Observer 模式来实现 Mediator 角色与 Colleague 角色之间的通信。

16.6 本章所学知识

在本章中，我们学习了以值得信赖的仲裁者作为主角的 Mediator 模式。Mediator 模式不让互相关联的对象之间进行任何直接通信，而是让它们向仲裁者进行报告。特别是在 GUI 应用程序中，该模式具有非常好的效果。

16.7 练习题

答案请参见附录 A（P.326）

● **习题 16-1**

请修改示例程序，实现“仅当用户名与密码的长度都大于 4 个字符（包含 4 个字符）的时候，OK 按钮才有效”的需求。请仔细思考究竟需要修改哪个类。

● **习题 16-2**

Java 请仔细阅读示例程序中的 `ColleagueButton` 类（代码清单 16-3）、`ColleagueTextField` 类（代码清单 16-4）和 `ColleagueCheckbox` 类（代码清单 16-5），在它们内部都定义了 `mediator` 字段。而且，它们的 `setMediator` 方法的实现也是完全一样的。那么请问，为了简化程序，我们可以在 `Colleague` 接口中定义 `mediator` 字段和实现 `setMediator` 方法吗？

第 8 部分　管理状态

第 17 章　Observer 模式

发送状态变化通知

17.1 Observer 模式

在本章中，我们将要学习 Observer 模式。

Observer 的意思是“进行观察的人”，也就是“观察者”的意思。

在 Observer 模式中，当观察对象的状态发生变化时，会通知给观察者。Observer 模式适用于根据对象状态进行相应处理的场景。

17.2 示例程序

下面我们来看一段使用了 Observer 模式的示例程序。这是一段简单的示例程序，观察者将观察一个会生成数值的对象，并将它生成的数值结果显示出来。不过，不同的观察者的显示方式不一样。DigitObserver 会以数字形式显示数值，而 GraphObserver 则会以简单的图示形式来显示数值。

表 17-1 类和接口的一览表

名字	说明
Observer	表示观察者的接口
NumberGenerator	表示生成数值的对象的抽象类
RandomNumberGenerator	生成随机数的类
DigitObserver	表示以数字形式显示数值的类
GraphObserver	表示以简单的图示形式显示数值的类
Main	测试程序行为的类

Observer 接口

Observer 接口（代码清单 17-1）是表示“观察者”的接口。具体的观察者会实现这个接口。

需要注意的是，这个 Observer 接口是为了便于我们了解 Observer 的示例程序而编写的，它与 Java 类库中的 java.util.Observer 接口不同。它们之间的详细区别请参见本章 17.5 节。

用于生成数值的 NumberGenerator 类会调用 update 方法。Generator 有“生成器”“产生器”的意思。如果调用 update 方法，NumberGenerator 类就会将“生成的数值发生了变化，请更新显示内容”的通知发送给 Observer。

图 17-1 示例程序的类图

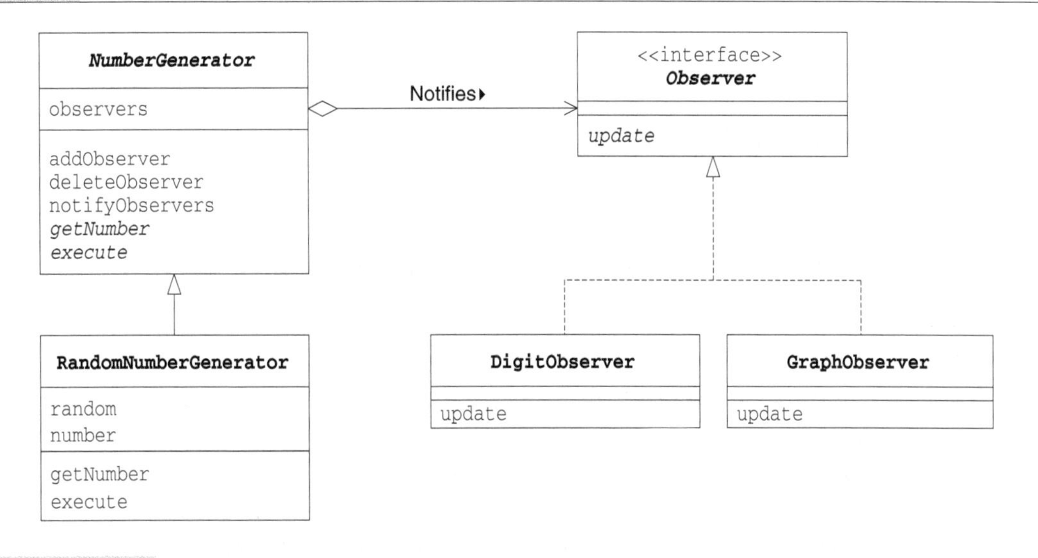

代码清单 17-1 Observer 接口（Observer.java）

```
public interface Observer {
    public abstract void update(NumberGenerator generator);
}
```

NumberGenerator 类

NumberGenerator 类（代码清单 17-2）是用于生成数值的抽象类。生成数值的方法（execute 方法）和获取数值的方法（getNumber 方法）都是抽象方法，需要子类去实现。

observers 字段中保存有观察 NumberGenerator 的 Observer 们。

addObserver 方法用于注册 Observer，而 deleteObserver 方法用于删除 Observer。

notifyObservers 方法会向所有的 Observer 发送通知，告诉它们“我生成的数值发生了变化，请更新显示内容”。该方法会调用每个 Observer 的 update 方法。

代码清单 17-2 NumberGenerator 类（NumberGenerator.java）

```
import java.util.ArrayList;
import java.util.Iterator;

public abstract class NumberGenerator {
    private ArrayList observers = new ArrayList();  // 保存 Observer 们
    public void addObserver(Observer observer) {     // 注册 Observer
        observers.add(observer);
    }
    public void deleteObserver(Observer observer) { // 删除 Observer
        observers.remove(observer);
    }
    public void notifyObservers() {                  // 向 Observer 发送通知
        Iterator it = observers.iterator();
        while (it.hasNext()) {
            Observer o = (Observer)it.next();
            o.update(this);
        }
    }
```

```
    public abstract int getNumber();                    // 获取数值
    public abstract void execute();                     // 生成数值
}
```

RandomNumberGenerator 类

RandomNumberGenerator 类（代码清单 17-3）是 NumberGenerator 的子类，它会生成随机数。

random 字段中保存有 java.util.Random 类的实例（即随机数生成器）。而 number 字段中保存的是当前生成的随机数。

getNumber 方法用于获取 number 字段的值。

execute 方法会生成 20 个随机数（0 ~ 49 的整数），并通过 notifyObservers 方法把每次生成结果通知给观察者。这里使用的 nextInt 方法是 java.util.Random 类的方法，它的功能是返回下一个随机整数值（取值范围大于等于 0，小于指定值）。

代码清单 17-3 RandomNumberGenerator 类（RandomNumberGenerator.java）

```
import java.util.Random;

public class RandomNumberGenerator extends NumberGenerator {
    private Random random = new Random();    // 随机数生成器
    private int number;                      // 当前数值
    public int getNumber() {                 // 获取当前数值
        return number;
    }
    public void execute() {
        for (int i = 0; i < 20; i++) {
            number = random.nextInt(50);
            notifyObservers();
        }
    }
}
```

DigitObserver 类

DigitObserver 类（代码清单 17-4）实现了 Observer 接口，它的功能是以数字形式显示观察到的数值。它的 update 方法接收 NumberGenerator 的实例作为参数，然后通过调用 NumberGenerator 类的实例的 getNumber 方法可以获取到当前的数值，并将这个数值显示出来。为了能够让大家看清它是如何显示数值的，这里我们使用 Thread.sleep 来降低了程序的运行速度。

代码清单 17-4 DigitObserver 类（DigitObserver.java）

```
public class DigitObserver implements Observer {
    public void update(NumberGenerator generator) {
        System.out.println("DigitObserver:" + generator.getNumber());
        try {
            Thread.sleep(100);
        } catch (InterruptedException e) {
        }
    }
}
```

GraphObserver 类

GraphObserver 类（代码清单 17-5）也实现了 Observer 接口。该类会将观察到的数值以 ***** 这样的简单图示的形式显示出来。

代码清单 17-5 GraphObserver 类（GraphObserver.java）

```
public class GraphObserver implements Observer {
    public void update(NumberGenerator generator) {
        System.out.print("GraphObserver:");
        int count = generator.getNumber();
        for (int i = 0; i < count; i++) {
            System.out.print("*");
        }
        System.out.println("");
        try {
            Thread.sleep(100);
        } catch (InterruptedException e) {
        }
    }
}
```

Main 类

Main 类（代码清单 17-6）生成了一个 RandomNumberGenerator 类的实例和两个观察者，其中 observer1 是 DigitObserver 类的实例，observer2 是 GraphObserver 类的实例。

在使用 addObserver 注册观察者后，它还会调用 generator.execute 方法生成随机数值。

代码清单 17-6 Main 类（Main.java）

```
public class Main {
    public static void main(String[] args) {
        NumberGenerator generator = new RandomNumberGenerator();
        Observer observer1 = new DigitObserver();
        Observer observer2 = new GraphObserver();
        generator.addObserver(observer1);
        generator.addObserver(observer2);
        generator.execute();
    }
}
```

图 17-2 程序运行结果示例（一部分）

```
DigitObserver:23
GraphObserver:***********************
DigitObserver:2
GraphObserver:**
DigitObserver:48
GraphObserver:************************************************
DigitObserver:25
GraphObserver:*************************
DigitObserver:10
GraphObserver:**********
DigitObserver:13
GraphObserver:*************
DigitObserver:12
GraphObserver:************
DigitObserver:2
GraphObserver:**
DigitObserver:29
GraphObserver:*****************************
DigitObserver:11
GraphObserver:***********
DigitObserver:1
GraphObserver:*
（以下省略）
```

17.3 Observer 模式中的登场角色

在 Observer 模式中有以下登场角色。

◆ Subject（观察对象）

Subject 角色表示观察对象。Subject 角色定义了注册观察者和删除观察者的方法。此外，它还声明了“获取现在的状态”的方法。在示例程序中，由 `NumberGenerator` 类扮演此角色。

◆ ConcreteSubject（具体的观察对象）

ConcreteSubject 角色表示具体的被观察对象。当自身状态发生变化后，它会通知所有已经注册的 Observer 角色。在示例程序中，由 `RandomNumberGenerator` 类扮演此角色。

◆ Observer（观察者）

Observer 角色负责接收来自 Subject 角色的状态变化的通知。为此，它声明了 `update` 方法。在示例程序中，由 `Observer` 接口扮演此角色。

◆ ConcreteObserver（具体的观察者）

ConcreteObserver 角色表示具体的 Observer。当它的 `update` 方法被调用后，会去获取要观察的对象的最新状态。在示例程序中，由 `DigitObserver` 类和 `GraphObserver` 类扮演此角色。

图 17-3 Observer 模式的类图

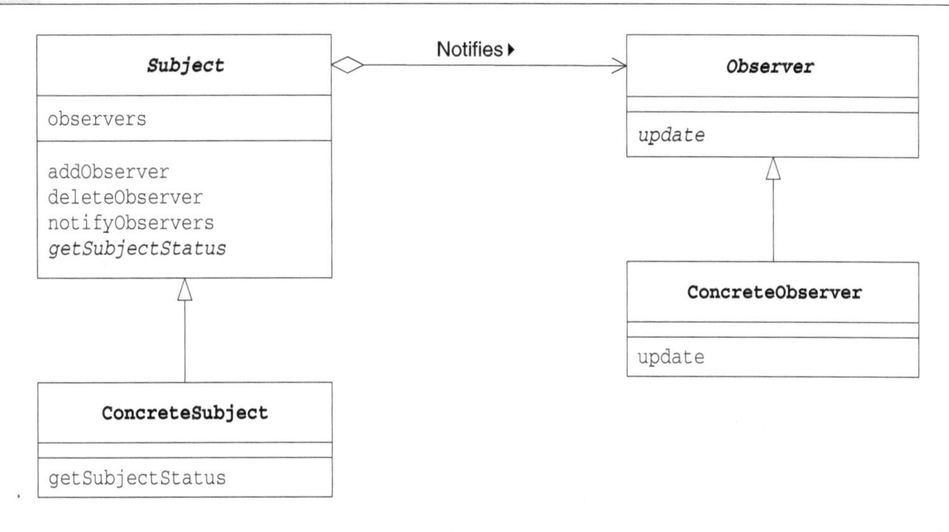

17.4 拓展思路的要点

这里也出现了可替换性

使用设计模式的目的之一就是使类成为可复用的组件。

在 Observer 模式中，有带状态的 ConcreteSubject 角色和接收状态变化通知的 ConcreteObserver 角色。连接这两个角色的就是它们的接口（API）Subject 角色和 Observer 角色。

一方面 `RandomNumberGenerator` 类并不知道，也无需在意正在观察自己的（自己需要通知的对象）到底是 `DigitObserver` 类的实例还是 `GraphObserver` 类的实例。不过它知道在它的 `observers` 字段中所保存的观察者们都实现了 `Observer` 接口。因为这些实例都是通过 `addObserver` 方法注册的，这就确保了它们一定都实现了 `Observer` 接口，一定可以调用它们的 `update` 方法。

另一方面，`DigitObserver` 类也无需在意自己正在观察的究竟是 `RandomNumberGenerator` 类的实例还是其他 *XXXX*`NumberGenerator` 类的实例。不过，`DigitObserver` 类知道它们是 `NumberGenerator` 类的子类的实例，并持有 `getNumber` 方法。

按照章节顺序阅读本书的读者一定注意到了在本书中已经多次出现了这种可替换性的设计思想。

- **利用抽象类和接口从具体类中抽出抽象方法**
- **在将实例作为参数传递至类中，或者在类的字段中保存实例时，不使用具体类型，而是使用抽象类型和接口**

这样的实现方式可以帮助我们轻松替换具体类。

Observer 的顺序

Subject 角色中注册有多个 Observer 角色。在示例程序的 notifyObservers 方法中，先注册的 Observer 的 update 方法会先被调用。

通常，在设计 ConcreteObserver 角色的类时，需要注意这些 Observer 的 update 方法的调用顺序，不能因为 update 方法的调用顺序发生改变而产生问题。例如，在示例程序中，绝不能因为先调用 DigitObserver 的 update 方法后调用 GraphObserver 的 update 方法而导致应用程序不能正常工作。当然，通常，只要保持各个类的独立性，就不会发生上面这种类的依赖关系混乱的问题。

不过，我们还需要注意下面将要提到的情况。

当 Observer 的行为会对 Subject 产生影响时

在本节的示例程序中，RandomNumberGenerator 类会在自身内部生成数值，调用 update 方法。不过，在通常的 Observer 模式中，也可能是其他类触发 Subject 角色调用 update 方法。例如，在 GUI 应用程序中，多数情况下是用户按下按钮后会触发 update 方法被调用。

当然，Observer 角色也有可能会触发 Subject 角色调用 update 方法。这时，如果稍不留神，就可能会导致方法被循环调用。

Subject 状态发生变化
↓
通知 Observer
↓
Observer 调用 Subject 的方法
↓
导致 Subject 状态发生变化
↓
通知 Observer
↓
⋮

传递更新信息的方式

NumberGenerator 利用 update 方法告诉 Observer 自己的状态发生了更新。传递给 update 方法的参数只有一个，就是调用 update 方法的 NumberGenerator 的实例自身。Observer 会在 update 方法中调用该实例的 getNumber 来获取足够的数据。

不过在示例程序中，update 方法接收到的参数中并没有被更新的数值。也就是说，update 方法的定义可能不是如下（1）中这样，而是如下（2）中这样，或者更简单的（3）这样的。

```
void update(NumberGenerator generator);                 ……（1）
void update(NumberGenerator generator, int number);     ……（2）
void update(int number);                                ……（3）
```

（1）只传递了 Subject 角色作为参数。Observer 角色可以从 Subject 角色中获取数据。

（2）除了传递 Subject 角色以外，还传递了 Observer 所需的**数据**（这里指的是所有的更新信息）。这样就省去了 Observer 自己获取数据的麻烦。不过，这样做的话，Subject 角色就知道了 Observer 所要进行的处理的内容了。

在很复杂的程序中，让 Subject 角色知道 Observer 角色所要进行的处理会让程序变得缺少灵活性。例如，假设现在我们需要传递上次传递的数值和当前的数值之间的差值，那么我们就必须在 Subject 角色中先计算出这个差值。因此，我们需要综合考虑程序的复杂度来设计 `update` 方法的参数的最优方案。

（3）比（2）简单，省略了 Subject 角色。示例程序同样也适用这种实现方式。不过，如果一个 Observer 角色需要观察多个 Subject 角色的时候，此方式就不适用了。这是因为 Observer 角色不知道传递给 `update` 方法的参数究竟是其中哪个 Subject 角色的数值。

从“观察”变为“通知”

Observer 本来的意思是“观察者”，但实际上 Observer 角色并非主动地去观察，而是被动地接受来自 Subject 角色的通知。因此，Observer 模式也被称为 Publish-Subscribe（**发布－订阅**）模式。笔者认为 Publish（发布）和 Subscribe（订阅）这个名字可能更加合适。

Model/View/Controller（MVC）

大家听说过 Model/View/Controller（MVC）吗？ MVC 中的 Model 和 View 的关系与 Subject 角色和 Observer 角色的关系相对应。Model 是指操作“不依赖于显示形式的内部模型”的部分，View 则是管理 Model“怎样显示”的部分。通常情况下，一个 Model 对应多个 View。

17.5 延伸阅读：java.util.Observer 接口

Java 类库中的 `java.util.Observer` 接口和 `java.util.Observable` 类就是一种 Observer 模式。

`java.util.Observer` 接口中定义了以下方法。

```
public void update(Observable obj, Object arg)
```

而 `update` 方法的参数则接收到了如下内容。

- **`Observable` 类的实例是被观察的 Subject 角色**
- **`Object` 类的实例是附加信息**

这与上文中提到的类型（2）相似。

看到这里，大家可能会有这样的想法：原来 Java 已经为我们提供了 Observer 模式了啊，那我们直接用就可以了吧。

话虽如此，但是 `java.util.Observer` 接口和 `java.util.Observable` 类并不好用。理由很简单，传递给 `java.util.Observer` 接口的 Subject 角色必须是 `java.util.Observable` 类型（或者它的子类型）的。但 Java 只能单一继承，也就说如果 Subject 角色已经是某个类的子类了，那么它将无法继承 `java.util.Observable` 类。

Coad 书（请参见附录 E [Coad]）讲解了这个问题的解决办法。在该书介绍的 Observer 模式中，

Subject 角色和 Observer 接口都被定义为 Java 的接口，这种 Observer 模式更容易使用。

17.6　相关的设计模式

◆ **Mediator 模式**（第 16 章）

在 Mediator 模式中，有时会使用 Observer 模式来实现 Mediator 角色与 Colleague 角色之间的通信。

就“发送状态变化通知”这一点而言，Mediator 模式与 Observer 模式是类似的。不过，两种模式中，通知的目的和视角不同。

在 Mediator 模式中，虽然也会发送通知，不过那不过是为了对 Colleague 角色进行仲裁而已。

而在 Observer 模式中，将 Subject 角色的状态变化通知给 Observer 角色的目的则主要是为了使 Subject 角色和 Observer 角色同步。

17.7　本章所学知识

在本章中，我们学习了将对象的状态变化通知给其他对象的 Observer 模式。

17.8　练习题

答案请参见附录 A（P.329）

● 习题 17-1

请编写一个继承 NumberGenerator 类（代码清单 17-2），并具有数值递增功能的子类 IncrementalNumberGenerator。它的构造函数有以下 3 个 int 型参数。

- 初始数值
- 结束数值（不包含该数值自身）
- 递增步长

接着，请编写程序让 DigitObserver 类和 GraphObserver 类观察 IncrementalNumberGenerator 类的变化。

IncrementalNumberGenerator 类的使用方法如代码清单 17-7 所示。图 17-4 展示了初始数值为 10，结束数值为 50，递增步长为 5 时的运行结果。

代码清单 17-7　使用了 IncrementalNumberGenerator 类的 Main 类（Main.java）

```
public class Main {
    public static void main(String[] args) {
        NumberGenerator generator = new IncrementalNumberGenerator(10, 50, 5);
        Observer observer1 = new DigitObserver();
        Observer observer2 = new GraphObserver();
        generator.addObserver(observer1);
```

```
        generator.addObserver(observer2);
        generator.execute();
    }
}
```

图 17-4 运行结果

```
DigitObserver:10
GraphObserver:**********
DigitObserver:15
GraphObserver:***************
DigitObserver:20
GraphObserver:********************
DigitObserver:25
GraphObserver:*************************
DigitObserver:30
GraphObserver:******************************
DigitObserver:35
GraphObserver:***********************************
DigitObserver:40
GraphObserver:****************************************
DigitObserver:45
GraphObserver:*********************************************
```

● 习题 17-2

请在示例程序中增加一个新的 ConcreteObserver 角色，并修改 `Main` 类（代码清单 17-6），在其中使用这个新的 ConcreteObserver 角色接收通知。

第 18 章　Memento 模式

保存对象状态

18.1　Memento 模式

我们在使用文本编辑器编写文件时，如果不小心删除了某句话，可以通过撤销（undo）功能将文件恢复至之前的状态。有些文本编辑器甚至支持多次撤销，能够恢复至很久之前的版本。

使用面向对象编程的方式实现撤销功能时，需要事先保存实例的相关状态信息。然后，在撤销时，还需要根据所保存的信息将实例恢复至原来的状态。

要想恢复实例，需要一个可以自由访问实例内部结构的权限。但是，如果稍不注意，又可能会将依赖于实例内部结构的代码分散地编写在程序中的各个地方，导致程序变得难以维护。这种情况就叫作**"破坏了封装性"**。

通过引入表示实例状态的角色，可以在保存和恢复实例时有效地防止对象的封装性遭到破坏。这就是我们在本章中要学习的 **Memento 模式**。

使用 Memento 模式可以实现应用程序的以下功能。

- **Undo（撤销）**
- **Redo（重做）**
- **History（历史记录）**
- **Snapshot（快照）**

Memento 有"纪念品""遗物""备忘录"的意思。

当大家从抽屉中拿出让人怀念的照片时，肯定会感慨万千，感觉仿佛又回到了照片中的那个时候。Memento 模式就是一个这样的设计模式，它事先将某个时间点的实例的状态保存下来，之后在有必要时，再将实例恢复至当时的状态。

18.2　示例程序

下面我们来看一段使用了 Memento 模式的示例程序。这是一个收集水果和获取金钱数的掷骰子游戏，游戏规则很简单，具体如下。

- **游戏是自动进行的**
- **游戏的主人公通过掷骰子来决定下一个状态**
- **当骰子点数为 1 的时候，主人公的金钱会增加**
- **当骰子点数为 2 的时候，主人公的金钱会减少**
- **当骰子点数为 6 的时候，主人公会得到水果**
- **主人公没有钱时游戏就会结束**

在程序中，如果金钱增加，为了方便将来恢复状态，我们会生成 `Memento` 类的实例，将现在的状态保存起来。所保存的数据为当前持有的金钱和水果。如果不断掷出了会导致金钱减少的点数，为了防止金钱变为 0 而结束游戏，我们会使用 `Memento` 的实例将游戏恢复至之前的状态。

下面，我们将通过这个小游戏来学习 Memento 模式。

表 18-1 类的一览表

包	名字	说明
game	Memento	表示 Gamer 状态的类
game	Gamer	表示游戏主人公的类。它会生成 Memento 的实例
无名	Main	进行游戏的类。它会事先保存 Memento 的实例，之后会根据需要恢复 Gamer 的状态

图 18-1 示例程序的类图

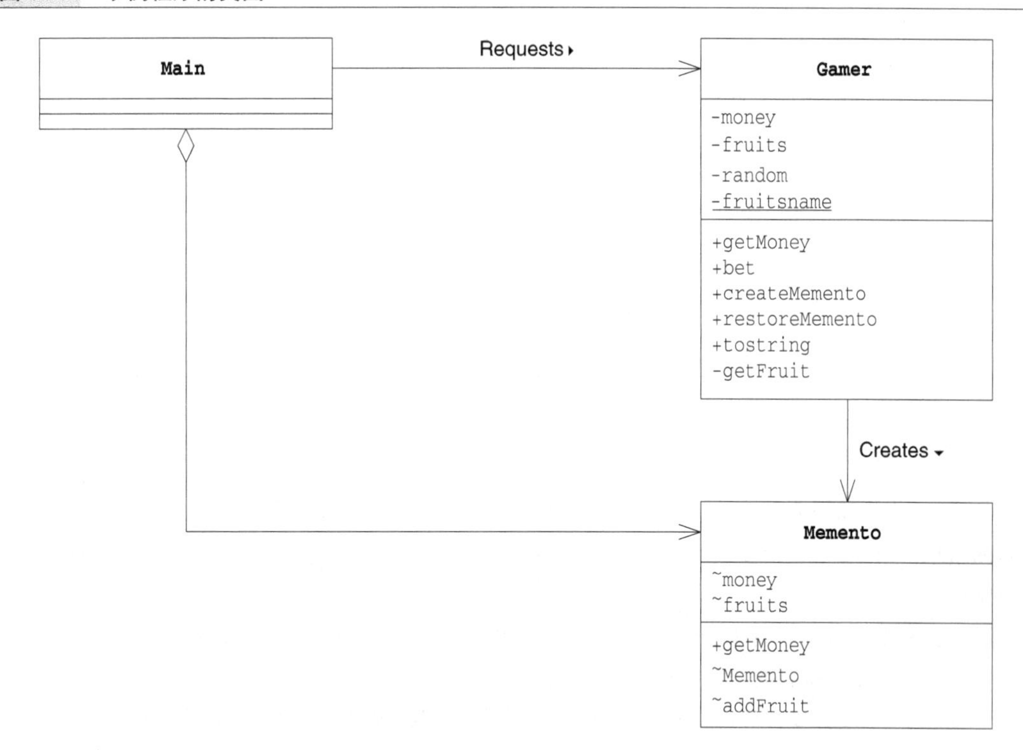

Memento 类

Memento 类（代码清单 18-1）是表示 Gamer（主人公）状态的类。

Memento 类和 Gamer 类都位于 game 包下。

Memento 类中有两个字段，即 money 和 fruits。money 表示主人公现在所持有的金钱数目，fruits 表示现在为止所获得的水果。之所以没有将 money 和 fruits 的可见性设为 private，是因为我们希望同在 game 包下的 Gamer 类可以访问这两个字段。

getMoney 方法的作用是获取主人公当前所持有的金钱数目。

Memento 类的构造函数的可见性并非 public，因此并不是任何其他类都可以生成 Memento 类的实例。只有在同一个包（本例中是 game 包）下的其他类才能调用 Memento 类的构造函数。具体来说，只有 game 包下的 Gamer 类才能生成 Memento 类的实例。

addFruit 方法用于添加所获得的水果。该方法的可见性也不是 public。这是因为只有同一个包下的其他类才能添加水果。因此，**无法从 game 包外部改变 Memento 内部的状态**。

此外，Memento 类中有“narrow interface”和“wide interface”这样的注释。关于这一点，稍

后本章 18.3 一节会做详细说明。

代码清单 18-1　Memento 类（Memento.java）

```
package game;
import java.util.*;

public class Memento {
    int money;                                 // 所持金钱
    ArrayList fruits;                          // 获得的水果
    public int getMoney() {                    // 获取当前所持金钱 (narrow interface)
        return money;
    }
    Memento(int money) {                       // 构造函数 (wide interface)
        this.money = money;
        this.fruits = new ArrayList();
    }
    void addFruit(String fruit) {              // 添加水果 (wide interface)
        fruits.add(fruit);
    }
    List getFruits() {                         // 获取当前所持所有水果 (wide interface)
        return (List)fruits.clone();
    }
}
```

Gamer 类

Gamer 类（代码清单 18-2）是表示游戏主人公的类。它有 3 个字段，即所持金钱（money）、获得的水果（fruits）以及一个随机数生成器（random）。而且还有一个名为 fruitsname 的静态字段。

进行游戏的主要方法是 bet 方法。在该方法中，只要主人公没有破产，就会一直掷骰子，并根据骰子结果改变所持有的金钱数目和水果个数。

createMemento 方法的作用是保存当前的状态（拍摄快照）。在 createMemento 方法中，会根据在当前时间点所持有的金钱和水果生成一个 Memento 类的实例，该实例代表了“当前 Gamer 的状态”，它会被返回给调用者。就如同给对象照了张照片一样，我们将对象现在的状态封存在 Memento 类的实例中。请注意我们只保存了“好吃”的水果。

restoreMemento 方法的功能与 createMemento 相反，它会根据接收到的 Memento 类的实例来将 Gamer 恢复为以前的状态，仿佛是在游戏中念了一通“复活咒语”一样。

代码清单 18-2　Gamer 类（Gamer.java）

```
package game;
import java.util.*;

public class Gamer {
    private int money;                               // 所持金钱
    private List fruits = new ArrayList();           // 获得的水果
    private Random random = new Random();            // 随机数生成器
    private static String[] fruitsname = {           // 表示水果种类的数组
        "苹果", "葡萄", "香蕉", "橘子",
    };
    public Gamer(int money) {                        // 构造函数
        this.money = money;
```

```
    }
    public int getMoney() {                           // 获取当前所持金钱
        return money;
    }
    public void bet() {                               // 投掷骰子进行游戏
        int dice = random.nextInt(6) + 1;             // 掷骰子
        if (dice == 1) {                              // 骰子结果为 1 时，增加所持金钱
            money += 100;
            System.out.println("所持金钱增加了。");
        } else if (dice == 2) {                       // 骰子结果为 2 时，所持金钱减半
            money /= 2;
            System.out.println("所持金钱减半了。");
        } else if (dice == 6) {                       // 骰子结果为 6 时，获得水果
            String f = getFruit();
            System.out.println("获得了水果(" + f + ")。");
            fruits.add(f);
        } else {                                      // 骰子结果为 3、4、5 则什么都不会发生
            System.out.println("什么都没有发生。");
        }
    }
    public Memento createMemento() {                  // 拍摄快照
        Memento m = new Memento(money);
        Iterator it = fruits.iterator();
        while (it.hasNext()) {
            String f = (String)it.next();
            if (f.startsWith("好吃的")) {            // 只保存好吃的水果
                m.addFruit(f);
            }
        }
        return m;
    }
    public void restoreMemento(Memento memento) {     // 撤销
        this.money = memento.money;
        this.fruits = memento.getFruits();
    }
    public String toString() {                        // 用字符串表示主人公状态
        return "[money = " + money + ", fruits = " + fruits + "]";
    }
    private String getFruit() {                       // 获得一个水果
        String prefix = "";
        if (random.nextBoolean()) {
            prefix = "好吃的";
        }
        return prefix + fruitsname[random.nextInt(fruitsname.length)];
    }
}
```

Main 类

Main 类（代码清单 18-3）生成了一个 Gamer 类的实例并进行游戏。它会重复调用 Gamer 的 bet 方法，并显示 Gamer 的所持金钱。

到目前为止，这只是普通的掷骰子游戏，接下来我们来引入 Memento 模式。在变量 memento 中保存了“某个时间点的 Gamer 的状态”。如果运气很好，金钱增加了，会调用 createMemento 方法保存现在的状态；如果运气不好，金钱不足了，就会以 memento 为参数调用 restoreMemento 方法返还金钱。

图 18-2 展示了 Main 类调用 createMemento 方法和 restoreMemento 方法的情况。

代码清单 18-3 Main 类（Main.java）

```
import game.Memento;
import game.Gamer;

public class Main {
    public static void main(String[] args) {
        Gamer gamer = new Gamer(100);                    // 最初的所持金钱数为 100
        Memento memento = gamer.createMemento();         // 保存最初的状态
        for (int i = 0; i < 100; i++) {
            System.out.println("==== " + i);            // 显示掷骰子的次数
            System.out.println("当前状态:" + gamer);     // 显示主人公现在的状态

            gamer.bet();    // 进行游戏

            System.out.println("所持金钱为" + gamer.getMoney() + "元。");
            // 决定如何处理 Memento
            if (gamer.getMoney() > memento.getMoney()) {
                System.out.println("    （所持金钱增加了许多，因此保存游戏当前的状态）");
                memento = gamer.createMemento();
            } else if (gamer.getMoney() < memento.getMoney() / 2) {
                System.out.println("    （所持金钱减少了许多，因此将游戏恢复至以前的状态）");
                gamer.restoreMemento(memento);
            }

            // 等待一段时间
            try {
                Thread.sleep(1000);
            } catch (InterruptedException e) {
            }
            System.out.println("");
        }
    }
}
```

图 18-2 示例程序的时序图

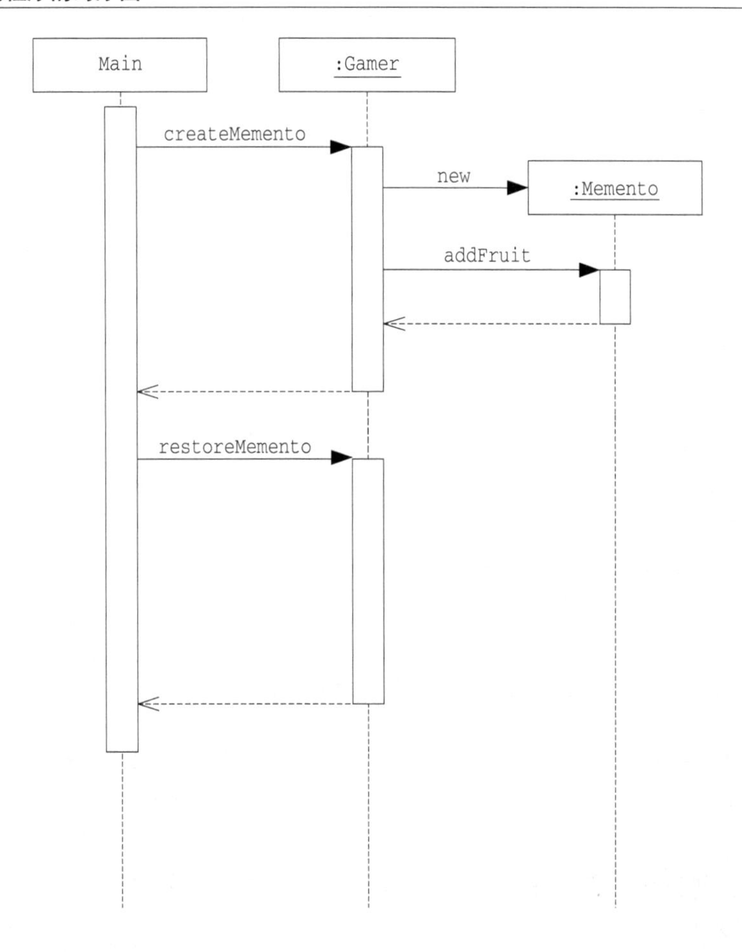

图 18-3 运行结果示例（一部分）

```
==== 0
当前状态：[money = 100, fruits = []]
什么都没有发生。
所持金钱为 100 元。

==== 1
当前状态：[money = 100, fruits = []]
什么都没有发生。
所持金钱为 100 元。

==== 2
当前状态：[money = 100, fruits = []]
获得了水果（好吃的葡萄）
所持金钱为 100 元。

==== 3
当前状态：[money = 100, fruits = [好吃的葡萄]]
什么都没有发生。
所持金钱为 100 元。

==== 4
当前状态：[money = 100, fruits = [好吃的葡萄]]
获得了水果（葡萄）。
所持金钱为 100 元。

==== 5
当前状态：[money = 100, fruits = [好吃的葡萄, 葡萄]]
所持金钱增加了。
所持金钱为 200 元。
    （所持金钱增加了许多，因此保存游戏当前的状态）            ←生成 Memento

（中间省略）

==== 13
当前状态：[money = 300, fruits = [好吃的葡萄, 葡萄, 好吃的橘子]]
所持金钱增加了。
所持金钱为 400 元。
    （所持金钱增加了许多，因此保存游戏当前的状态）            ←生成 Memento

（中间省略）

==== 21
当前状态：[money = 200, fruits = [好吃的葡萄, 葡萄, 好吃的橘子]]
什么都没有发生。
所持金钱为 200 元。

==== 22
当前状态：[money = 200, fruits = [好吃的葡萄, 葡萄, 好吃的橘子]]
所持金钱减半了。
所持金钱为 100 元。
    （所持金钱减少了许多，因此将游戏恢复至以前的状态）        ←根据 Memento 恢复状态

==== 23
当前状态：[money = 400, fruits = [好吃的葡萄, 好吃的橘子]]
什么都没有发生。
所持金钱为 400 元。

（以下省略）
```

18.3 Memento 模式中的登场角色

在 Memento 模式中有以下登场角色。

◆ Originator（生成者）

Originator 角色会在保存自己的最新状态时生成 Memento 角色。当把以前保存的 Memento 角色传递给 Originator 角色时，它会将自己恢复至生成该 Memento 角色时的状态。在示例程序中，由 `Gamer` 类扮演此角色。

◆ Memento（纪念品）

Memento 角色会将 Originator 角色的内部信息整合在一起。在 Memento 角色中虽然保存了 Originator 角色的信息，但它不会向外部公开这些信息。

Memento 角色有以下两种接口（API）。

- wide interface——宽接口（API）

Memento 角色提供的“宽接口（API）”是指所有用于获取恢复对象状态信息的方法的集合。由于宽接口（API）会暴露所有 Memento 角色的内部信息，因此能够使用宽接口（API）的只有 Originator 角色。

- narrowinterface——窄接口（API）

Memento 角色为外部的 Caretaker 角色提供了“窄接口（API）”。可以通过窄接口（API）获取的 Memento 角色的内部信息非常有限，因此可以有效地防止信息泄露。

通过对外提供以上两种接口（API），可以有效地防止对象的封装性被破坏。

在示例程序中，由 `Memento` 类扮演此角色。

Originator 角色和 Memento 角色之间有着非常紧密的联系。

◆ Caretaker（负责人）

当 Caretaker 角色想要保存当前的 Originator 角色的状态时，会通知 Originator 角色。Originator 角色在接收到通知后会生成 Memento 角色的实例并将其返回给 Caretaker 角色。由于以后可能会用 Memento 实例来将 Originator 恢复至原来的状态，因此 Caretaker 角色会一直保存 Memento 实例。在示例程序中，由 `Main` 类扮演此角色。

不过，Caretaker 角色只能使用 Memento 角色两种接口（API）中的窄接口（API），也就是说它无法访问 Memento 角色内部的所有信息。**它只是将 Originator 角色生成的 Memento 角色当作一个黑盒子保存起来**。

虽然 Originator 角色和 Memento 角色之间是强关联关系，但 Caretaker 角色和 Memento 角色之间是弱关联关系。Memento 角色对 Caretaker 角色隐藏了自身的内部信息。

图 18-4 Memento 模式的类图

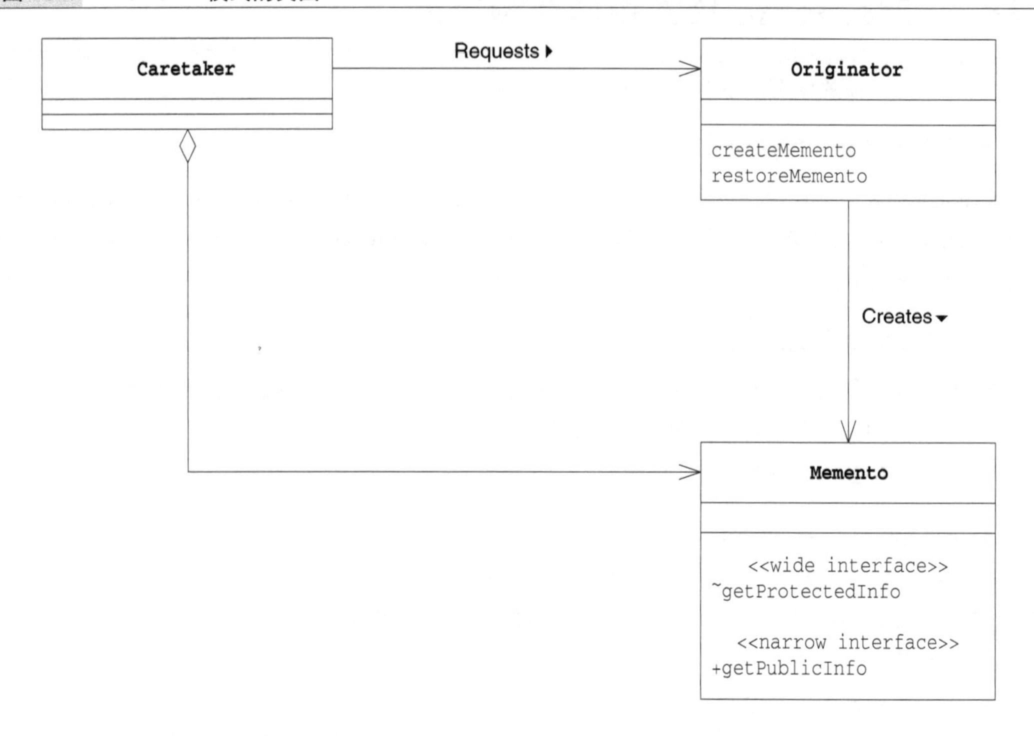

18.4 拓展思路的要点

两种接口（API）和可见性

为了能够实现 Memento 模式中的两套接口（API），我们利用了 Java 语言中的可见性。表 18-2 展示了 Java 语言提供的 4 种可见性。

表 18-2 Java 语言的可见性

可见性	说明
public	所有类都可以访问
protected	同一包中的类或是该类的子类可以访问
无	同一包中的类可以访问
private	只有该类自身可以访问

在 Memento 类的方法和字段中，有带 public 修饰符的，也有不带修饰符的。这表示设计者希望能够进行控制，从而使某些类可以访问这些方法和字段，而其他一些类则无法访问（表 18-3）。

表 18-3 在 Memento 类中使用到的可见性

可见性	字段 方法 构造函数	哪个类可以访问
无	money	Memento 类、Gamer 类
无	fruits	Memento 类、Gamer 类

（续）

可见性	字段 方法 构造函数	哪个类可以访问
public	getMoney	Memento类、Gamer类、Main类
无	Memento	Memento类、Gamer类
无	addFruit	Memento类、Gamer类

在Memento类中，只有getMoney方法是public的，它是一个窄接口（API），因此该方法也可以被扮演Caretaker角色的Main类调用。

这里做一下补充说明。明明该方法带有修饰符public，但它却一个是窄接口（API），这不免让人感到有些奇怪。其实，这里所说的“窄”是指外部可以操作的类内部的内容很少。在Memento类的所有方法中，只有getMoney的可见性是public的。也就是说，扮演Caretaker角色的Main类可以获取的只有当前状态下的金钱数目而已。像这种“能够获取的信息非常少”的状态就是本章中“窄”的意思。

由于扮演Caretaker角色的Main类并不在game包下，所以它只能调用public的getMoney方法。因此，Main类无法随意改变Memento类的状态。

还有一点需要注意的是，在Main类中Memento类的构造函数是无法访问的，这就意味着无法像下面这样生成Memento类的实例。

```
new Memento(100)
```

如果像这样编写了代码，在编译代码时编译器就会报错。如果Main类中需要用到Memento类的实例，可以通过调用Gamer类的createMemento方法告诉Gamer类“我需要保存现在的状态，请生成一个Memento类的实例给我”。

如果我们在编程时需要实现“允许有些类访问这个方法，其他类则不能访问这个方法”这种需求，可以像上面这样使用可见性来控制访问权限。

需要多少个Memento

在示例程序中，Main类只保存了一个Memento。如果在Main类中使用数组等集合，让它可以保存多个Memento类的实例，就可以实现保存各个时间点的对象的状态。

Memento的有效期限是多久

在示例程序中，我们是在内存中保存Memento的，这样并没有什么问题。但是正如我们在后面习题18-4中所提到的，如果要将Memento永远保存在文件中，就会出现有效期限的问题了。

这是因为，假设我们在某个时间点将Memento保存在文件中，之后又升级了应用程序版本，那么可能会出现原来保存的Memento与当前的应用程序不匹配的情况。

划分Caretaker角色和Originator角色的意义

读到这里，可能有读者会有这样的疑问：如果是要实现撤销功能，直接在Originator角色中实现不就好了吗？为什么要这么麻烦地引入Memento模式呢？

Caretaker 角色的职责是决定何时拍摄快照，何时撤销以及保存 Memento 角色。

另一方面，Originator 角色的职责则是生成 Memento 角色和使用接收到的 Memento 角色来恢复自己的状态。

以上就是 Caretaker 角色与 Originator 角色的**职责分担**。有了这样的职责分担，当我们需要对应以下需求变更时，就可以完全不用修改 Originator 角色。

- **变更为可以多次撤销**
- **变更为不仅可以撤销，还可以将现在的状态保存在文件中**

18.5 相关的设计模式

◆ Command 模式（第 22 章）

在使用 Command 模式处理命令时，可以使用 Memento 模式实现撤销功能。

◆ Protype 模式（第 6 章）

在 Memento 模式中，为了能够实现快照和撤销功能，保存了对象当前的状态。保存的信息只是在恢复状态时所需要的那部分信息。

而在 Protype 模式中，会生成一个与当前实例完全相同的另外一个实例。这两个实例的内容完全一样。

◆ State 模式（第 19 章）

在 Memento 模式中，是用“实例”表示状态。

而在 State 模式中，则是用“类”表示状态。

18.6 本章所学知识

在本章中，我们学习了记录和保存对象当前状态的 Memento 模式。此外，还讨论了在尽可能不公开对象内部状态的前提下保存对象状态的方法。

Caretaker 角色让 Originator 角色生成表示“当前状态”的 Memento 角色（类似纪念照），而 Caretaker 自己不知道也没有必要在意 Memento 角色的内部信息。为了将来能够恢复状态，Caretaker 角色会一直保存 Memento 角色。在必要时，它会从抽屉中取出 Memento 角色并将它交给 Originator 角色，让 Originator 角色恢复自身状态。这就是 Memento 模式。

此外，我们还学习了如何使用 `public`、`protected`、`private` 等修饰符来控制哪些信息可以被访问，哪些信息不能被访问。

18.7 练习题

答案请参见附录 A（P.331）

● 习题 18-1

Caretaker 角色只能通过窄接口（API）来操作 Memento 角色。如果 Caretaker 角色可以随意地操作 Memento 角色，会发生什么问题呢？

●习题 18-2

在示例程序中，游戏的状态仅由所持金钱和水果这两个项目来决定。如果在必须保存大量信息才能保存对象的状态时，为了能够保存 Memento 的实例，需要花费大量的内存空间或是磁盘空间。请思考一下有没有好的解决办法（本习题参考了 GoF 书（请参见附录 E[GoF]））。

●习题 18-3

Java 假设在 `Memento` 类（代码清单 18-1）中加入了一个新的字段。

```
int number;
```

现在我们需要加上如下可见性，应该怎么做呢？

- **`Memento` 类可以获取和改变 `number` 的值**
- **`Gamer` 类可以获取 `number` 的值，但不能改变它**
- **`Main` 类既不能获取也不能改变 `number` 的值**

●习题 18-4

Java 使用序列化（Serialization）功能可以将 `Memento` 类的实例保存为文件。请修改示例程序以实现下列功能。

（1）在应用程序启动时，如果发现不存在 game.dat 文件时，以所持金钱数目为 100 开始游戏

（2）当所持金钱大量增加后，将 `Memento` 类的实例保存为文件 game.dat

（3）在应用程序启动时，如果发现 game.dat 已经存在，则以文件中所保存的状态开始游戏

在修改示例程序时，可以参考以下提示信息。

（a）要保存的 `Memento` 类需要实现 `java.io.Serializable` 接口

（b）在保存对象状态时，需要调用 `ObjectOutputStream` 的 `writeObject` 方法

（c）在恢复对象状态时，需要调用 `ObjectInputStream` 的 `readObject` 方法

（d）详细信息请参考 Java 的 API 文档中的以下相关内容。

- `java.io.ObjectOutputStream` 类
- `java.io.ObjectInputStream` 类
- `java.io.ObjectOutput` 接口
- `java.io.ObjectInput` 接口

第 19 章　State 模式

用类表示状态

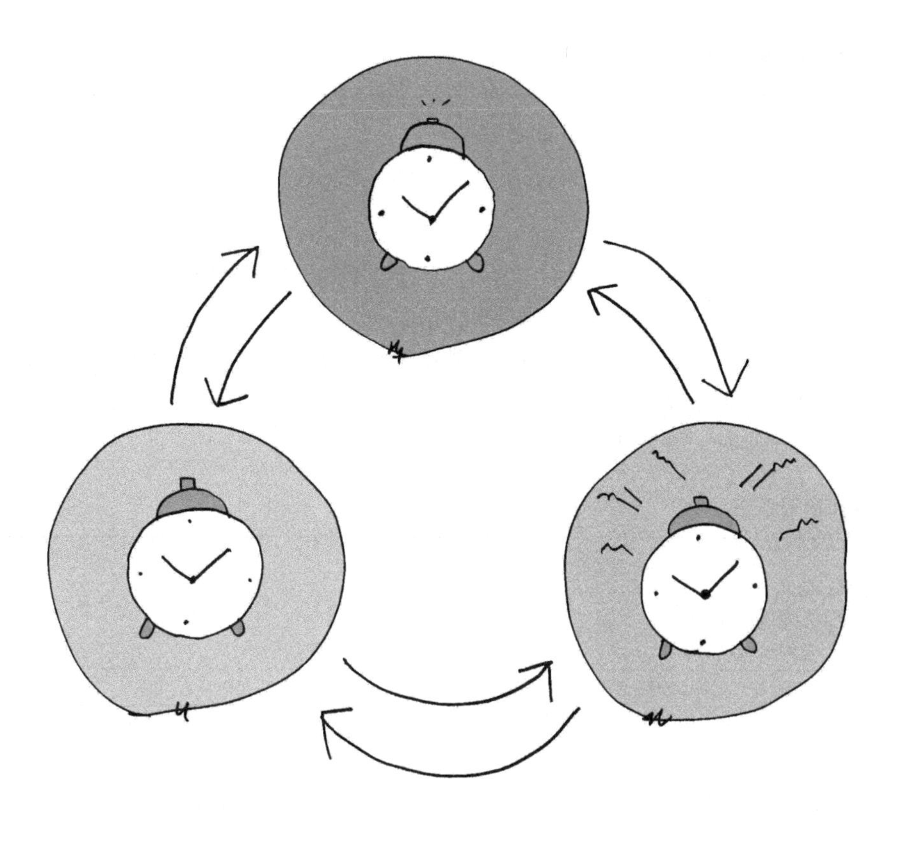

19.1 State 模式

在面向对象编程中，是用类表示对象的。也就是说，程序的设计者需要考虑用类来表示什么东西。类对应的东西可能存在于真实世界中，也可能不存在于真实世界中。对于后者，可能有人看到代码后会感到吃惊：这些东西居然也可以是类啊。

在本章中，我们将要学习 **State 模式**。

在 State 模式中，我们用类来表示状态。State 的意思就是“状态”。在现实世界中，我们会考虑各种东西的“状态”，但是几乎不会将状态当作“东西”看待。因此，可能大家很难理解“用类来表示状态”的意思。

在本章中，我们将要学习用类来表示状态的方法。以类来表示状态后，我们就能通过切换类来方便地改变对象的状态。当需要增加新的状态时，如何修改代码这个问题也会很明确。

19.2 示例程序

下面我们来看一段使用了 State 模式的示例程序。

金库警报系统

这里我们来看一个警戒状态每小时会改变一次的警报系统。虽说是警报系统，其实功能非常简单，请参见表 19-1。图 19-1 则展示了该系统的结构图。

下面我们来用程序实现这个金库警报系统。该系统并不会真正呼叫警报中心，只是在页面上显示呼叫状态。此外，如果以现实世界中的时间来测试程序就太慢了，所以我们假设程序中的 1 秒对应现实世界中的一个小时。图 19-1 展示了程序的实际运行结果。

表 19-1 金库警报系统

金库警报系统
• 有一个金库 • 金库与警报中心相连 • 金库里有警铃和正常通话用的电话 • 金库里有时钟，监视着现在的时间
• 白天的时间范围是 9：00 ~ 16：59，晚上的时间范围是 17：00 ~ 23：59 和 0：00 ~ 8：59
• 金库只能在白天使用 • 白天使用金库的话，会在警报中心留下记录 • 晚上使用金库的话，会向警报中心发送紧急事态通知
• 任何时候都可以使用警铃 • 使用警铃的话，会向警报中心发送紧急事态通知
• 任何时候都可以使用电话（但晚上只有留言电话） • 白天使用电话的话，会呼叫警报中心 • 晚上用电话的话，会呼叫警报中心的留言电话

图 19-1 金库警报系统的结构图

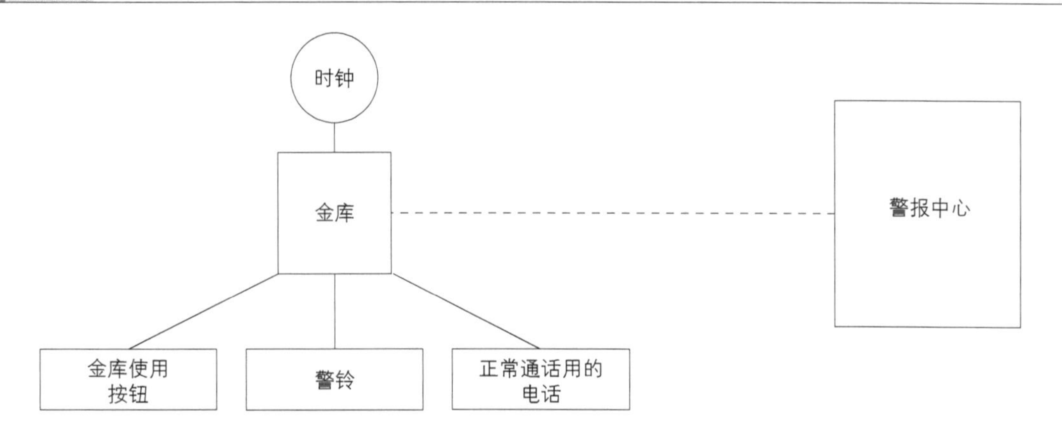

图 19-2 示例程序的运行结果

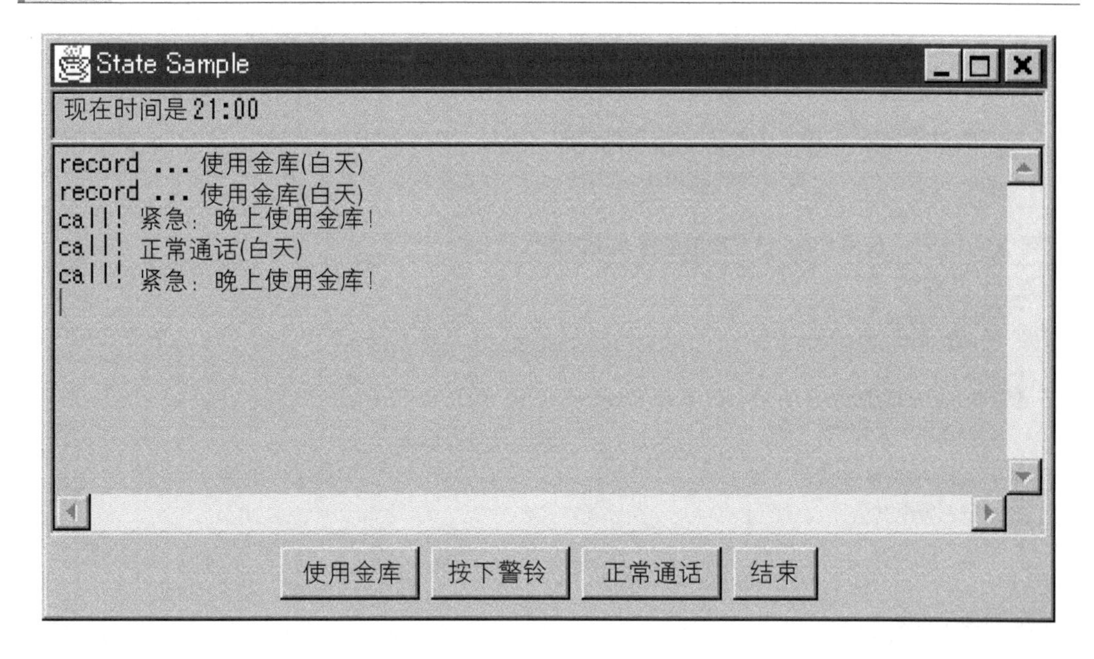

不使用 State 模式的伪代码

在学习使用了 State 模式的示例程序前，请大家先思考一下自己会以什么样的编程方式来实现这个系统。

如果是我的话，在读完了前面的内容后，会像下面这样考虑。

“总的说来，就是每小时改变系统的行为。当发生使用金库、按下警铃和正常通话这 3 个事件的时候，会有某种通知到达警报中心。然后，通知的内容会根据时间发生变化……”

接着，脑海中会浮现出代码清单 19-1 中那样的伪代码。之后，只需要考虑如何用编程语言实现伪代码就可以了。

代码清单 19-1 不使用 State 模式时的警报系统的伪代码（1）

```
警报系统的类 {
```

```
    使用金库时被调用的方法 () {
        if (白天) {
            向警报中心报告使用记录
        } else if (晚上) {
            向警报中心报告紧急事态
        }
    }
    警铃响起时被调用的方法 () {
        向警报中心报告紧急事态
    }
    正常通话时被调用的方法 () {
        if (白天) {
            呼叫警报中心
        } else if (晚上) {
            呼叫警报中心的留言电话
        }
    }
}
```

使用了 State 模式的伪代码

并不能说代码清单 19-1 中的方法绝对是错的。不过，在本章中我们要学习的 State 模式则是从完全不同的角度出发，以类似代码清单 19-2 中的编码方式实现警报系统。

代码清单 19-2　使用 State 模式时的警报系统的伪代码（2）

```
表示白天的状态的类 {
    使用金库时被调用的方法 () {
        向警报中心报告使用记录
    }
    警铃响起时被调用的方法 () {
        向警报中心报告紧急事态
    }
    正常通话时被调用的方法 () {
        呼叫警报中心
    }
}

表示晚上的状态的类 {
    使用金库时被调用的方法 () {
        向警报中心报告紧急事态
    }
    警铃响起时被调用的方法 () {
        向警报中心报告紧急事态
    }
    正常通话时被调用的方法 () {
        呼叫警报中心的留言电话
    }
}
```

大家看明白以上两种伪代码之间的区别了吗？

在没有使用 State 模式的（1）中，我们会先在各个方法里面使用 `if` 语句判断现在是白天还是晚上，然后再进行相应的处理。

而在使用了 State 模式的（2）中，我们**用类来表示白天和晚上**。这样，在类的各个方法中就**不**

需要用 `if` 语句判断现在是白天还是晚上了。

总结起来就是，(1)是用方法来判断状态，(2)是用类来表示状态。那么，大家能够想象出我们是如何从方法的深处挖出被埋的“状态”，将它传递给调用者的吗？

请大家在脑海中记住(1)和(2)的设计思路，然后我们一起来看看示例程序。

表 19-2 类和接口的一览表

名字	说明
State	表示金库状态的接口
DayState	表示“白天”状态的类。它实现了 State 接口
NightState	表示“晚上”状态的类。它实现了 State 接口
Context	表示管理金库状态，并与警报中心联系的接口
SafeFrame	实现了 Context 接口。在它内部持有按钮和画面显示等 UI 信息
Main	测试程序行为的类

图 19-3 示例程序的类图

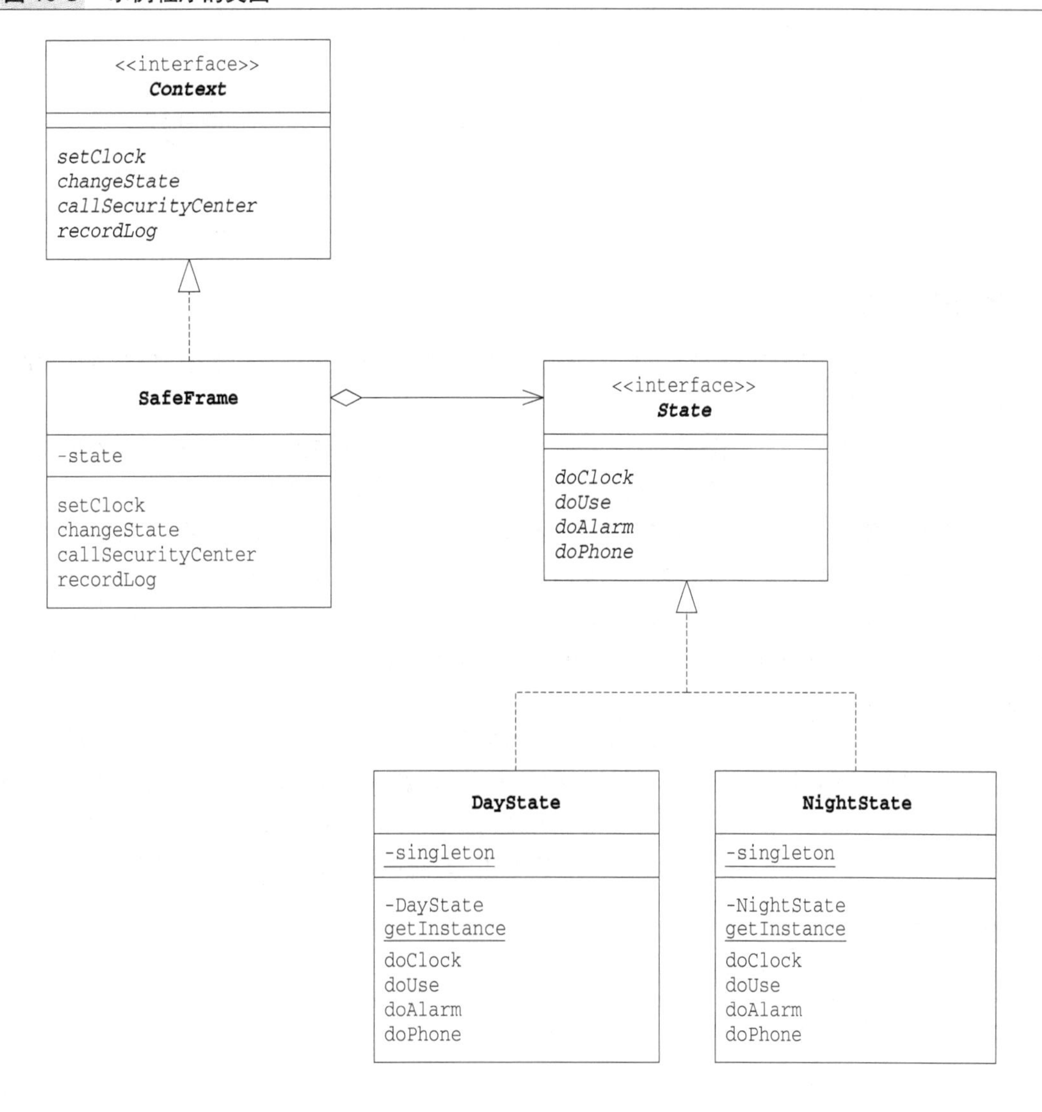

State 接口

State 接口（代码清单 19-3）是表示金库状态的接口。在 State 接口中定义了以下事件对应的接口（API）。

- **设置时间**
- **使用金库**
- **按下警铃**
- **正常通话**

以上这些接口（API）分别对应我们之前在伪代码中编写的“使用金库时被调用的方法”等方法。这些方法的处理都会根据状态不同而不同。可以说，State 接口是一个依赖于状态的方法的集合。

这些方法接收的参数 Context 是管理状态的接口。关于 Context 接口的内容我们会在稍后进行学习。

代码清单 19-3 State 接口（State.java）

```
public interface State {
    public abstract void doClock(Context context, int hour);    // 设置时间
    public abstract void doUse(Context context);                 // 使用金库
    public abstract void doAlarm(Context context);               // 按下警铃
    public abstract void doPhone(Context context);               // 正常通话
}
```

DayState 类

DayState 类（代码清单 19-4）表示白天的状态。该类实现了 State 接口，因此它还实现了 State 接口中声明的所有方法。

对于每个表示状态的类，我们都只会生成一个实例。因为如果每次发生状态改变时都生成一个实例的话，太浪费内存和时间了。为此，此处我们使用了 Singleton 模式（第 5 章）。

doClock 是用于设置时间的方法。如果接收到的参数表示晚上的时间，就会切换到夜间状态，即发生状态变化（**状态迁移**）。在该类中，我们调用 Context 接口的 changeState 方法改变状态。表示晚上状态的类是 NightState 类，可以通过 NightState 类的 getInstance 方法获取它的实例（这里使用了 Singleton 模式。请注意我们并没有通过 new NightState() 来生成 NightState 类的实例。）。

doUse、doAlarm、doPhone 分别是使用金库、按下警铃、正常通话等事件对应的方法。它们的内部实现都是调用 Context 中的对应方法。请注意，在这些方法中，并没有任何“判断当前状态”的 if 语句。在编写这些方法时，开发人员都知道“现在是白天的状态”。在 State 模式中，每个状态都用相应的类来表示，因此无需使用 if 语句或是 switch 语句来判断状态。

代码清单 19-4 DayState 类（DayState.java）

```
public class DayState implements State {
    private static DayState singleton = new DayState();
    private DayState() {                                // 构造函数的可见性是private
    }
    public static State getInstance() {                 // 获取唯一实例
```

```
        return singleton;
    }
    public void doClock(Context context, int hour) {     // 设置时间
        if (hour < 9 || 17 <= hour) {
            context.changeState(NightState.getInstance());
        }
    }
    public void doUse(Context context) {                 // 使用金库
        context.recordLog("使用金库(白天)");
    }
    public void doAlarm(Context context) {               // 按下警铃
        context.callSecurityCenter("按下警铃(白天)");
    }
    public void doPhone(Context context) {               // 正常通话
        context.callSecurityCenter("正常通话(白天)");
    }
    public String toString() {                           // 显示表示类的文字
        return "[白天]";
    }
}
```

NightState 类

NightState 类(代码清单 19-5)表示晚上的状态。它与 DayState 类一样,也使用了 Singleton 模式。NightState 类的结构与 DayState 完全相同,此处不再赘述。

代码清单 19-5 NightState 类(NightState.java)

```
public class NightState implements State {
    private static NightState singleton = new NightState();
    private NightState() {                               // 构造函数的可见性是 private
    }
    public static State getInstance() {                  // 获取唯一实例
        return singleton;
    }
    public void doClock(Context context, int hour) {     // 设置时间
        if (9 <= hour && hour < 17) {
            context.changeState(DayState.getInstance());
        }
    }
    public void doUse(Context context) {                 // 使用金库
        context.callSecurityCenter("紧急:晚上使用金库!");
    }
    public void doAlarm(Context context) {               // 按下警铃
        context.callSecurityCenter("按下警铃(晚上)");
    }
    public void doPhone(Context context) {               // 正常通话
        context.recordLog("晚上的通话录音");
    }
    public String toString() {                           // 显示表示类的文字
        return "[晚上]";
    }
}
```

Context 接口

Context 接口（代码清单 19-6）是负责管理状态和联系警报中心的接口。我们将在学习“SafeFrame 类”时结合代码清单 19-7 学习它实际进行了哪些处理。

代码清单 19-6　Context接口（Context.java）

```
public interface Context {
    public abstract void setClock(int hour);                // 设置时间
    public abstract void changeState(State state);          // 改变状态
    public abstract void callSecurityCenter(String msg);    // 联系警报中心
    public abstract void recordLog(String msg);             // 在警报中心留下记录
}
```

SafeFrame 类

SafeFrame 类（代码清单 19-7）是使用 GUI 实现警报系统界面的类（safe 有“金库”的意思）。它实现了 Context 接口。

SafeFrame 类中有表示文本输入框（TextField）、多行文本输入框（TextArea）和按钮（Button）等各种控件的字段。不过，也有一个不是表示控件的字段——state 字段。它表示的是金库现在的状态，其初始值为“白天”状态。

SafeFrame 类的构造函数进行了以下处理。

- **设置背景色**
- **设置布局管理器**
- **设置控件**
- **设置监听器**（Listener）

监听器的设置非常重要，这里有必要稍微详细地了解一下。我们通过调用各个按钮的 addActionListener 方法来设置监听器。addActionListener 方法接收的参数是“当按钮被按下时会被调用的实例”，该实例必须是实现了 ActionListener 接口的实例。本例中，我们传递的参数是 this，即 SafeFrame 类的实例自身（从代码中可以看到，SafeFrame 类的确实现了 ActionListener 接口）。“当按钮被按下后，**监听器**会被调用”这种程序结构类似于我们在第 17 章中学习过的 Observer 模式。

当按钮被按下后，actionPerformed 方法会被调用。该方法是在 ActionListener（java.awt.event.ActionListener）接口中定义的方法，因此我们不能随意改变该方法的名称。在该方法中，我们会先判断当前哪个按钮被按下了，然后进行相应的处理。

请注意，这里虽然出现了 if 语句，但是它是用来判断“按钮的种类”的，而并非用于判断“当前状态”。请不要将我们之前说过“使用 State 模式可以消除 if 语句”误认为是“程序中不会出现任何 if 语句”。

处理的内容对 State 模式非常重要。例如，当金库使用按钮被按下时，以下语句会被执行。

```
state.doUse(this);
```

我们并没有先去判断当前时间是白天还是晚上，也没有判断金库的状态，而是直接调用了

doUse 方法。这就是 State 模式的特点。如果不使用 State 模式，这里就无法直接调用 doUse 方法，而是需要“根据时间状态来进行相应的处理”。

在 setClock 方法中我们设置了当前时间。以下语句会将当前时间显示在标准输出中。

```
System.out.println(clockstring);
```

以下语句则会将当前时间显示在 textClock 文本输入框（界面最上方）中。

```
textClock.setText(clockstring);
```

接着，下面的语句会进行当前状态下相应的处理（这时可能会发生状态迁移）。

```
state.doClock(this, hour);
```

changeState 方法会调用 DayState 类和 NightState 类。当发生状态迁移时，该方法会被调用。实际改变状态的是下面这条语句。

```
this.state = state;
```

给代表状态的字段赋予表示当前状态的类的实例，就相当于进行了状态迁移。

callSecurityCenter 方法表示联系警报中心，recordLog 方法表示在警报中心留下记录。这里我们只是简单地在 textScreen 多行文本输入框中增加代表记录的文字信息。真实情况下，这里应当访问警报中心的网络进行一些处理。

代码清单 19-7 SafeFrame 类（SafeFrame.java）

```
import java.awt.Frame;
import java.awt.Label;
import java.awt.Color;
import java.awt.Button;
import java.awt.TextField;
import java.awt.TextArea;
import java.awt.Panel;
import java.awt.BorderLayout;
import java.awt.event.ActionListener;
import java.awt.event.ActionEvent;

public class SafeFrame extends Frame implements ActionListener, Context {
    private TextField textClock = new TextField(60);        // 显示当前时间
    private TextArea textScreen = new TextArea(10, 60);     // 显示警报中心的记录
    private Button buttonUse = new Button("使用金库");       // 使用金库按钮
    private Button buttonAlarm = new Button("按下警铃");         // 按下警铃按钮
    private Button buttonPhone = new Button("正常通话");     // 正常通话按钮
    private Button buttonExit = new Button("结束");          // 结束按钮

    private State state = DayState.getInstance();           // 当前的状态

    // 构造函数
    public SafeFrame(String title) {
        super(title);
        setBackground(Color.lightGray);
        setLayout(new BorderLayout());
        // 配置 textClock
        add(textClock, BorderLayout.NORTH);
        textClock.setEditable(false);
        // 配置 textScreen
```

```
        add(textScreen, BorderLayout.CENTER);
        textScreen.setEditable(false);
        // 为界面添加按钮
        Panel panel = new Panel();
        panel.add(buttonUse);
        panel.add(buttonAlarm);
        panel.add(buttonPhone);
        panel.add(buttonExit);
        // 配置界面
        add(panel, BorderLayout.SOUTH);
        // 显示
        pack();
        show();
        // 设置监听器
        buttonUse.addActionListener(this);
        buttonAlarm.addActionListener(this);
        buttonPhone.addActionListener(this);
        buttonExit.addActionListener(this);
    }
    // 按钮被按下后该方法会被调用
    public void actionPerformed(ActionEvent e) {
        System.out.println(e.toString());
        if (e.getSource() == buttonUse) {               // 金库使用按钮
            state.doUse(this);
        } else if (e.getSource() == buttonAlarm) {   // 按下警铃按钮
            state.doAlarm(this);
        } else if (e.getSource() == buttonPhone) {   // 正常通话按钮
            state.doPhone(this);
        } else if (e.getSource() == buttonExit) {    // 结束按钮
            System.exit(0);
        } else {
            System.out.println("?");
        }
    }
    // 设置时间
    public void setClock(int hour) {
        String clockstring = "现在时间是";
        if (hour < 10) {
            clockstring += "0" + hour + ":00";
        } else {
            clockstring += hour + ":00";
        }
        System.out.println(clockstring);
        textClock.setText(clockstring);
        state.doClock(this, hour);
    }
    // 改变状态
    public void changeState(State state) {
        System.out.println("从" + this.state + "状态变为了" + state + "状态。");
        this.state = state;
    }
    // 联系警报中心
    public void callSecurityCenter(String msg) {
        textScreen.append("call! " + msg + "\n");
    }
    // 在警报中心留下记录
    public void recordLog(String msg) {
        textScreen.append("record ... " + msg + "\n");
    }
}
```

我们在图 19-4 的时序图中展示了状态改变前后的 doUse 方法的调用流程。最初调用的是 DayState 类的 doUse 方法，当 changeState 后，变为了调用 NightState 类的 doUse 方法。

图 19-4 示例程序的时序图

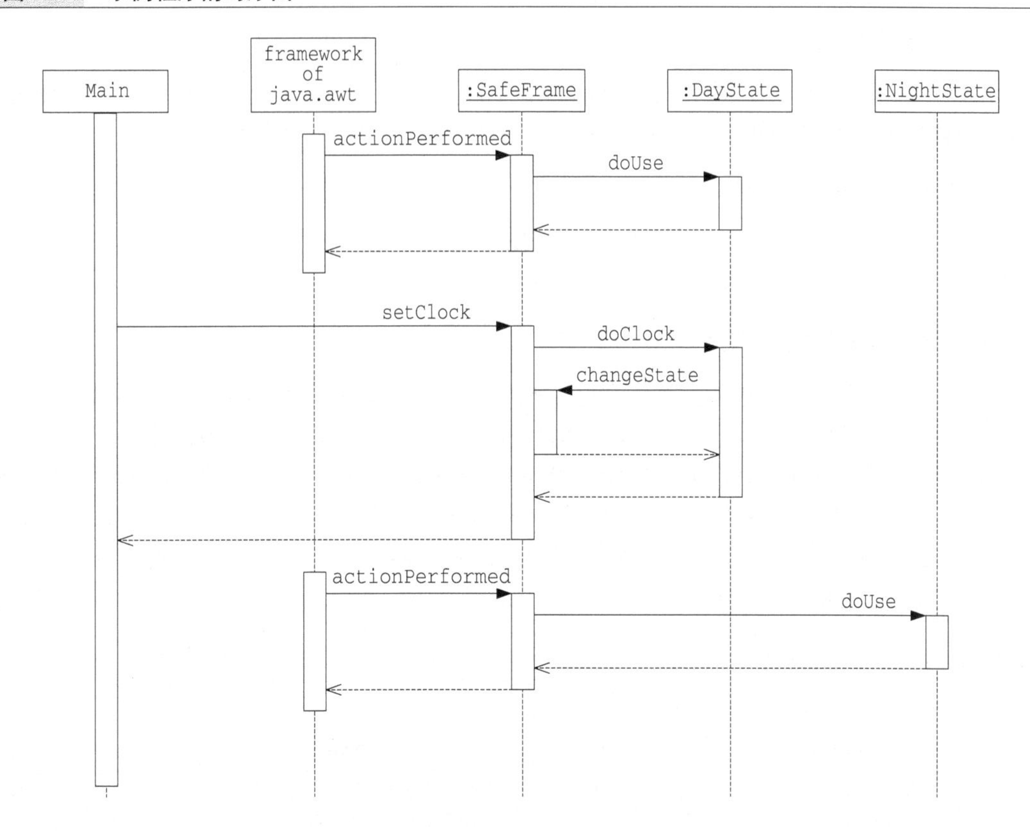

Main 类

Main 类（代码清单 19-8）生成了一个 SafeFrame 类的实例并每秒调用一次 setClock 方法，对该实例设置一次时间。这相当于在真实世界中经过了一小时。

代码清单 19-8 Main 类（Main.java）

```
public class Main {
    public static void main(String[] args) {
        SafeFrame frame = new SafeFrame("State Sample");
        while (true) {
            for (int hour = 0; hour < 24; hour++) {
                frame.setClock(hour);    // 设置时间
                try {
                    Thread.sleep(1000);
                } catch (InterruptedException e) {
                }
            }
        }
    }
}
```

19.3 State 模式中的登场角色

在 State 模式中有以下登场角色。

◆ State（状态）

State 角色表示状态，定义了根据不同状态进行不同处理的接口（API）。该接口（API）是那些**处理内容依赖于状态的方法的集合**。在示例程序中，由 `State` 接口扮演此角色。

◆ ConcreteState（具体状态）

ConcreteState 角色表示各个具体的状态，它实现了 `State` 接口。在示例程序中，由 `DayState` 类和 `NightState` 类扮演此角色。

◆ Context（状况、前后关系、上下文）

Context 角色持有表示当前状态的 ConcreteState 角色。此外，它还定义了供外部调用者使用 State 模式的接口（API）。在示例程序中，由 `Context` 接口和 `SafeFrame` 类扮演此角色。

这里稍微做一下补充说明。在示例程序中，Context 角色的作用被 `Context` 接口和 `SafeFrame` 类分担了。具体而言，`Context` 接口定义了供外部调用者使用 State 模式的接口（API），而 `SafeFrame` 类则持有表示当前状态的 ConcreteState 角色。我们会在习题 19-1 中讨论一下为什么没有将 Context 实现为类。

图 19-5 State 模式的类图

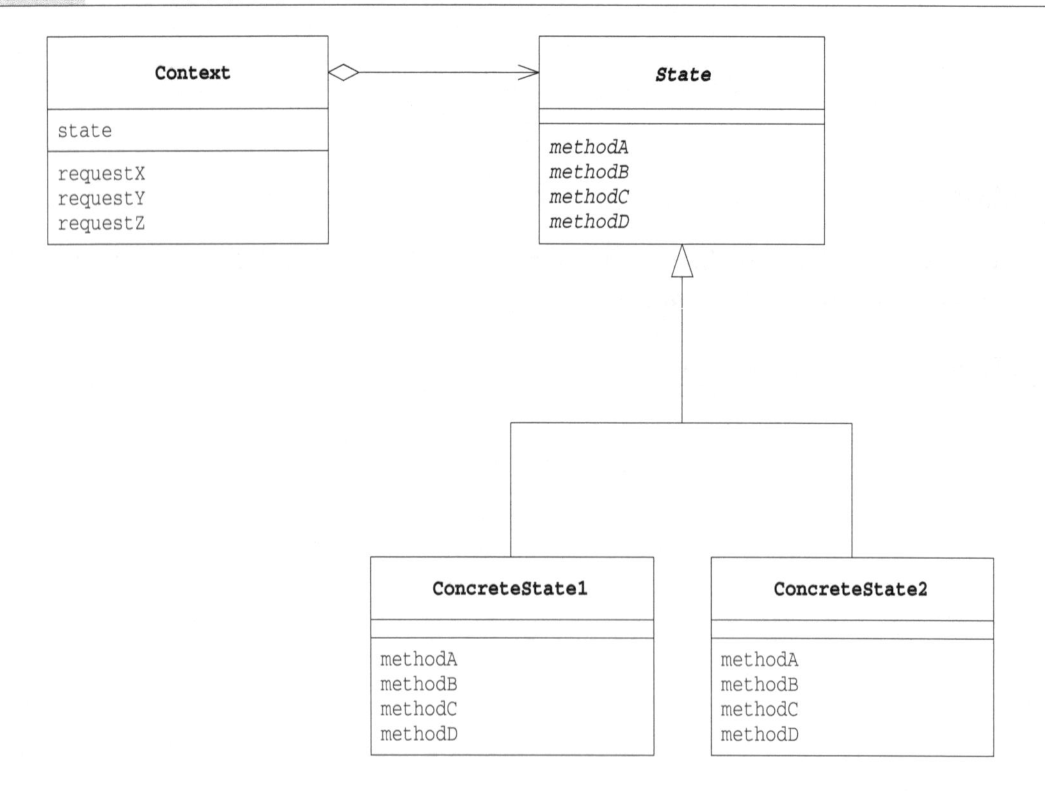

19.4 拓展思路的要点

分而治之

在编程时，我们经常会使用**分而治之**的方针。它非常适用于大规模的复杂处理。当遇到庞大且复杂的问题，不能用一般的方法解决时，我们会先将该问题分解为多个小问题。如果还是不能解决这些小问题，我们会将它们继续划分为更小的问题，直至可以解决它们为止。分而治之，简单而言就是将一个复杂的大问题分解为多个小问题然后逐个解决。

在 State 模式中，我们用类来表示状态，并为每一种具体的状态都定义一个相应的类。这样，问题就被分解了。开发人员可以在编写一个 ConcreteState 角色的代码的同时，在头脑中（一定程度上）考虑其他的类。在本章的金库警报系统的示例程序中，只有“白天”和“晚上”两个状态，可能大家对此感受不深，但是当状态非常多的时候，State 模式的优势就会非常明显了。

请大家再回忆一下代码清单 19-1 中的伪代码（1）和（2）。在不使用 State 模式时，我们需要使用条件分支语句判断当前的状态，然后进行相应的处理。状态越多，条件分支就会越多。而且，我们必须在所有的事件处理方法中都编写这些条件分支语句。

State 模式用类表示系统的“状态”，并以此将复杂的程序分解开来。

依赖于状态的处理

我们来思考一下 SafeFrame 类的 setClock 方法（代码清单 19-7）和 State 接口的 doClock 方法（代码清单 19-3）之间的关系。

Main 类会调用 SafeFrame 类的 setClock 方法，告诉 setClock 方法“请设置时间”。在 setClock 方法中，会像下面这样将处理委托给 state 类。

```
state.doClock(this, hour);
```

也就是说，我们将设置时间的处理看作是“依赖于状态的处理”。

当然，不只是 doClock 方法。在 State 接口中声明的所有方法都是“依赖于状态的处理”，都是“状态不同处理也不同”。这虽然看似理所当然，不过却需要我们特别注意。

在 State 模式中，我们应该如何编程，以实现“依赖于状态的处理”呢？总结起来有如下两点。

- **定义接口，声明抽象方法**
- **定义多个类，实现具体方法**

这就是 State 模式中的“依赖于状态的处理”的实现方法。

这里故意将上面两点说得很笼统，但是，如果大家在读完这两点之后会点头表示赞同，那就意味着大家完全理解了 State 模式以及接口与类之间的关系。

应当是谁来管理状态迁移

用类来表示状态，将依赖于状态的处理分散在每个 ConcreteState 角色中，这是一种非常好的解决办法。

不过，在使用 State 模式时需要注意**应当是谁来管理状态迁移**。

在示例程序中，扮演 Context 角色的 `SafeFrame` 类实现了实际进行状态迁移的 `changeState` 方法。但是，实际调用该方法的却是扮演 ConcreteState 角色的 `DayState` 类和 `NightState` 类。也就是说，在示例程序中，我们将“状态迁移”看作是“依赖于状态的处理”。这种处理方式既有优点也有缺点。

优点是这种处理方式将“什么时候从一个状态迁移到其他状态”的信息集中在了一个类中。也就是说，当我们想知道“什么时候会从 `DayState` 类变化为其他状态”时，只需要阅读 `DayState` 类的代码就可以了。

缺点是“每个 ConcreteState 角色都需要知道其他 ConcreteState 角色”。例如，`DayState` 类的 `doClock` 方法就使用了 `NightState` 类。这样，如果以后发生需求变更，需要删除 `NightState` 类时，就必须要相应地修改 `DayState` 类的代码。将状态迁移交给 ConcreteState 角色后，每个 ConcreteState 角色都需要或多或少地知道其他 ConcreteState 角色。也就是说，将状态迁移交给 ConcreteState 角色后，各个类之间的依赖关系就会加强。

我们也可以不使用示例程序中的做法，而是将所有的状态迁移交给扮演 Context 角色的 `SafeFrame` 类来负责。有时，使用这种解决方法可以提高 ConcreteState 角色的独立性，程序的整体结构也会更加清晰。不过这样做的话，Context 角色就必须要知道“所有的 ConcreteState 角色”。在这种情况下，我们可以使用 Mediator 模式（第 16 章）。

当然，还可以不用 State 模式，而是用**状态迁移表**来设计程序。所谓状态迁移表是可以根据“输入和内部状态”得到“输出和下一个状态”的一览表（这超出了本书的范围，我们暂且不深入学习该方法）。当状态迁移遵循一定的规则时，使用状态迁移表非常有效。

此外，当状态数过多时，可以用程序来生成代码而不是手写代码。

不会自相矛盾

如果不使用 State 模式，我们需要使用多个变量的值的集合来表示系统的状态。这时，必须十分小心，注意不要让变量的值之间互相矛盾。

而在 State 模式中，是用类来表示状态的。这样，我们就只需要一个表示系统状态的变量即可。在示例程序中，`SafeFrame` 类的 `state` 字段就是这个变量，它决定了系统的状态。因此，不会存在自相矛盾的状态。

易于增加新的状态

在 State 模式中增加新的状态是非常简单的。以示例程序来说，编写一个 *XXX*`State` 类，让它实现 `State` 接口，然后实现一些所需的方法就可以了。当然，在修改状态迁移部分的代码时，还是需要仔细一点的。因为状态迁移的部分正是与其他 ConcreteState 角色相关联的部分。

但是，在 State 模式中增加其他“依赖于状态的处理”是很困难的。这是因为我们需要在 `State` 接口中增加新的方法，并在所有的 ConcreteState 角色中都实现这个方法。

虽说很困难，但是好在我们绝对不会忘记实现这个方法。假设我们现在在 State 接口中增加了一个 `doYYY` 方法，而忘记了在 `DayState` 类和 `NightState` 类中实现这个方法，那么编译器在编译代码时就会报错，告诉我们存在还没有实现的方法。

如果不使用 State 模式，那么增加新的状态时会怎样呢？这里，如果不使用 State 模式，就必须用 if 语句判断状态。这样就很难在编译代码时检测出"忘记实现方法"这种错误了(在运行时检测出问题并不难。我们只要事先在每个方法内部都加上一段"当检测到没有考虑到的状态时就报错"的代码即可)。

实例的多面性

请注意 SafeFrame 类中的以下两条语句(代码清单 19-7)。

- SafeFrame 类的构造函数中的
  `buttonUse.addActionListener(this);`
- actionPerformed 方法中的
  `state.doUse(this);`

这两条语句中都有 this。那么这个 this 到底是什么呢?当然,它们都是 SafeFrame 类的实例。由于在示例程序中只生成了一个 SafeFrame 的实例,因此这两个 this 其实是同一个对象。

不过,在 addActionListener 方法中和 doUse 方法中,对 this 的使用方式是不一样的。

向 addActionListener 方法传递 this 时,**该实例会被当作"实现了 ActionListener 接口的类的实例"来使用**。这是因为 addActionListener 方法的参数类型是 ActionListener 类型。在 addActionListener 方法中会用到的方法也都是在 ActionListener 接口中定义了的方法。至于这个参数是否是 SafeFrame 类的实例并不重要。

向 doUse 方法传递 this 时,**该实例会被当作"实现了 Context 接口的类的实例"来使用**。这是因为 doUse 方法的参数类型是 Context 类型。在 doUse 方法中会用到的方法也都是在 Context 接口中定义了的方法(大家只要再回顾一下 DayState 类和 NightState 类的 doUse 方法就会明白了)。

请大家一定要透彻理解此处的实例的多面性。

19.5 相关的设计模式

◆ Singleton 模式(第 5 章)

Singleton 模式常常会出现在 ConcreteState 角色中。在示例程序中,我们就使用了 Singleton 模式。这是因为在表示状态的类中并没有定义任何实例字段(即表示实例的状态的字段)。

◆ Flyweight 模式(第 20 章)

在表示状态的类中并没有定义任何实例字段。因此,有时我们可以使用 Flyweight 模式在多个 Context 角色之间共享 ConcreteState 角色。

19.6 本章所学知识

在本章中,我们学习了用一个一个的类来分别表示系统各种状态的 State 模式。这样,我们就可以通过切换表示状态的类的实例来实现状态迁移。

19.7 练习题

答案请参见附录 A（P.334）

●习题 19-1

Java 本来应当将 `Context` 定义为抽象类而非接口，然后让 `Context` 类持有 `state` 字段，这样更符合 State 模式的设计思想。但是在示例程序中我们并没有这么做，而是将 Context 角色定义为 `Context` 接口，让 `SafeFrame` 类持有 `state` 字段，请问这是为什么呢？

●习题 19-2

如果要对示例程序中的“白天”和“晚上”的时间区间做如下变更，请问应该怎样修改程序呢？

	白天	晚上
现在	9：00 ~ 16：59	17：00 ~ 23：59 以及 0：00 ~ 8：59
变更为	8：00 ~ 20：59	21：00 ~ 23：59 以及 0：00 ~ 7：59

●习题 19-3

请在示例程序中增加一个新的“午餐时间（12:00~12:59）”状态。

- 在午餐时间使用金库的话，会向警报中心通知紧急情况
- 在午餐时间按下警铃的话，会向警报中心通知紧急情况
- 在午餐时间使用电话的话，会呼叫警报中心的留言电话

●习题 19-4

请在示例程序中增加一个新的“紧急情况”状态。不论是什么时间，只要处于“紧急情况”下，就向警报中心通知紧急情况。

- 按下警铃后，系统状态变为“紧急情况”状态
- 如果“紧急情况”下使用金库的话，会向警报中心通知紧急情况（与当时的时间无关）
- 如果“紧急情况”下按下警铃的话，会向警报中心通知紧急情况（与当时的时间无关）
- 如果“紧急情况”下使用电话的话，会呼叫警报中心的留言电话（与当时的时间无关）

不过，这份需求中也有一些问题，大家看出来了吗？

第 9 部分　避免浪费

第 20 章　Flyweight 模式

共享对象，避免浪费

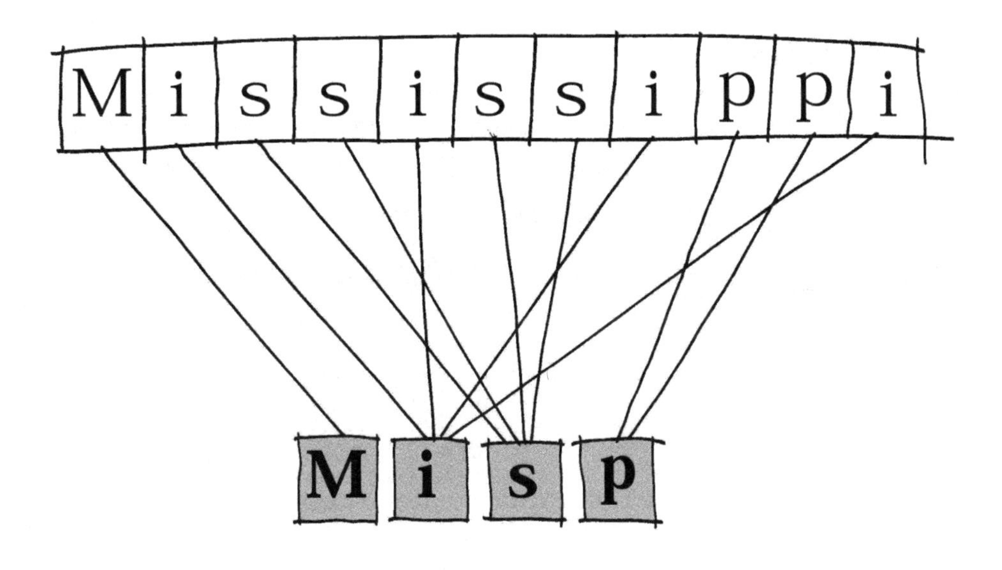

20.1 Flyweight 模式

在本章中，我们将要学习 Flyweight 模式。

Flyweight 是"轻量级"的意思，指的是拳击比赛中选手体重最轻的等级。顾名思义，该设计模式的作用是为了让对象变"轻"。

对象在计算机中是虚拟存在的东西，它的"重"和"轻"并非指实际重量，而是它们"所使用的内存大小"。使用内存多的对象就是"重"对象，使用内存少的对象就是"轻"对象。

在 Java 中，可以通过以下语句生成 Something 类的实例。

```
new Something()
```

为了能够在计算机中保存该对象，需要分配给其足够的内存空间。当程序中需要大量对象时，如果都使用 new 关键字来分配内存，将会消耗大量内存空间。

关于 Flyweight 模式，一言以蔽之就是"**通过尽量共享实例来避免 new 出实例**"。

当需要某个实例时，并不总是通过 new 关键字来生成实例，而是尽量共用已经存在的实例。这就是 Flyweight 模式的核心内容。下面让我们来一起学习 Flyweight 模式吧。

20.2 示例程序

首先来看一段使用了 Flyweight 模式的示例程序。在示例程序中，有一个将许多普通字符组合成为"大型字符"的类，它的实例就是重实例。为了进行测试，我们以文件形式保存了大型字符 '0' ~ '9' 和 '-' 的字体数据（代码清单 20-1 ~ 代码清单 20-11）。

代码清单 20-1　数字 0（big0.txt）

```
....######......
..##......##....
..##......##....
..##......##....
..##......##....
..##......##....
....######......
................
```

代码清单 20-2　数字 1（big1.txt）

```
......##........
..######........
......##........
......##........
......##........
......##........
..##########....
................
```

代码清单 20-3　数字 2（big2.txt）

```
....######......
..##......##....
..........##....
......####......
....##..........
..##............
..##########....
................
```

代码清单 20-4　数字 3（big3.txt）

```
....######......
..##......##....
..........##....
......####......
..........##....
..##......##....
....######......
................
```

代码清单 20-5 数字 4（big4.txt）

```
........##......
......####......
....##..##......
..##....##......
..##########....
........##......
......######....
................
```

代码清单 20-6 数字 5（big5.txt）

```
..##########....
..##............
..##............
..########......
..........##....
..##......##....
....######......
................
```

代码清单 20-7 数字 6（big6.txt）

```
....######......
..##......##....
..##............
..########......
..##......##....
..##......##....
....######......
................
```

代码清单 20-8 数字 7（big7.txt）

```
..##########....
..##......##....
..........##....
........##......
......##........
......##........
......##........
................
```

代码清单 20-9 数字 8（big8.txt）

```
....######......
..##......##....
..##......##....
....######......
..##......##....
..##......##....
....######......
................
```

代码清单 20-10 数字 9（big9.txt）

```
....######......
..##......##....
..##......##....
....########....
..........##....
..##......##....
....######......
................
```

代码清单 20-11 字符 -（big-.txt）

```
................
................
................
................
..##########....
................
................
................
```

表 20-1 展示了该示例程序中使用的类。

表 20-1 类的一览表

名字	说明
BigChar	表示“大型字符”的类
BigCharFactory	表示生成和共用 BigChar 类的实例的类
BigString	表示多个 BigChar 组成的“大型字符串”的类
Main	测试程序行为的类

BigChar 是表示“大型字符”的类。它会从文件中读取大型字符的字体数据，并将它们保存在内存中，然后使用 print 方法输出大型字符。大型字符会消耗很多内存，因此我们需要考虑如何共享 BigChar 类的实例。

BigCharFactory 类会根据需要生成 BigChar 类的实例。不过如果它发现之前已经生成了某个大型字符的 BigChar 类的实例，则会直接利用该实例，而不会再生成新的实例。生成的实例全部被保存在 pool 字段中。此外，为了能够快速查找出之前是否已经生成了某个大型字符所对应的实例，我们使用了 java.util.Hashmap 类。

BigString 类用于将多个 BigChar 组成“大型字符串”。

Main 类是用于测试程序行为的类。

图 20-1 示例程序的类图

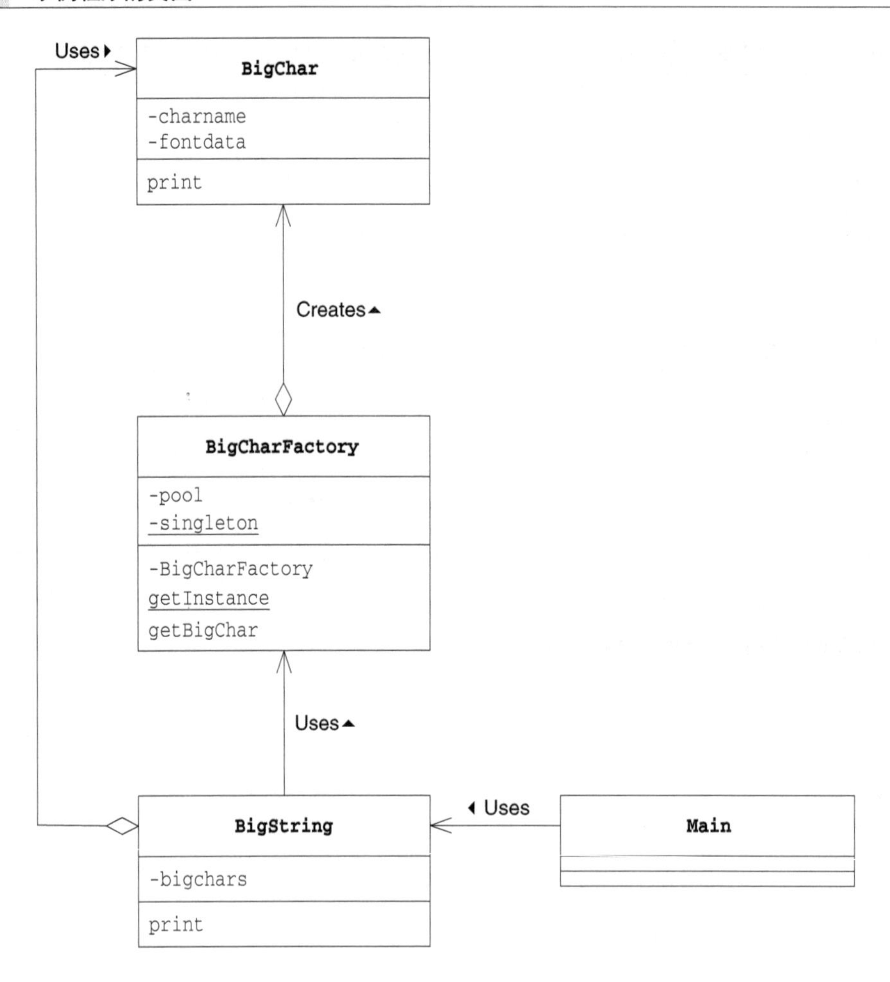

BigChar 类

BigChar 类（代码清单 20-12）是表示“大型字符”的类。

它的构造函数会生成接收到的字符所对应的“大型字符”版本的实例，并将其保存在 fontdata 字段中。例如，如果构造函数接收到的字符是 '3'，那么在 fontdata 字段中保存的就是下面这样的字符串（为了方便阅读，我们在“\n”后换行了）。

```
....######......\n
..##......##....\n
..........##....\n
......####......\n
..........##....\n
```

```
..##......##....\n
....######......\n
................\n
```

我们将组成这些“大型字符”的数据（即字体数据）保存在文件中（代码清单 20-1 ~代码清单 20-11）。文件的命名规则是在该字体数据所代表的字符前加上 "big"，文件后缀名是 ".txt"。例如，'3' 对应的字体数据保存在 "big3.txt" 文件中。如果找不到某个字符对应的字体数据，就在该字符后面打上问号（"?"）作为其字体数据。

在该类中，没有出现关于 Flyweight 模式中“共享”的相关代码。关于控制共享的代码，请看代码清单 20-13 中的 BigCharFactory 类。

代码清单 20-12　BigChar 类（BigChar.java）

```
import java.io.BufferedReader;
import java.io.FileReader;
import java.io.IOException;

public class BigChar {
    // 字符名字
    private char charname;
    // 大型字符对应的字符串（由 '#' '.' '\n' 组成）
    private String fontdata;
    // 构造函数
    public BigChar(char charname) {
        this.charname = charname;
        try {
            BufferedReader reader = new BufferedReader(
                new FileReader("big" + charname + ".txt")
            );
            String line;
            StringBuffer buf = new StringBuffer();
            while ((line = reader.readLine()) != null) {
                buf.append(line);
                buf.append("\n");
            }
            reader.close();
            this.fontdata = buf.toString();
        } catch (IOException e) {
            this.fontdata = charname + "?";
        }
    }
    // 显示大型字符
    public void print() {
        System.out.print(fontdata);
    }
}
```

BigCharFactory 类

BigCharFactory 类（代码清单 20-13）是生成 BigChar 类的实例的工厂（factory）。它实现了共享实例的功能。

pool 字段用于管理已经生成的 BigChar 类的实例。Pool 有泳池的意思。现在任何存放某些东西的地方都可以被叫作 Pool。泳池存储的是水，而 BigCharFactory 的 pool 中存储的则是已经生成的 BigChar 类的实例。

在 BigCharFactory 类中，我们使用 java.util.HashMap 类来管理“字符串→实例”之间的对应关系。使用 java.util.HashMap 类的 put 方法可以将某个字符串（键）与一个实例（值）关联起来。之后，就可以通过键来获取它相应的值。在示例程序中，我们将接收到的单个字符（例如 '3'）作为键与表示 3 的 BigChar 的类的实例对应起来。

我们使用了 Singleton 模式（第 5 章）来实现 BigCharFactory 类，这是因为我们只需要一个 BigCharFactory 类的实例就可以了。getInstance 方法用于获取 BigCharFactory 类的实例（注意不是 BigChar 类的实例哟）。

getBigChar 方法是 Flyweight 模式的核心方法。该方法会生成接收到的字符所对应的 BigChar 类的实例。不过，如果它发现字符所对应的实例已经存在，就不会再生成新的实例，而是将之前的那个实例返回给调用者。

请仔细理解这段逻辑。该方法首先会通过 pool.get() 方法查找，以调查是否存在接收到的字符（charname）所对应的 BigChar 类的实例。如果返回值为 null，表示目前为止还没有创建该实例，于是它会通过 new BigChar(charname); 来生成实例，并通过 pool.put 将该实例放入 HashMap 中。如果返回值不为 null，则会将之前生成的实例返回给调用者。

相信大家都看明白了，这里我们通过这种方式实现了共享 BigChar 类的实例。

为什么我们要使用 synchronized 关键字修饰 getBigChar 方法呢？我们会在习题 20-3 中来讨论这个问题。

代码清单 20-13 BigCharFactory 类（BigCharFactory.java）

```
import java.util.HashMap;

public class BigCharFactory {
    // 管理已经生成的 BigChar 的实例
    private HashMap pool = new HashMap();
    // Singleton 模式
    private static BigCharFactory singleton = new BigCharFactory();
    // 构造函数
    private BigCharFactory() {
    }
    // 获取唯一的实例
    public static BigCharFactory getInstance() {
        return singleton;
    }
    // 生成（共享）BigChar 类的实例
    public synchronized BigChar getBigChar(char charname) {
        BigChar bc = (BigChar)pool.get("" + charname);
        if (bc == null) {
            bc = new BigChar(charname); // 生成 BigChar 的实例
            pool.put("" + charname, bc);
        }
        return bc;
    }
}
```

BigString 类

BigString 类（代码清单 20-14）表示由 BigChar 组成的“大型字符串”的类。

bigchars 字段是 BigChar 类型的数组，它里面保存着 BigChar 类的实例。在构造函数的

for 语句中，我们并没有像下面这样使用 new 关键字来生成 BigChar 类的实例。

```
for (int i = 0; i < bigchars.length; i++) {
    bigchars[i] = new BigChar(string.charAt(i)); ←不共享实例
}
```

而是调用了 getBigChar 方法，具体如下。

```
BigCharFactory factory = BigCharFactory.getInstance();
for (int i = 0; i < bigchars.length; i++) {
    bigchars[i] = factory.getBigChar(string.charAt(i)); ←共享实例
}
```

由于调用了 BigCharFactory 方法，所以对于相同的字符来说，可以实现 BigChar 类的实例共享。例如，当要生成字符串 "1212123" 对应的 BigString 类的实例时，bigchars 字段如图 20-2 所示。

代码清单 20-14　BigString 类（BigString.java）

```
public class BigString {
    // "大型字符"的数组
    private BigChar[] bigchars;
    // 构造函数
    public BigString(String string) {
        bigchars = new BigChar[string.length()];
        BigCharFactory factory = BigCharFactory.getInstance();
        for (int i = 0; i < bigchars.length; i++) {
            bigchars[i] = factory.getBigChar(string.charAt(i));
        }
    }
    // 显示
    public void print() {
        for (int i = 0; i < bigchars.length; i++) {
            bigchars[i].print();
        }
    }
}
```

图 20-2　字符串 "1212123"对应的 BigString类的实例的样子

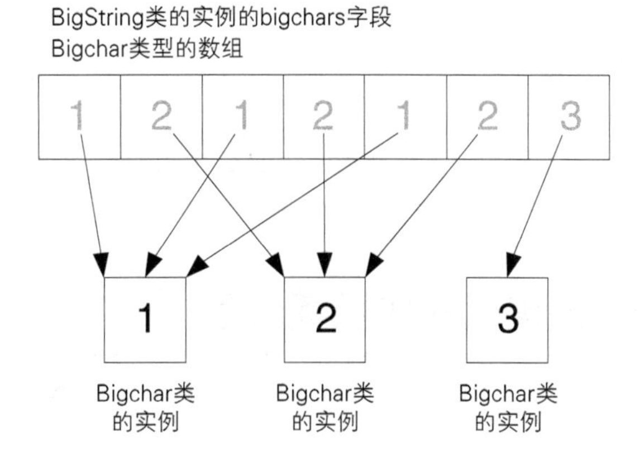

Main 类

Main类（代码清单 20-15）比较简单。它根据接收到的参数生成并显示BigString类的实例，仅此而已。

代码清单 20-15　Main 类（Main.java）

```
public class Main {
    public static void main(String[] args) {
        if (args.length == 0) {
            System.out.println("Usage: java Main digits");
            System.out.println("Example: java Main 1212123");
            System.exit(0);
        }

        BigString bs = new BigString(args[0]);
        bs.print();
    }
}
```

图 20-3　Flyweight 模式的类图

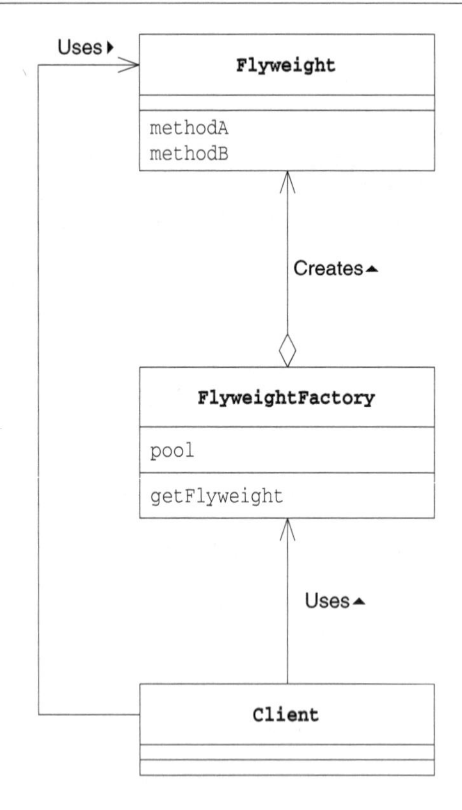

20.3　Flyweight 模式中的登场角色

在 Flyweight 模式中有以下登场角色。Flyweight 模式的类图请参见图 20-3。

◆ Flyweight（轻量级）

按照通常方式编写程序会导致程序变重，所以如果能够共享实例会比较好，而 Flyweight 角色表示的就是那些实例会被共享的类。在示例程序中，由 `BigChar` 类扮演此角色。

◆ FlyweightFactory（轻量级工厂）

FlyweightFactory 角色是生成 Flyweight 角色的工厂。在工厂中生成 Flyweight 角色可以实现共享实例。在示例程序中，由 `BigCharFactory` 类扮演此角色。

◆ Client（请求者）

Client 角色使用 FlyweightFactory 角色来生成 Flyweight 角色。在示例程序中，由 `BigString` 类扮演此角色。

注意 本章中的角色划分方法与 GoF 书（请参见附录 E[GoF]）有些不同。在 GoF 书中，出现了 ConcreteFlyweight 角色和 UnsharedConcreteFlyweight 角色，其中的 ConcreteFlyweight 角色相当于本书中的 Flyweight 角色，而 UnsharedConcreteFlyweight 角色则没有出现在本章的示例程序中。

20.4 拓展思路的要点

对多个地方产生影响

Flyweight 模式的主题是“共享”。那么，在共享实例时应当注意什么呢?

首先要想到的是“如果要改变被共享的对象，就会**对多个地方产生影响**”。也就是说，一个实例的改变会同时反映到所有使用该实例的地方。例如，假设我们改变了示例程序中 `BigChar` 类的 `'3'` 所对应的字体数据，那么 `BigString` 类中使用的所有 `'3'` 的字体（形状）都会发生改变。在编程时，像这样修改一个地方会对多个地方产生影响并非总是不好。有些情况下这是好事，有些情况下这是坏事。不管怎样，“修改一个地方会对多个地方产生影响”，这就是共享的特点。

因此，在决定 Flyweight 角色中的字段时，需要精挑细选。只将那些真正应该在多个地方共享的字段定义在 Flyweight 角色中即可。

关于这一点，让我们简单地举个例子。假设我们要在示例程序中增加一个功能，实现显示“带颜色的大型文字”。那么此时，颜色信息应当放在哪个类中呢?

首先，假设我们将颜色信息放在 `BigChar` 类中。由于 `BigChar` 类的实例是被共享的，因此颜色信息也被共享了。也就是说，`BigString` 类中用到的所有 `BigChar` 类的实例都带有相同的颜色。

如果我们不把颜色信息放在 `BigChar` 类中，而是将它放在 `BigString` 类中。那么 `BigString` 类会负责管理“第三个字符的颜色是红色的”这样的颜色信息。这样一来，我们就可以实现以不同的颜色显示同一个 `BigChar` 类的实例。

那么两种解决方案到底哪个是正确的呢？关于这个问题，其实并没有绝对的答案。哪些信息应当共享，哪些信息不应当共享，这取决于类的使用目的。设计者在使用 Flyweight 模式共享信息时必须仔细思考应当共享哪些信息。

Intrinsic 与 Extrinsic

前面讲到的“应当共享的信息和不应当共享的信息”是有专有名词的。

应当共享的信息被称作 **Intrinsic 信息**。Intrinsic 的意思是“本质的”“固有的”。换言之，它指的是不论实例在哪里、不论在什么情况下都不会改变的信息，或是不依赖于实例状态的信息。在示例程序中，BigChar 的字体数据不论在 BigString 中的哪个地方都不会改变。因此，BigChar 的字体数据属于 Intrinsic 信息。

另一方面，不应当共享的信息被称作 **Extrinsic 信息**。Extrinsic 的意思是“外在的”“非本质的”。也就是说，它是当实例的位置、状况发生改变时会变化的信息，或是依赖于实例状态的信息。在示例程序中，BigChar 的实例在 BigString 中是第几个字符这种信息会根据 BigChar 在 BigString 中的位置变化而发生变化。因此，不应当在 BigChar 中保存这个信息，它属于 Extrinsic 信息。

因此，前面提到的是否共享“颜色”信息这个问题，我们也可以换种说法，即应当将“颜色”看作是 Intrinsic 信息还是 Extrinsic 信息。

表 20-2　Intrinsic 信息与 Extrinsic 信息

Intrinsic 信息	不依赖于位置与状况，可以共享
Extrinsic 信息	依赖于位置与状况，不能共享

不要让被共享的实例被垃圾回收器回收了

Java

在 BigCharFactory 类中，我们使用 java.util.HashMap 来管理已经生成的 BigChar 的实例。像这样在 Java 中自己“管理”实例时，必须注意“不要让实例被垃圾回收器回收了”。

下面我们简单地学习一下 Java 中的垃圾回收器。在 Java 程序中可以通过 new 关键字分配内存空间。如果分配了过多内存，就会导致内存不足。这时，运行 Java 程序的虚拟机就会开始**垃圾回收处理**。它会查看自己的内存空间（堆空间）中是否存在没有被使用的实例，如果存在就释放该实例，这样就可以回收可用的内存空间。总之，它像垃圾回收车一样回收那些不再被使用的内存空间。

得益于垃圾回收器，Java 开发人员对于 new 出来的实例可以放任不管（在 C++ 中，使用 new 关键字分配内存空间后，必须显式地使用 delete 关键字释放内存空间。不过在 Java 中没有必要进行 delete 处理。当然，Java 也没有提供 delete 关键字）。

此处的关键是垃圾回收器会“释放没有被使用的实例”。垃圾回收器在进行垃圾回收的过程中，会判断实例是否是垃圾。如果其他对象引用了该实例，垃圾回收器就会认为“该实例正在被使用”，不会将其当作垃圾回收掉。

现在，让我们再回顾一下示例程序。在示例程序中，pool 字段负责管理已经生成的 BigChar 的实例。因此，只要是 pool 字段管理的 BigChar 的实例，就不会被看作是垃圾，即使该 BigChar 的实例实际上已经不再被 BigString 类的实例所使用。也就是说，只要生成了一个 BigChar 的实例，它就会长期驻留在内存中。在示例程序中，字符串的显示处理很快就结束了，因此不会发生内存不足的问题。但是如果应用程序需要长期运行或是需要以有限的内存来运行，那么在设计程序时，开发人员就必须时刻警惕“不要让被共享的实例被垃圾回收器回收了”。

虽然我们不能显式地删除实例，但我们可以删除对实例的引用。要想让实例可以被垃圾回收器回收掉，只需要显式地将其置于管理对象外即可。例如，只要我们从 `HashMap` 中移除该实例的 Entry，就删除了对该实例的引用。

内存之外的其他资源

在示例程序中，我们了解到共享实例可以减少内存使用量。一般来说，共享实例可以减少所需资源的使用量。这里的资源指的是计算机中的资源，而内存是资源中的一种。

时间也是一种资源。使用 `new` 关键字生成实例会花费时间。通过 Flyweight 模式共享实例可以减少使用 `new` 关键字生成实例的次数。这样，就可以提高程序运行速度。

文件句柄（文件描述符）和窗口句柄等也都是一种资源。在操作系统中，可以同时使用的文件句柄和窗口句柄是有限制的。因此，如果不共享实例，应用程序在运行时很容易就会达到资源极限而导致崩溃。

20.5 相关的设计模式

◆ Proxy 模式（第 21 章）

如果生成实例的处理需要花费较长时间，那么使用 Flyweight 模式可以提高程序的处理速度。

而 Proxy 模式则是通过设置代理提高程序的处理速度。

◆ Composite 模式（第 11 章）

有时可以使用 Flyweight 模式共享 Composite 模式中的 Leaf 角色。

◆ Singleton 模式（第 5 章）

在 FlyweightFactory 角色中有时会使用 Singleton 模式。

此外，如果使用了 Singleton 模式，由于只会生成一个 Singleton 角色，因此所有使用该实例的地方都共享同一个实例。在 Singleton 角色的实例中只持有 intrinsic 信息。

20.6 本章所学知识

在本章中，我们学习了通过共享实例减少内存使用量的 Flyweight 模式。如果改变了被共享的实例，那么会对所有使用该实例的地方都产生影响。因此，需要注意区分应当共享的 Intrinsic 信息和不应当共享的 Exrinsic 信息。

20.7 练习题

答案请参见附录 A（P.338）

● 习题 20-1

请为示例程序中的 `BigString` 类（代码清单 20-14）增加如下构造函数。

```
BigString(String string, boolean shared)
```

当 shared 为 true 时，程序中会共享 BigChar 类的实例；当 shared 为 false 时则不会共享实例。

● 习题 20-2

请使用习题 20-1 中修改后的 BigString 类（代码清单 A20-1），来比较共享 BigChar 类的实例时和不共享 BigChar 类的实例时内存的使用量。

参考 可以通过以下方法大致知道程序当前的内存使用量。为了能获取比较准确的内存使用量，我们会先使用 gc 方法进行垃圾回收后再进行计算。

```
Runtime.getRuntime().gc();
long used = Runtime.getRuntime().totalMemory() - Runtime.getRuntime().
freeMemory();
System.out.println("使用内存 = " + used);
```

● 习题 20-3

在示例程序的 BigCharFactory 类（代码清单 20-13）中，getBigChar 方法是 synchronized 方法。如果不使用 synchronized 修饰符，会有什么问题呢?

第 21 章　Proxy 模式

只在必要时生成实例

21.1 Proxy 模式

在本章中，我们将要学习 Proxy 模式。

Proxy 是“代理人”的意思，它指的是代替别人进行工作的人。当不一定需要本人亲自进行工作时，就可以寻找代理人去完成工作。但代理人毕竟只是代理人，能代替本人做的事情终究是有限的。因此，当代理人遇到无法自己解决的事情时就会去找本人解决该问题。

在面向对象编程中，“本人”和“代理人”都是对象。如果“本人”对象太忙了，有些工作无法自己亲自完成，就将其交给“代理人”对象负责。

21.2 示例程序

下面我们来看一段使用了 Proxy 模式的示例程序。这段示例程序实现了一个“带名字的打印机”。说是打印机，其实只是将文字显示在界面上而已。在 `Main` 类中会生成 `PrinterProxy` 类的实例（即“代理人”）。首先我们会给实例赋予名字 `Alice` 并在界面中显示该名字。接着会将实例名字改为 `Bob`，然后显示该名字。在设置和获取名字时，都不会生成真正的 `Printer` 类的实例（即本人），而是由 `PrinterProxy` 类代理。最后，直到我们调用 `print` 方法，**开始进入实际打印阶段后，`PrinterProxy` 类才会生成 `Printer` 类的实例**。示例程序的类图请参见图 21-1，时序图请参见图 21-2。

为了让 `PrinterProxy` 类与 `Printer` 类具有一致性，我们定义了 `Printable` 接口。示例程序的前提是“生成 `Printer` 类的实例”这一处理需要花费很多时间。为了在程序中体现这一点，我们在 `Printer` 类的构造函数中调用了 `heavyJob` 方法，让它干一些“重活”（虽说是重活，也不过是让程序睡眠 5 秒钟）。

表 21-1 类和接口的一览表

名字	说明
Printer	表示带名字的打印机的类（本人）
Printable	Printer 和 PrinterProxy 的共同接口
PrinterProxy	表示带名字的打印机的类（代理人）
Main	测试程序行为的类

图 21-1 示例程序的类图

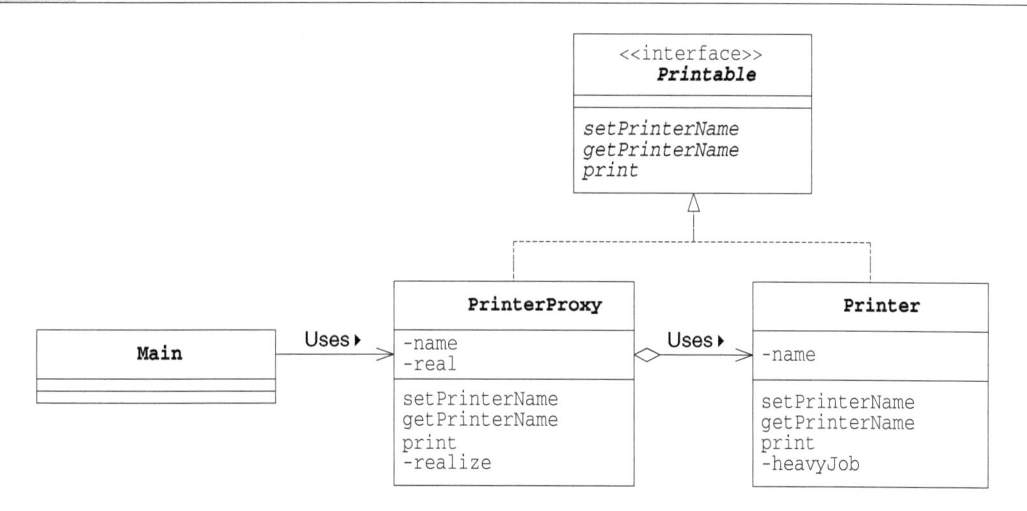

图 21-2 示例程序的时序图

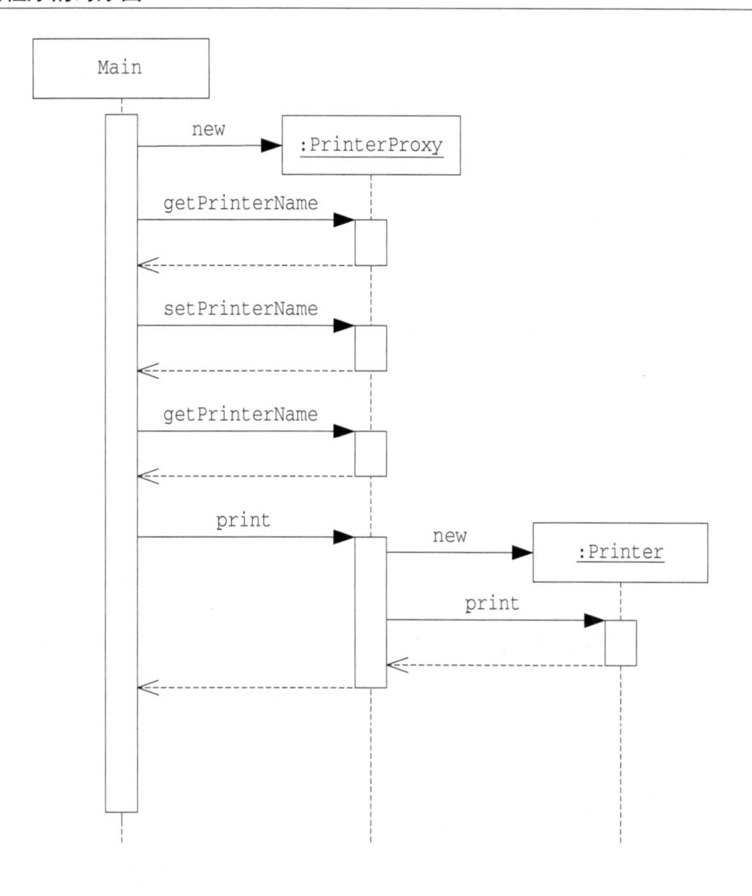

Printer 类

Printer 类（代码清单 21-1）是表示“本人”的类。

在之前的学习中我们也了解到了，在它的构造函数中，我们让它做一些所谓的“重活”（heavyJob）。setPrinterName 方法用于设置打印机的名字；getPrinterName 用于获取打印机的名字。

print 方法则用于显示带一串打印机名字的文字。

heavyJob 是一个干 5 秒钟“重活”的方法，它每秒（1000 毫秒）以点号（.）显示一次干活的进度。

Proxy 模式的核心是 PrinterProxy 类。Printer 类自身并不难理解。

代码清单 21-1 Printer 类（Printer.java）

```
public class Printer implements Printable {
    private String name;
    public Printer() {
        heavyJob("Printer 的实例生成中 ");
    }
    public Printer(String name) {                    // 构造函数
        this.name = name;
        heavyJob("Printer 的实例生成中 (" + name + ")");
    }
    public void setPrinterName(String name) {        // 设置名字
        this.name = name;
    }
    public String getPrinterName() {                 // 获取名字
        return name;
    }
    public void print(String string) {               // 显示带打印机名字的文字
        System.out.println("=== " + name + " ===");
        System.out.println(string);
    }
    private void heavyJob(String msg) {              // 重活
        System.out.print(msg);
        for (int i = 0; i < 5; i++) {
            try {
                Thread.sleep(1000);
            } catch (InterruptedException e) {
            }
            System.out.print(".");
        }
        System.out.println(" 结束。");
    }
}
```

Printable 接口

Printable 接口（代码清单 21-2）用于使 PrinterProxy 类和 Printer 类具有一致性。setPrinterName 方法用于设置打印机的名字；getPrinterName 用于获取打印机的名字；print 用于显示文字（打印输出）。

代码清单 21-2 Printable 接口（Printable.java）

```
public interface Printable {
    public abstract void setPrinterName(String name);    // 设置名字
    public abstract String getPrinterName();             // 获取名字
    public abstract void print(String string);           // 显示文字（打印输出）
}
```

PrinterProxy 类

PrinterProxy 类（代码清单 21-3）是扮演“代理人”角色的类，它实现了 Printable 接口。

name 字段中保存了打印机的名字，而 real 字段中保存的是“本人”。

在构造函数中设置打印机的名字（此时还没有生成“本人”）。

setPrinterName 方法用于设置新的打印机名字。如果 real 字段不为 null（也就是已经生成了“本人”），那么会设置“本人”的名字[①]。但是当 real 字段为 null 时（即还没有生成“本人”），那么只会设置自己（PrinterProxy 的实例）的名字。

getPrinterName 会返回自己的 name 字段。

print 方法已经超出了代理人的工作范围，因此它会调用 realize 方法来生成本人。Realize 有“实现”（使成为真的东西）的意思。在调用 realize 方法后，real 字段中会保存本人（Print 类的实例），因此可以调用 real.print 方法。这就是“委托”。

不论 setPrinterName 方法和 getPrinterName 方法被调用多少次，都不会生成 Printer 类的实例。只有当真正需要本人时，才会生成 Printer 类的实例（PrinterProxy 类的调用者完全不知道是否生成了本人，也不用在意是否生成了本人）。

realize 方法很简单，当 real 字段为 null 时，它会使用 new Printer 来生成 Printer 类的实例；如果 real 字段不为 null（即已经生成了本人），则什么都不做。

这里希望大家记住的是，**Printer 类并不知道 PrinterProxy 类的存在**。即，Printer 类并不知道自己到底是通过 PrinterProxy 被调用的还是直接被调用的。

但反过来，PrinterProxy 类是知道 Printer 类的。这是因为 PrinterProxy 类的 real 字段是 Printer 类型的。在 PrinterProxy 类的代码中，显式地写出了 Printer 这个类名。因此，PrinterProxy 类是与 Printer 类紧密地关联在一起的组件（关于它们之间的解耦方法，请参见习题 21-1）。

相信细心的读者应该已经发现了 Printer 类的 setPrinterName 方法和 realize 方法都是 synchronized 方法。我们会在习题 21-2 中讨论这样设计的原因。

代码清单 21-3　PrinterProxy 类（PrinterProxy.java）

```
public class PrinterProxy implements Printable {
    private String name;            // 名字
    private Printer real;           // “本人”
    public PrinterProxy() {
    }
    public PrinterProxy(String name) {     // 构造函数
        this.name = name;
    }
    public synchronized void setPrinterName(String name) {   // 设置名字
        if (real != null) {
            real.setPrinterName(name);   // 同时设置“本人”的名字
        }
        this.name = name;
    }
    public String getPrinterName() {     // 获取名字
```

① 在设置“本人”的名字后还会同时设置自己（PrinterProxy 的实例）的名字。这一点可以从代码中看出来。——译者注

```
        return name;
    }
    public void print(String string) {   // 显示
        realize();
        real.print(string);
    }
    private synchronized void realize() {    // 生成"本人"
        if (real == null) {
            real = new Printer(name);
        }
    }
}
```

Main 类

Main类(代码清单21-4)通过PrinterProxy类使用Printer类。Main类首先会生成PrinterProxy，然后调用getPrinterName方法获取打印机名并显示它。之后通过setPrinterName方法重新设置打印机名。最后，调用print方法输出"Hello.world."。

示例程序的运行结果如图21-3所示。请注意，在设置名字和显示名字之间并没有生成Printer的实例(本人)，直至调用print方法后，Printer的实例才被生成。

代码清单21-4 Main类(Main.java)

```
public class Main {
    public static void main(String[] args) {
        Printable p = new PrinterProxy("Alice");
        System.out.println("现在的名字是" + p.getPrinterName() + "。");
        p.setPrinterName("Bob");
        System.out.println("现在的名字是" + p.getPrinterName() + "。");
        p.print("Hello, world.");
    }
}
```

图21-3 示例程序的运行结果

```
现在的名字是Alice。
现在的名字是Bob。
Printer的实例(Bob)生成中……结束。
===Bob===
Hello,world.
```

21.3 Proxy模式中的登场角色

在Proxy模式中有以下登场角色。

◆ **Subject(主体)**

Subject角色定义了使Proxy角色和RealSubject角色之间具有一致性的接口。由于存在Subject角色，所以Client角色不必在意它所使用的究竟是Proxy角色还是RealSubject角色。在示例程序中，由Printable接口扮演此角色。

◆ Proxy（代理人）

Proxy 角色会尽量处理来自 Client 角色的请求。只有当自己不能处理时，它才会将工作交给 RealSubject 角色。Proxy 角色只有在必要时才会生成 RealSubject 角色。Proxy 角色实现了在 Subject 角色中定义的接口（API）。在示例程序中，由 `PrinterProxy` 类扮演此角色。

◆ RealSubject（实际的主体）

"本人"RealSubject 角色会在"代理人"Proxy 角色无法胜任工作时出场。它与 Proxy 角色一样，也实现了在 Subject 角色中定义的接口（API）。在示例程序中，由 `Printer` 类扮演此角色。

◆ Client（请求者）

使用 Proxy 模式的角色。在 GoF 书（请参见附录 E[GoF]）中，Client 角色并不包含在 Proxy 模式中。在示例程序中，由 `Main` 类扮演此角色。

图 21-4　Proxy 模式的类图

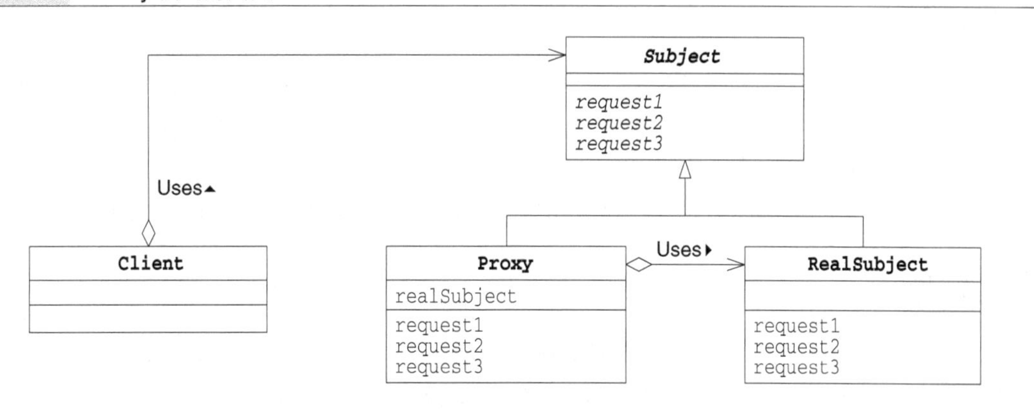

21.4　拓展思路的要点

使用代理人来提升处理速度

在 Proxy 模式中，Proxy 角色作为代理人尽力肩负着工作使命。例如，在示例程序中，通过使用 Proxy 角色，我们成功地将耗时处理（生成实例的处理）推迟至 `print` 方法被调用后才进行。

示例程序中的耗时处理的消耗时间并不算太长，大家可能感受不深。请大家试想一下，假如在一个大型系统的初始化过程中，存在大量的耗时处理。如果在启动系统时连那些暂时不会被使用的功能也初始化了，那么应用程序的启动时间将会非常漫长，这将会引发用户的不满。而如果我们只在需要使用某个功能时才将其初始化，则可以帮助我们改善用户体验。

GoF 书（请参见附录 E[GoF]）在讲解 Proxy 模式时，使用了一个可以在文本中嵌入图形对象（例如图片等）的文本编辑器作为例子。为了生成这些图形对象，需要读取图片文件，这很耗费时间。因此如果在打开文档时就生成有所的图形对象，就会导致文档打开时间过长。所以，最好是当用户浏览至文本中各个图形对象时，再去生成它们的实例。这时，Proxy 模式就有了用武之地。

有必要划分代理人和本人吗

当然，我们也可以不划分 PrinterProxy 类和 Printer 类，而是直接在 Printer 类中加入惰性求值功能（即只有必要时才生成实例的功能）。不过，通过划分 PrinterProxy 角色和 Printer 角色，可以使它们成为独立的组件，在进行修改时也不会互相之间产生影响（分而治之）。

只要改变了 PrinterProxy 类的实现方式，即可改变在 Printable 接口中定义的那些方法，即对于“哪些由代理人负责处理，哪些必须本人负责处理”进行更改。而且，不论怎么改变，都不必修改 Printer 类。如果不想使用惰性求值功能，只需要修改 Main 类，将它使用 new 关键字生成的实例从 PrinterProxy 类的实例变为 Printer 类的实例即可。由于 PrinterProxy 类和 Printer 类都实现了 Printable 接口，因此 Main 类可以放心地切换这两个类。

在示例程序中，PrinterProxy 类代表了“Proxy 角色”。因此使用或是不使用 PrinterProxy 类就代表了使用或是不使用代理功能。

代理与委托

代理人只代理他能解决的问题。当遇到他不能解决的问题时，还是会“转交”给本人去解决。这里的“转交”就是在本书中多次提到过的“委托”。从 PrinterProxy 类的 print 方法中调用 real.print 方法正是这种“委托”的体现。

在现实世界中，应当是本人将事情委托给代理人负责，而在设计模式中则是反过来的。

透明性

PrinterProxy 类和 Printer 类都实现了 Printable 接口，因此 Main 类可以完全不必在意调用的究竟是 PrinterProxy 类还是 Printer 类。无论是直接使用 Printer 类还是通过 PrinterProxy 类间接地使用 Printer 类都可以。

在这种情况下，可以说 PrinterProxy 类是具有“透明性”的。就像在人和一幅画之间放置了一块透明的玻璃板后，我们依然可以透过它看到画一样，即使在 Main 类和 Printer 类之间加入一个 PrinterProxy 类，也不会有问题。

HTTP 代理

提到代理，许多人应该都会想到 HTTP 代理。HTTP 代理是指位于 HTTP 服务器（Web 服务器）和 HTTP 客户端（Web 浏览器）之间，为 Web 页面提供高速缓存等功能的软件。我们也可以认为它是一种 Proxy 模式。

HTTP 代理有很多功能。作为示例，我们只讨论一下它的页面高速缓存功能。

通过 Web 浏览器访问 Web 页面时，并不会每次都去访问远程 Web 服务器来获取页面的内容，而是会先去获取 HTTP 代理缓存的页面。只有当需要最新页面内容或是页面的缓存期限过期时，才去访问远程 Web 服务器。

在这种情况下，Web 浏览器扮演的是 Client 角色，HTTP 代理扮演的是 Proxy 角色，而 Web 服务器扮演的则是 RealSubject 角色。

各种 Proxy 模式

Proxy 模式有很多种变化形式。

◆ Virtual Proxy（虚拟代理）

Virtual Proxy 就是本章中学习的 Proxy 模式。只有当真正需要实例时，它才生成和初始化实例。

◆ Remote Proxy（远程代理）

Remote Proxy 可以让我们完全不必在意 RealSubject 角色是否在远程网络上，可以如同它在自己身边一样（透明性地）调用它的方法。Java 的 RMI（RemoteMethodInvocation：远程方法调用）就相当于 Remote Proxy。

◆ Access Proxy

Access Proxy 用于在调用 RealSubject 角色的功能时设置访问限制。例如，这种代理可以只允许指定的用户调用方法，而当其他用户调用方法时则报错。

21.5 相关的设计模式

◆ Adapter 模式（第 2 章）

Adapter 模式适配了两种具有不同接口（API）的对象，以使它们可以一同工作。而在 Proxy 模式中，Proxy 角色与 RealSubject 角色的接口（API）是相同的（透明性）。

◆ Decorator 模式（第 12 章）

Decorator 模式与 Proxy 模式在实现上很相似，不过它们的使用目的不同。

Decorator 模式的目的在于增加新的功能。而在 Proxy 模式中，与增加新功能相比，它更注重通过设置代理人的方式来减轻本人的工作负担。

21.6 本章所学知识

在本章中，我们学习了 Proxy 模式，即让代理人负责完成工作，除非那些工作必须由本人完成。

21.7 练习题

答案请参见附录 A（P.340）

● 习题 21-1

Java 在示例程序中，`PrinterProxy` 类（代码清单 21-3）知道 `Printer` 类（代码清单 21-1）。即在 `PrinterProxy` 类中显式地写明了 `Printer` 类的类名。

请修改 `PrinterProxy` 类，让其不必知道 `Printer` 类。

提示 有许多不同的实现方法。这里请大家试着将 RealSubject 角色的类名作为字符串传递给 PrinterProxy 类的构造函数。

●习题 21-2

Java 在示例程序中，PrinterProxy 类（代码清单 21-3）的 setPrinterName 方法和 realize 方法都是 synchronized 方法。如果不使用 synchronized 方法会有什么问题呢？请举例说明。

第 10 部分　用类来表现

第 22 章　Command 模式

命令也是类

22.1 Command 模式

一个类在进行工作时会调用自己或是其他类的方法，虽然调用结果会反映在对象的状态中，但并不会留下工作的历史记录。

这时，如果我们有一个类，用来表示“请进行这项工作”的“命令”就会方便很多。每一项想做的工作就不再是“方法的调用”这种动态处理了，而是一个表示命令的类的实例，**即可以用“物”来表示**。要想管理工作的历史记录，只需管理这些实例的集合即可，而且还可以随时再次执行过去的命令，或是将多个过去的命令整合为一个新命令并执行。

在设计模式中，我们称这样的“命令”为 **Command 模式**（command 有“命令”的意思）。

Command 有时也被称为事件（event）。它与“事件驱动编程”中的“事件”是一样的意思。当发生点击鼠标、按下键盘按键等事件时，我们可以先将这些事件作成实例，然后按照发生顺序放入队列中。接着，再依次去处理它们。在 GUI（graphical user interface）编程中，经常需要与“事件”打交道。

在本章中，我们将学习与“命令”打交道的 Command 模式。

22.2 示例程序

下面我们来看一段使用了 Command 模式的示例程序。这段示例程序是一个画图软件，它的功能很简单，即用户拖动鼠标时程序会绘制出红色圆点，点击 clear 按钮后会清除所有的圆点。

用户每拖动一次鼠标，应用程序都会为“在这个位置画一个点”这条命令生成一个 `DrawCommand` 类的实例。只要保存了这条命令，以后有需要时就可以重新绘制。

图 22-1　示例程序的运行结果

示例程序中的类和接口的一览请参见表 22-1。示例程序一共被划分成了 3 个包。

表 22-1 类和接口的一览表

包	名字	说明
command	Command	表示“命令”的接口
command	MacroCommand	表示“由多条命令整合成的命令”的类
drawer	DrawCommand	表示“绘制一个点的命令”的类
drawer	Drawable	表示“绘制对象”的接口
drawer	DrawCanvas	实现“绘制对象”的类
无名	Main	测试程序行为的类

command 包中存放的是与“命令”相关的类和接口，而 drawer 包中存放的则是与“绘制”相关的类和接口。Main 类没有放在任何包中。

图 22-2 示例程序的类图

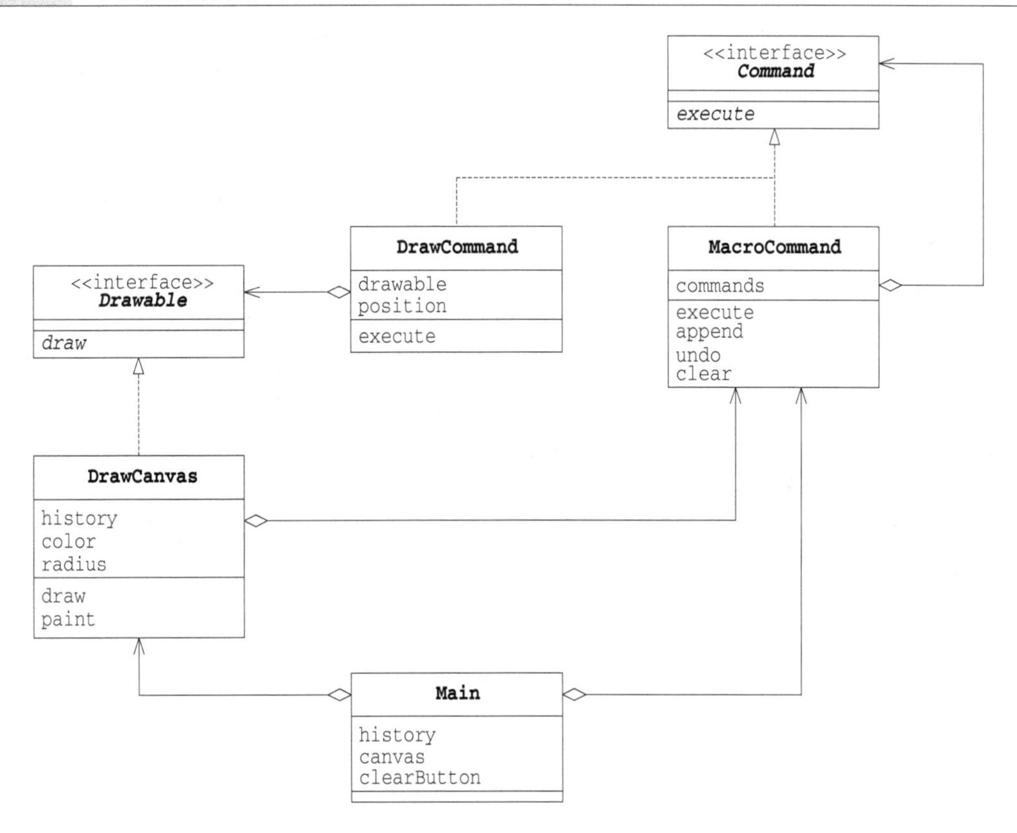

Command 接口

Command 接口（代码清单 22-1）是表示“命令”的接口。在该接口中只定义了一个方法，即 execute（execute 有“执行”的意思）。至于调用 execute 方法后具体会进行什么样的处理，则取决于实现了 Command 接口的类。总之，Command 接口的作用就是“执行”什么东西。

代码清单 22-1 Command 接口（Command.java）

```
package command;

public interface Command {
```

```
    public abstract void execute();
}
```

MacroCommand 类

MacroCommand 类（代码清单 21-2）表示“由多条命令整合成的命令”。该类实现了 Command 接口。MacroCommand 中的 Macro 有“大量的”的意思，在编程中，它一般表示“由多条命令整合成的命令”。

MacroCommand 类的 commands 字段是 java.util.Stack 类型的，它是保存了多个 Command（实现了 Command 接口的类的实例）的集合。虽然这里也可以使用 java.util.ArrayList 类型，不过后文中会提到，为了能轻松地实现 undo 方法，我们还是决定使用 java.util.Stack 类型。

由于 MacroCommand 类实现了 Command 接口，因此在它内部也定义了 execute 方法。那么 execute 方法应该进行什么处理呢？既然要运行多条命令，那么只调用 commands 字段中各个实例的 execute 方法不就可以了吗？这样，就可以将 MacroCommand 自己保存的所有 Command 全部执行一遍。不过，如果 while 循环中要执行的 Command 又是另外一个 MacroCommand 类的实例呢？这时，该实例中的 execute 方法也是会被调用的。因此，最后的结果就是所有的 Command 全部都会被执行。

append 方法用于向 MacroCommand 类中添加新的 Command（所谓“添加新的 Command”是指添加新的实现（implements）了 Command 接口的类的实例）。新增加的 Command 也可能是 MacroCommand 类的实例。这里的 if 语句的作用是防止不小心将自己（this）添加进去。如果这么做了，execute 方法将会陷入死循环，永远不停地执行。这里我们使用了 java.util.Stack 类的 push 方法，它会将元素添加至 java.util.Stack 类的实例的末尾。

undo 方法用于删除 commands 中的最后一条命令。这里我们使用了 java.util.Stack 类的 pop 方法，它会将 push 方法添加的最后一条命令取出来。被取出的命令将会从 Stack 类的实例中被移除。

clear 方法用于删除所有命令。

代码清单 22-2　MacroCommand 类（MacroCommand.java）

```
package command;

import java.util.Stack;
import java.util.Iterator;

public class MacroCommand implements Command {
    // 命令的集合
    private Stack commands = new Stack();
    // 执行
    public void execute() {
        Iterator it = commands.iterator();
        while (it.hasNext()) {
            ((Command)it.next()).execute();
        }
    }
    // 添加命令
    public void append(Command cmd) {
        if (cmd != this) {
```

```
            commands.push(cmd);
        }
    }
    // 删除最后一条命令
    public void undo() {
        if (!commands.empty()) {
            commands.pop();
        }
    }
    // 删除所有命令
    public void clear() {
        commands.clear();
    }
}
```

DrawCommand 类

DrawCommand 类（代码清单 22-3）实现了 Command 接口，表示"绘制一个点的命令"。在该类中有两个字段，即 drawable 和 position。drawable 保存的是"绘制的对象"（我们会在稍后学习 Drawable 接口）；position 保存的是"绘制的位置"。Point 类是定义在 java.awt 包中的类，它表示由 *X* 轴和 *Y* 轴构成的平面上的坐标。

DrawCommand 类的构造函数会接收两个参数，一个是实现了 Drawable 接口的类的实例，一个是 Point 类的实例，接收后会将它们分别保存在 drawable 字段和 position 字段中。它的作用是生成"在这个位置绘制点"的命令。

execute 方法调用了 drawable 字段的 draw 方法。它的作用是执行命令。

代码清单 22-3　DrawCommand 类（DrawCommand.java）

```
package drawer;

import command.Command;
import java.awt.Point;

public class DrawCommand implements Command {
    // 绘制对象
    protected Drawable drawable;
    // 绘制位置
    private Point position;
    // 构造函数
    public DrawCommand(Drawable drawable, Point position) {
        this.drawable = drawable;
        this.position = position;
    }
    // 执行
    public void execute() {
        drawable.draw(position.x, position.y);
    }
}
```

Drawable 接口

Drawable 接口（代码清单 22-4）是表示"绘制对象"的接口。draw 方法是用于绘制的方法。

在示例程序中，我们尽量让需求简单一点，因此暂时不考虑指定点的颜色和点的大小。关于指定点的颜色的问题，我们会在习题 22-1 中讨论。

代码清单 22-4 Drawable 接口（Drawable.java）

```
package drawer;

public interface Drawable {
    public abstract void draw(int x, int y);
}
```

DrawCanvas 类

DrawCanvas 类（代码清单 22-5）实现了 Drawable 接口，它是 java.awt.Canvas 的子类。

在 history 字段中保存的是 DrawCanvas 类自己应当执行的绘制命令的集合。该字段是 command.MacroCommand 类型的。

DrawCanvas 类的构造函数使用接收到的宽（width）、高（height）和绘制内容（history）去初始化 DrawCanvas 类的实例。在构造函数内部被调用的 setSize 方法和 setBackground 方法是 java.awt.Canvas 的方法，它们的作用分别是指定大小和背景色。

当需要重新绘制 DrawCanvas 时，Java 处理（java.awt 的框架）会调用 print 方法。它所做的事情仅仅是调用 history.execute 方法。这样，记录在 history 中的所有历史命令都会被重新执行一遍。

draw 方法是为了实现 Drawable 接口而定义的方法。DrawCanvas 类实现了该方法，它会调用 g.setColor 指定颜色，调用 g.fillOval 画圆点。

代码清单 22-5 DrawCanvas 类（DrawCanvas.java）

```
package drawer;

import command.*;

import java.util.*;
import java.awt.*;
import java.awt.event.*;
import javax.swing.*;

public class DrawCanvas extends Canvas implements Drawable {
    // 颜色
    private Color color = Color.red;
    // 要绘制的圆点的半径
    private int radius = 6;
    // 命令的历史记录
    private MacroCommand history;
    // 构造函数
    public DrawCanvas(int width, int height, MacroCommand history) {
        setSize(width, height);
        setBackground(Color.white);
        this.history = history;
    }
    // 重新全部绘制
    public void paint(Graphics g) {
        history.execute();
```

```
    }
    // 绘制
    public void draw(int x, int y) {
        Graphics g = getGraphics();
        g.setColor(color);
        g.fillOval(x - radius, y - radius, radius * 2, radius * 2);
    }
}
```

Main 类

Main 类（代码清单 22-6）是启动应用程序的类。

在 history 字段中保存的是绘制历史记录。它会被传递给 DrawCanvas 的实例。也就是说，Main 类的实例与 DrawCanvas 类的实例共享绘制历史记录。

canvas 字段表示绘制区域。它的初始值是 400 × 400。

clearButton 字段是用于删除已绘制圆点的按钮。JButton 类是在 javax.swing 包中定义的按钮类。

Main 类的构造函数中设置了用于接收鼠标按下等事件的监听器（listener），并安排了各个控件（组件）在界面中的布局。

为了便于大家在解答本章习题时扩展程序，这里我们将按钮的布局稍微弄得复杂了些。首先，我们设置了一个用于横向放置控件的 buttonBox 按钮盒。请注意，为了可以在里面横向放置控件，我们在调用它的构造函数时传递了参数 BoxLayout.X_AXIS。接着，我们在 buttonBox 中放置了一个 clearButton。然后，又设置了一个用于纵向放置控件的按钮盒 mainBox，并将 buttonBox 和 canvas 置于其中。

最后，我们将 mainBox 置于 JFrame 中。也可以直接在 java.awt.JFrame 中放置控件，不过如果是在 javax.swing.JFrame 中，则必须将控件放置在通过 getContentPane 方法获取的容器之内（图 22-3）。

图 22-3 控件布局

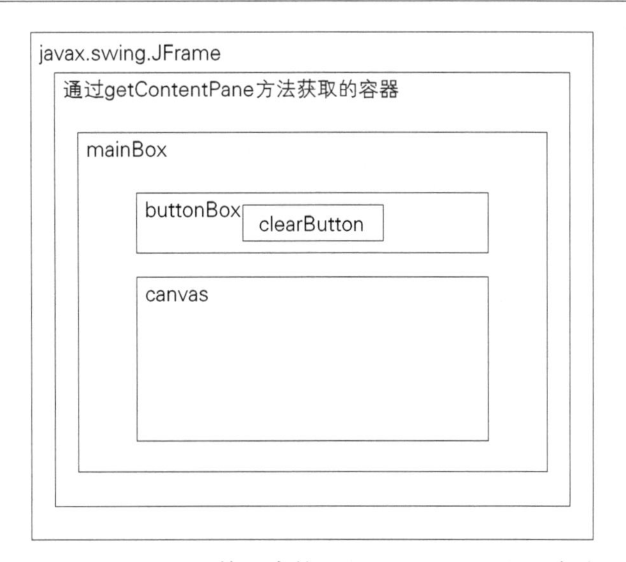

Main 类实现了 ActionListener 接口中的 actionPerformed 方法。clearButton 被按

下后会清空所有绘制历史记录，然后重新绘制 canvas。

Main 类还实现了在 MouseMotionListener 接口中的 mouseMoved 方法和 mouseDragged 方法。当鼠标被拖动时（mouseDragged），会生成一条“在这个位置画点”的命令。该命令会先被添加至绘制历史记录中。

```
history.append(cmd);
```

然后立即执行。

```
cmd.execute();
```

Main 类还实现了在 WindowListener 中定义的那些以 window 开头的方法。除了退出处理的方法（exit）外，其他方法什么都不做。

main 方法中生成了 Main 类的实例，启动了应用程序。

示例程序的时序图如图 22-4 所示。

代码清单 22-6　Main 类（Main.java）

```
import command.*;
import drawer.*;

import java.awt.*;
import java.awt.event.*;
import javax.swing.*;

public class Main extends JFrame implements ActionListener, MouseMotionListener,
WindowListener {
    // 绘制的历史记录
    private MacroCommand history = new MacroCommand();
    // 绘制区域
    private DrawCanvas canvas = new DrawCanvas(400, 400, history);
    // 删除按钮
    private JButton clearButton  = new JButton("clear");

    // 构造函数
    public Main(String title) {
        super(title);

        this.addWindowListener(this);
        canvas.addMouseMotionListener(this);
        clearButton.addActionListener(this);

        Box buttonBox = new Box(BoxLayout.X_AXIS);
        buttonBox.add(clearButton);
        Box mainBox = new Box(BoxLayout.Y_AXIS);
        mainBox.add(buttonBox);
        mainBox.add(canvas);
        getContentPane().add(mainBox);

        pack();
        show();
    }

    // ActionListener 接口中的方法

    public void actionPerformed(ActionEvent e) {
        if (e.getSource() == clearButton) {
```

```
            history.clear();
            canvas.repaint();
        }
    }

    // MouseMotionListener 接口中的方法
    public void mouseMoved(MouseEvent e) {
    }
    public void mouseDragged(MouseEvent e) {
        Command cmd = new DrawCommand(canvas, e.getPoint());
        history.append(cmd);
        cmd.execute();
    }

    // WindowListener 接口中的方法
    public void windowClosing(WindowEvent e) {
        System.exit(0);
    }
    public void windowActivated(WindowEvent e) {}
    public void windowClosed(WindowEvent e) {}
    public void windowDeactivated(WindowEvent e) {}
    public void windowDeiconified(WindowEvent e) {}
    public void windowIconified(WindowEvent e) {}
    public void windowOpened(WindowEvent e) {}

    public static void main(String[] args) {
        new Main("Command Pattern Sample");
    }
}
```

图 22-4　示例程序的时序图

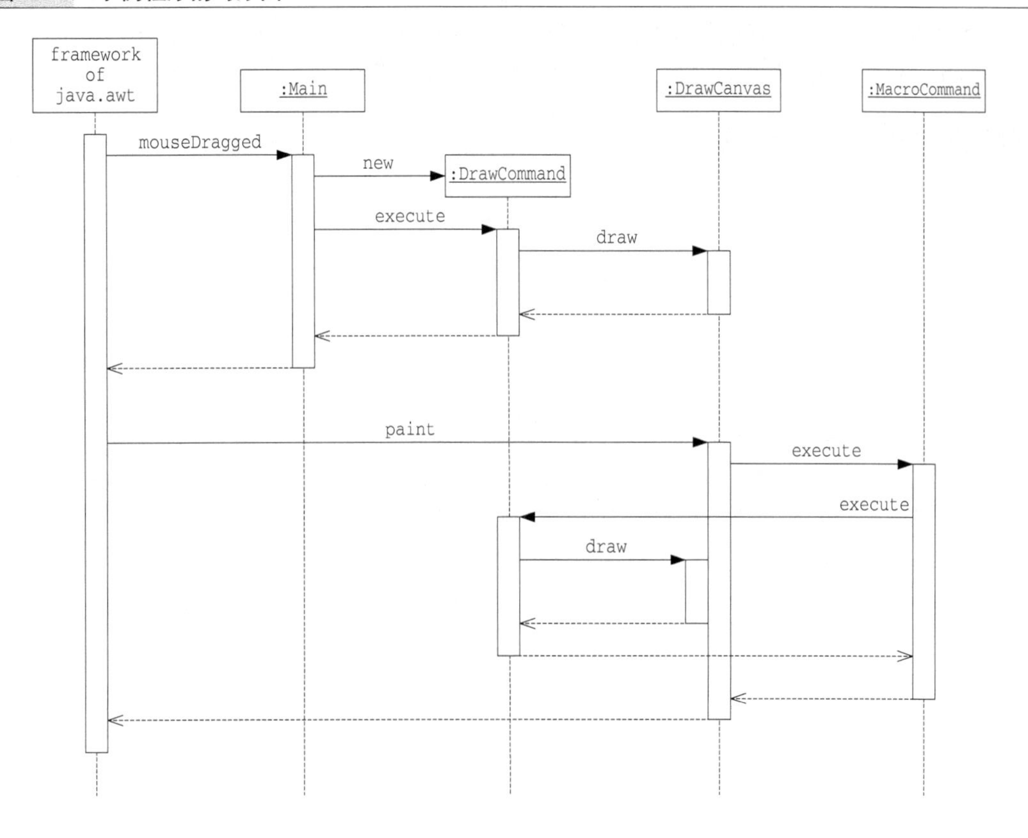

22.3 Command 模式中的登场角色

在 Command 模式中有以下登场角色。

◆ Command（命令）

Command 角色负责定义命令的接口（API）。在示例程序中，由 Command 接口扮演此角色。

◆ ConcreteCommand（具体的命令）

ConcreteCommand 角色负责实现在 Command 角色中定义的接口（API）。在示例程序中，由 MacroCommand 类和 DrawCommand 类扮演此角色。

◆ Receiver（接收者）

Receiver 角色是 Command 角色执行命令时的对象，也可以称其为命令接收者。在示例程序中，由 DrawCanvas 类接收 DrawCommand 的命令。

◆ Client（请求者）

Client 角色负责生成 ConcreteCommand 角色并分配 Receiver 角色。在示例程序中，由 Main 类扮演此角色。在响应鼠标拖拽事件时，它生成了 DrawCommand 类的实例，并将扮演 Receiver 角色的 DrawCanvas 类的实例传递给了 DrawCommand 类的构造函数。

◆ Invoker（发动者）

Invoker 角色是开始执行命令的角色，它会调用在 Command 角色中定义的接口（API）。在示例程序中，由 Main 类和 DrawCanvas 类扮演此角色。这两个类都调用了 Command 接口中的 execute 方法。Main 类同时扮演了 Client 角色和 Invoker 角色。

Command 模式的类图如图 22-5 所示，时序图如图 22-6 所示。

图 22-5 Command 模式的类图

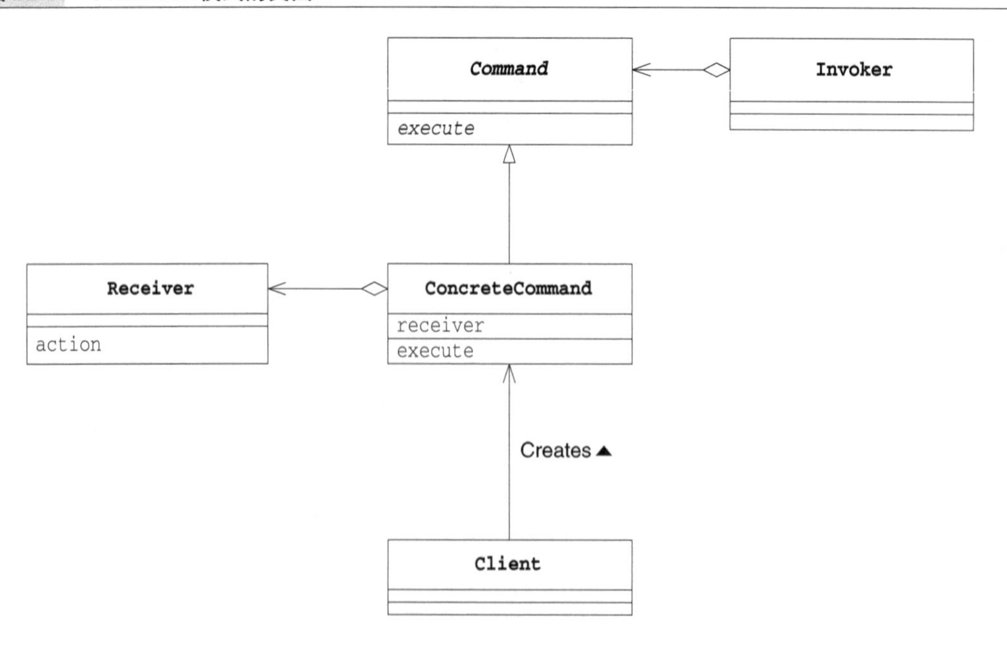

图 22-6 Command 模式的时序图

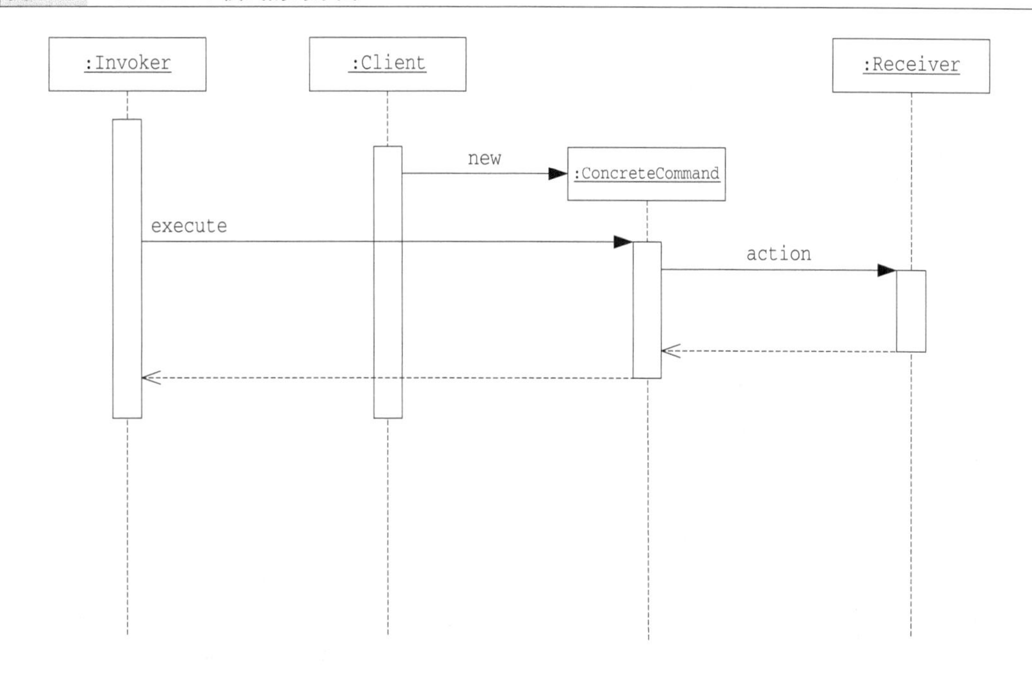

22.4 拓展思路的要点

命令中应该包含哪些信息

关于“命令”中应该包含哪些信息这个问题，其实并没有绝对的答案。命令的目的不同，应该包含的信息也不同。DrawCommand 类中包含了要绘制的点的位置信息，但不包含点的大小、颜色和形状等信息。

假设我们在 DrawCommand 类中保存了“事件发生的时间戳”，那么当重新绘制时，不仅可以正确地画出图形，可能还可以重现出用户鼠标操作的缓急。

在 DrawCommand 类中还有表示绘制对象的 drawable 字段。在示例程序中，由于只有一个 DrawCanvas 的实例，所有的绘制都是在它上面进行的，所以这个 drawable 字段暂时没有太大意义。但是，当程序中存在多个绘制对象（即 Receiver 角色）时，这个字段就可以发挥作用了。这是因为只要 ConcreteCommand 角色自己“知道”Receiver 角色，不论谁来管理或是持有 ConcreteCommand 角色，都是可以执行 execute 方法的。

保存历史记录

在示例程序中，MacroCommand 类的实例（history）代表了绘制的历史记录。在该字段中保存了之前所有的绘制信息。也就是说，如果我们将它保存为文件，就可以永久保存历史记录。

适配器

Java 示例程序的 Main 类（代码清单 22-6）实现了 3 个接口，但是并没有使用这些接口中的全部方法。例如 MouseMotionListener 接口中的以下方法。

```
public void mouseMoved(MouseEvent e)
public void mouseDragged(MouseEvent e)
```

在这两个方法中，我们只用到了 mouseDragged 方法。

再例如，WindowListener 接口中的以下方法。

```
public void windowClosing(WindowEvent e)
public void windowActivated(WindowEvent e)
public void windowClosed(WindowEvent e)
public void windowDeactivated(WindowEvent e)
public void windowDeiconified(WindowEvent e)
public void windowIconified(WindowEvent e)
public void windowOpened(WindowEvent e)
```

在这 7 个方法中，我们仅用到了 windowClosing 方法。

为了简化程序，java.awt.event 包为我们提供了一些被称为**适配器**（Adapter）的类。例如，对于 MouseMotionListener 接口有 MouseMotionAdapter 类；对 WindowListener 接口有 WindowAdapter 类（表 22-2）。这些适配器也是 Adapter 模式（第 2 章）的一种应用。

表 22-2 接口与适配器

接口	适配器
MouseMotionListener	MouseMotionAdapter
WindowListener	WindowAdapter

这里，我们以 MouseMotionAdapter 为例进行学习。该类实现了 MouseMotionListener 接口，即实现了在该接口中定义的所有方法。不过，所有的实现都是空（即什么都不做）的。因此，**我们只要编写一个 MouseMotionAdapter 类的子类，然后实现所需要的方法即可**，而不必在意其他不需要的方法。

特别是把 Java **匿名内部类**（anonymous inner alass）与适配器结合起来使用时，可以更轻松地编写程序。请大家对比以下两段代码，一个是使用了接口 MouseMotionListener 的示例程序（代码清单 22-7），另一个是使用了内部类 MouseMotionAdapter 的示例程序（代码清单 22-8）。请注意，这里省略了其中的细节代码。

代码清单 22-7 使用 MouseMotionListener 接口（需要空的 mouseMoved 方法）

```
public class Main extends JFrame
implements ActionListener, MouseMotionListener, WindowListener {
    ...
    public Main(String title) {
        ...
        canvas.addMouseMotionListener(this);
        ...
    }
    ...
    // MouseMotionListener 接口中的方法
    public void mouseMoved(MouseEvent e) {
    }
```

```
    public void mouseDragged(MouseEvent e) {
        Command cmd = new DrawCommand(canvas, e.getPoint());
        history.append(cmd);
        cmd.execute();
    }
    ...
}
```

代码清单 22-8 使用 MouseMotionAdapter 适配器类（不需要空的 mouseMoved 方法）

```
public class Main extends JFrame
implements ActionListener, WindowListener {
    ...
    public Main(String title) {
        ...
        canvas.addMouseMotionListener(new MouseMotionAdapter() {
            public void mouseDragged(MouseEvent e) {
                Command cmd = new DrawCommand(canvas, e.getPoint());
                history.append(cmd);
                cmd.execute();
            }
        });
        ...
    }
    ...
}
```

如果大家不熟悉内部类的语法，可能难以理解上面的代码。不过，我们仔细看一下代码清单22-8中的代码就会发现如下特点。

- **new MouseMotionAdapter() 这里的代码与生成实例的代码类似**
- **之后的 {...} 部分与类定义（方法的定义）相似**

其实这里是编写了一个 MouseMotionAdapter 类的子类（匿名），然后生成了它的实例。请注意这里只需要重写所需的方法即可，其他什么都不用写。

另外需要说明的是，在编译匿名内部类时，生成的类文件的名字会像下面这样，其命名规则是"主类名 $ 编号 .class"。

```
Main$1.class
```

在习题22-3中，请各位自己修改示例程序，练习如何使用 MouseMotionAdapter 类和 WindowAdapter 类。

22.5 相关的设计模式

◆ Composite 模式（第11章）

有时会使用 Composite 模式实现宏命令（macrocommand）。

◆ **Memento 模式**（第 18 章）

有时会使用 Memento 模式来保存 Command 角色的历史记录。

◆ **Protype 模式**（第 6 章）

有时会使用 Protype 模式复制发生的事件（生成的命令）。

22.6 本章所学知识

在本章中，我们学习了通过用对象表示“命令”来保存命令历史记录和重复执行命令的 Command 模式。有时，用对象表示那些我们没有意识到是“物”的东西会带来意想不到的效果。

22.7 练习题

答案请参见附录 A（P.343）

● **习题 22-1**

请在示例程序中增加“设置颜色”的功能。就像手中握有多支不同颜色的笔一样，设置了新的颜色后，当拖动鼠标时，会画出新颜色的点。

提示 新建一个 ColorCommand 类，用来表示设置颜色命令。

● **习题 22-2**

请在示例程序中增加撤销功能，它的作用是“删除上一次画的点”。

● **习题 22-3**

Java 请修改示例程序，在 Main 类中不使用 MouseMotionListener 接口和 WindowListener 接口，而是使用 MouseMotionAdapter 类和 WindowAdapter 类。

第 23 章　Interpreter 模式

语法规则也是类

begin color begin red blue green end size begin
width 640 end begin height 480 end end

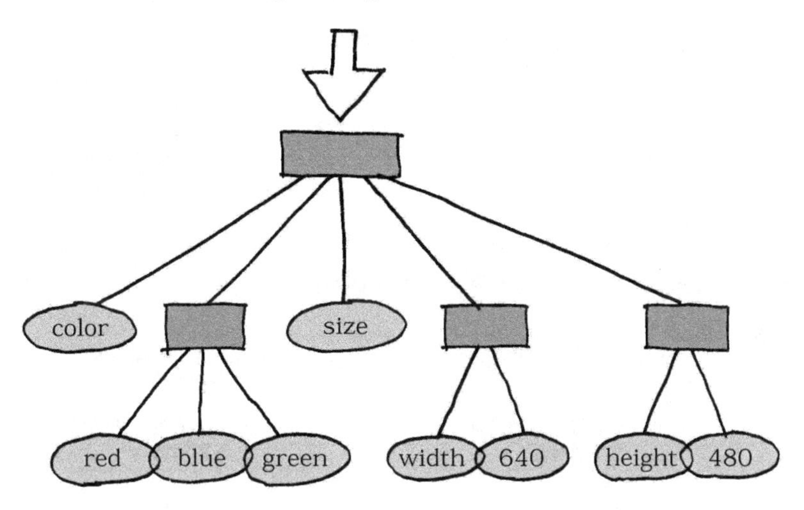

23.1 Interpreter 模式

学习到这里，大家应该已经掌握了不少设计模式。设计模式的目的之一就是提高类的可复用性。可复用性是指不用做太大修改（甚至是不做任何修改）就可以在多种应用场景使用之前编写的类。

在本章中，我们将学习 Interpreter 模式。

在 Interpreter 模式中，程序要解决的问题会被用非常简单的“迷你语言”表述出来，即用“迷你语言”编写的“迷你程序”把具体的问题表述出来。迷你程序是无法单独工作的，我们还需要用 Java 语言编写一个负责“翻译”（interpreter）的程序。翻译程序会理解迷你语言，并解释和运行迷你程序。这段翻译程序也被称为**解释器**。这样，当需要解决的问题发生变化时，不需要修改 Java 语言程序，只需要修改迷你语言程序即可应对。

下面，我们用图示展示一下当问题发生变化时，需要哪个级别的代码。使用 Java 语言编程时，需要修改的代码如图 23-1 所示。虽然我们希望需要修改的代码尽量少，但是多多少少都必须修改 Java 代码。

但是，在使用 Interpreter 模式后，我们就无需修改 Java 程序，只需修改用迷你语言编写的迷你程序即可（图 23-2）。

图 23-1 当问题发生变化时，通常需要修改 Java 程序

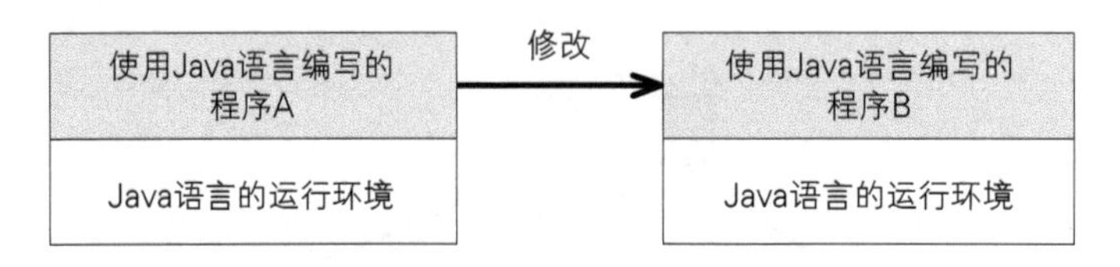

图 23-2 使用 Interpreter 模式后，修改用迷你语言编写的迷你程序

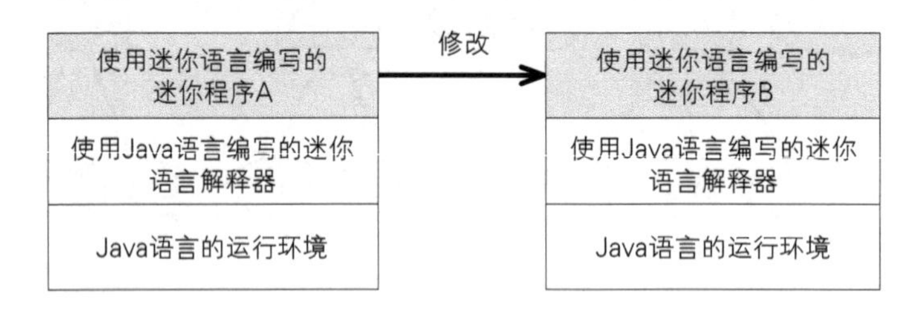

23.2 迷你语言

迷你语言的命令

在开始学习 Interpreter 模式的示例程序之前，我们先来了解一下本章中涉及的“迷你语言”。迷你语言的用途是控制无线玩具车。虽说是控制无线玩具车，其实能做的事情不过以下 3 种。

- 前进 1 米（`go`）
- 右转（`right`）

- 左转（left）

以上就是可以向玩具车发送的命令。go是前进1米后停止的命令；right是原地向右转的命令；left是原地向左转的命令。在实际操作时，是不能完全没有偏差地原地转弯的。为了使问题简单化，我们这里并不会改变玩具车的位置，而是像将其放在旋转桌子上一样，让它转个方向。

如果只是这样，大家可能感觉没什么意思。所以，接下来我们再加一个循环命令。

- 重复（repeat）

以上命令组合起来就是可以控制无线玩具车的迷你语言了。我们会在本章使用迷你语言学习Interpreter模式。

图 23-3 控制无线玩具车的迷你语言

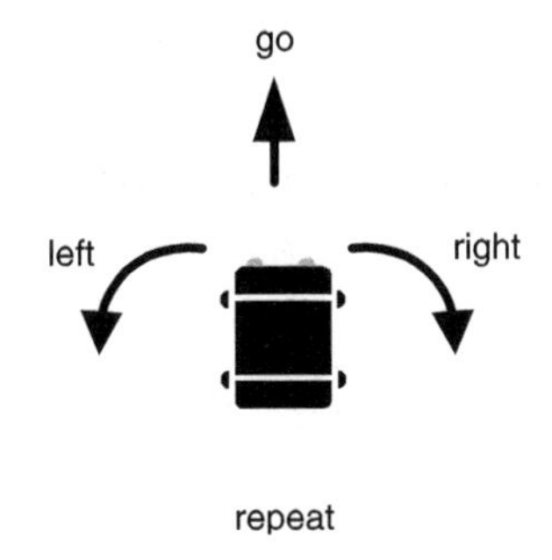

迷你语言程序示例

下面我们来看一段用迷你语言编写的迷你程序。下面这条语句可以控制无线玩具车前进（之后停止）。

```
program go end
```

为了便于大家看出语句的开头和结尾，我们在语句前后分别加上了program和end关键字（我们稍后会学习迷你语言的语法）。这个迷你程序的运行结果请参见图23-4（GUI界面是在习题23-1中加入的）。

图 23-4 program go end 的运行结果

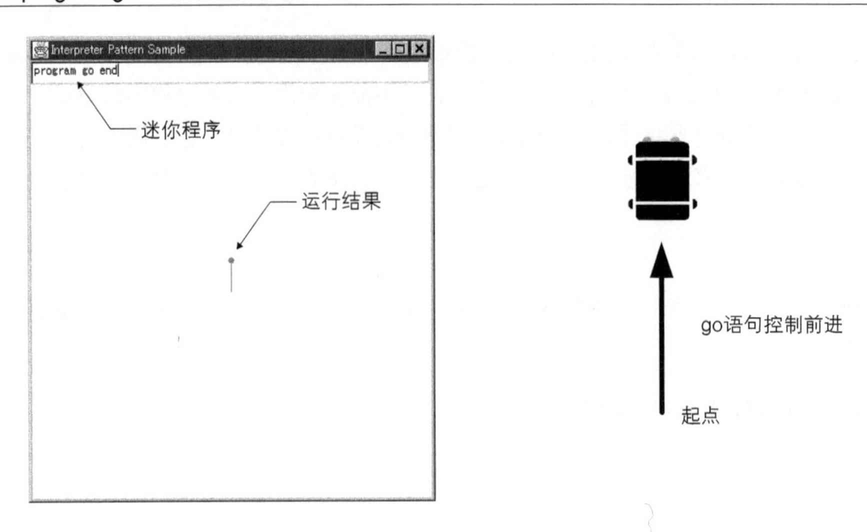

接下来是一段让无线玩具车先前进一米，接着让它右转两次再返回来的程序。

```
program go right right go end
```

再接下来的这段程序是让无线玩具车按照正方形路径行进。其运行结果如图 23-5 所示。

```
program go right go right go right go right end      ……（A）
```

图 23-5 program go right go right go right go right end 的运行结果

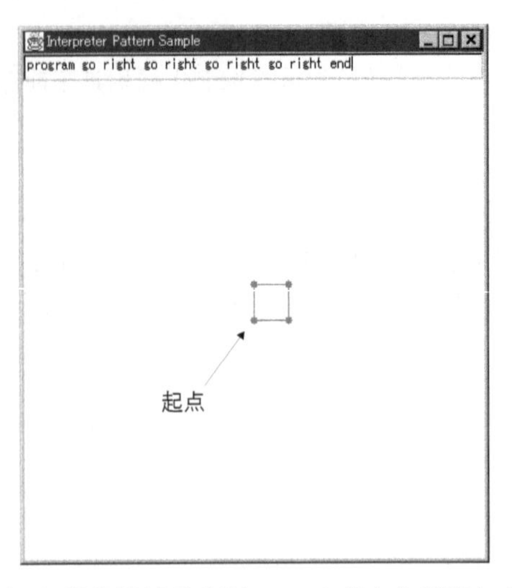

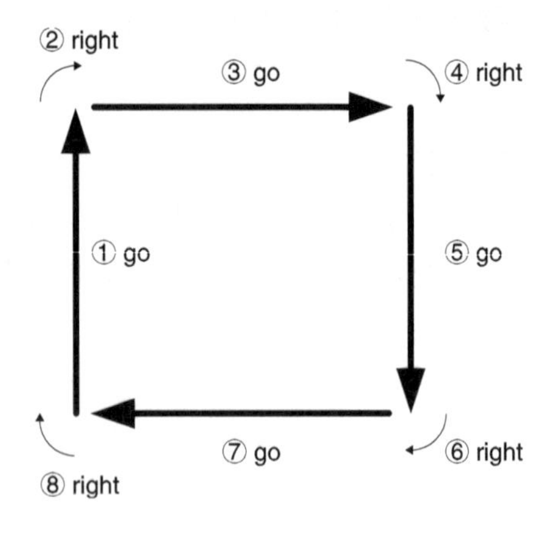

（A）程序的最后（即 end 之前）之所以加上了一个 right，是因为当无线玩具车回到起点后，我们希望它的方向与出发时相同。细心的读者可能会发现，在（A）程序中，重复出现了 4 次 go right。这样，我们可以使用 repeat…end 语句来实现下面的（B）程序（为了能够编写出这段程序，我们需要定义迷你语言的语法）。其运行结果如图 23-6 所示。

```
program repeat 4 go right end end      ……（B）
```

图 23-6 program repeat 4 go right end end 的运行结果（与图 23-5 相同）

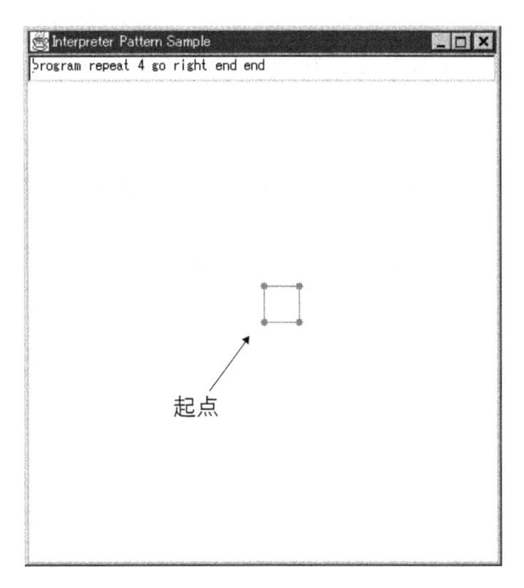

在（B）程序的最后出现了两个 end，其中第一个（左边）end 表示 repeat 的结束，第二个（右边）end 表示 program 的结束。也就是说，程序结构如下。

```
program                程序开始
    repeat                 循环开始
        4                      循环的次数
        go                     前进
        right                  右转
    end                    循环结束
end                    程序结束
```

在大家的脑海中，车轮是不是已经骨碌骨碌转起来了呢？那么，我们再一起看看下面这段程序是如何操控无线玩具车的。

```
program repeat 4 repeat 3 go right go left end right end end
```

现在，玩具车会按照图 23-7 所示的锯齿形状路线前进。这里有两个 repeat，可能会让大家有些难以理解，不过按照下面这样分解一下就很容易理解了。

```
program                程序开始
    repeat                 循环开始（外侧）
        4                      循环的次数
        repeat                 循环开始（内侧）
            3                      循环的次数
            go                     前进
            right                  右转
            go                     前进
            left                   左转
        end                    循环结束（内侧）
        right                  右转
    end                    循环结束（外侧）
end                    程序结束
```

内侧的循环语句是 go right go left，它是一条让无线玩具车“前进后右转，前进后左转”的命令。该命令会重复 3 次。这样，玩具车就会向右沿着锯齿形线路行进。接着，退至外侧循环看，玩具车会连续 4 次“沿着锯齿形线路行进一次后，右转一次”。这样，最终行进路线就变成了一个锯齿样的菱形。

图 23-7 program repeat 4 repeat 3 go right go left end right end end 的运行结果

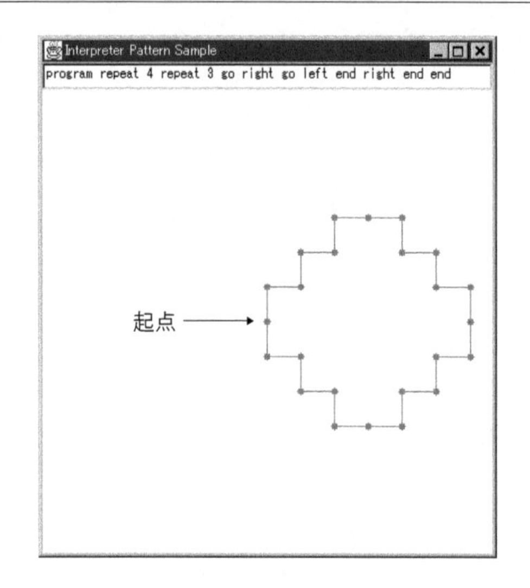

迷你语言的语法

图 23-8 展示了迷你语言的语法。这里使用的描述方法是 BNF 的一个变种[1]。BNF 是 Backus-Naur Form 或 Backus Normal Form 的略称，它经常被用于描述语法。

图 23-8 示例程序中的解释器需要解释的迷你语言语法

```
<program> ::= program <command list>
<command list> ::= <command>* end
<command> ::= <repeat command> | <primitive command>
<repeat command> ::= repeat <number> <command list>
<primitive command> ::= go | right | left
```

我们按照自上而下的顺序进行学习。

```
<program> ::= program <command list>
```

首先，我们**定义**了程序 <program>，即“所谓 <program>，是指 program 关键字后面跟着的命令列表 <command list>”。“::=”的左边表示定义的名字，右边表示定义的内容。

```
<command list> ::= <command>* end
```

接着，我们定义了命令列表 <command list>，即“所谓 <command list>，是指重复 0 次以上 <command> 后，接着一个 end 关键字”。“*”表示前面的内容**循环 0 次以上**。

```
<command> ::= <repeat command> | <primitive command>
```

① 即 EBNF——扩展的巴科斯范式。——译者注

现在，我们来定义 <command>，即“所谓 <command>，是指 <repeat command> 或者 <primitive command>”。该定义中的“|”表示“或”的意思。

```
<repeat command> ::= repeat <number><command list>
```

接下来，我们定义循环命令，即“所谓< repeat command>，是指 repeat 关键字后面跟着循环次数 <number> 和要循环的命令列表 <command list>”。其中的命令列表 <command list> 之前已经定义过了，而在定义命令列表 <command list> 的时候使用了 <command>，在定义 <command> 的时候又使用了 <repeat command>，而在定义 <repeat command> 的时候又使用了 <command list>。像这样，**在定义某个东西时，它自身又出现在了定义的内容中，我们称这种定义为递归定义**。稍后，我们会使用 Java 语言实现迷你语言的解释器，到时候会有相应的代码结构来解释递归定义，因此，请大家先在脑海中记住这个概念。

```
<primitive command> ::= go | right | left
```

这是基本命令 <primitive command> 的定义，即“所谓< primitive command >，是指 go 或者 right 或者 left”。

最后只剩下 <number> 了，要想定义出全部的 <number> 可能非常复杂，这里我们省略了它的定义。总之，请大家把 <number> 看作是 3、4 和 12345 这样的自然数即可。

注意 严格地说，这里使用的是 EBNF。在 BNF 中，循环不是用 * 表示的，而是用递归定义来表示的。

终结符表达式与非终结符表达式

我们先来稍微了解一下语法术语。

前面讲到的像 <primitive command> 这样的不会被进一步展开的表达式被称为“终结符表达式”（Terminal Expression）。我们知道，巴士和列车的终到站被称为终点站，这里的终结符就类似于终点站，它表示语法规则的终点。

与之相对的是，像 <program> 和 <command> 这样的需要被进一步展开的表达式被称为“非终结符表达式”。

23.3 示例程序

迷你语言的学习至此就结束了，下面我们来看看示例程序。这段示例程序实现了一个迷你程序的**语法解析**器。

在之前学习迷你程序的相关内容时，我们分别学习了迷你程序的各个语法部分。像这样将迷你程序当作普通字符分解，然后看看各个部分分别是什么结构的过程，就是语法解析。

例如有如下迷你程序。

```
program repeat 4 go right end end
```

将这段迷你程序推导成为图 23-9 中那样的结构（**语法树**）的处理，就是语法解析。

本章中的示例程序只会实现至推导出语法树。实际地“运行”程序的部分，我们将会在习题 23-1 中实现。

图 23-9 迷你程序 program repeat 4 go right end end 的语法树

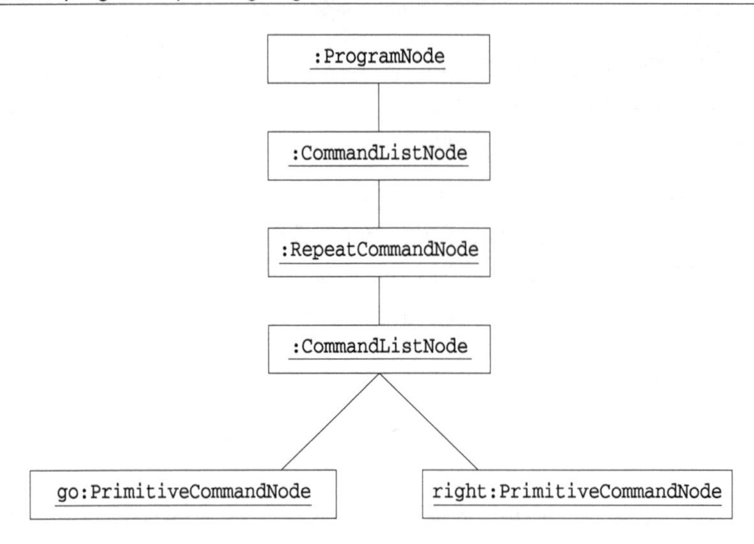

表 23-1 类的一览

名字	说明
Node	表示语法树“节点”的类
ProgramNode	对应 <program> 的类
CommandListNode	对应 <command list> 的类
CommandNode	对应 <command> 的类
RepeatCommandNode	对应 <repeat command> 的类
PrimitiveCommandNode	对应 <primitive command> 的类
Context	表示语法解析上下文的类
ParseException	表示语法解析中可能会发生的异常的类
Main	测试程序行为的类

图 23-10 示例程序的类图

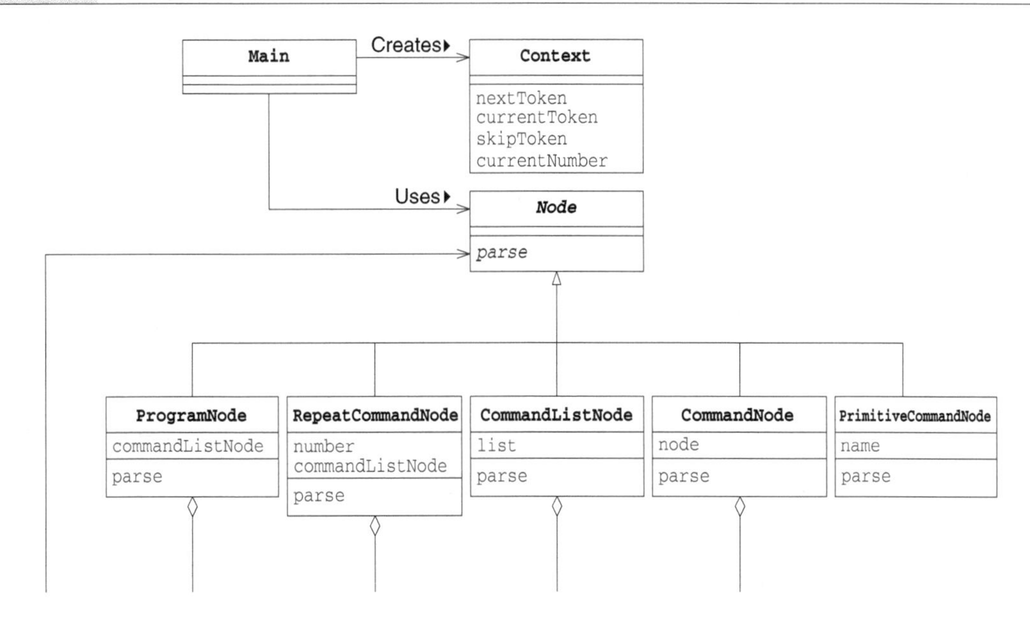

Node 类

Node 类（代码清单 23-1）是语法树中各个部分（**节点**）中的最顶层的类。在 Node 类中只声明了一个 parse 抽象方法，该方法用于"进行语法解析处理"。但 Node 类仅仅是声明该方法，具体怎么解析交由 Node 类的子类负责。parse 方法接收到的参数 Context 是表示语法解析上下文的类，稍后我们将来学习 parse 方法。在 parse 的声明中，我们使用了 throws 关键字。它表示在语法解析过程中如果发生了错误，parse 方法就会抛出 ParseException 异常。

如果只看 Node 类，我们还无法知道具体怎么进行语法解析，所以我们接着往下看。

代码清单 23-1 Node 类（Node.java）

```
public abstract class Node {
    public abstract void parse(Context context) throws ParseException;
}
```

ProgramNode 类

下面我们按照图 23-8 中展示的迷你语言的语法描述（BNF）来看看各个类的定义。首先，我们看看表示程序 <program> 的 ProgramNode 类（代码清单 23-2）。在 ProgramNode 类中定义了一个 Node 类型的 CommandListNode 字段，该字段用于保存 <command list> 对应的结构（节点）。

那么，ProgramNode 的 parse 方法究竟进行了什么处理呢？通过查看迷你语言的 BNF 描述我们可以发现，<program> 的定义中最开始会出现 program 这个单词。因此，我们用下面的语句跳过这个单词。

```
context.skipToken("program");
```

我们称语法解析时的处理单位为**标记**（token）。在迷你语言中，“标记”相当于“英文单词”。在一般的编程语言中，“+”和“==”等也是标记。更具体地说，词法分析（lex）是从文字中得到标记，而语法解析（parse）则是根据标记推导出语法树。

上面的 skipToken 方法可以跳过 program 这个标记。如果没有这个标记就会抛出 ParseException 异常。

继续查看 BNF 描述会发现，在 program 后面会跟着 <command list>。这里，我们会生成 <command list> 对应的 CommandListNode 类的实例，然后调用该实例的 parse 方法。请注意，ProgramNode 类的方法并不知道 <command list> 的内容。即在 ProgramNode 类中实现的内容，并没有超出下面的 BNF 所描述的范围。

```
<program> ::= program <command list>
```

toString 方法用于生成表示该节点的字符串。在 Java 中，连接实例与字符串时会自动调用实例的 toString 方法，因此如下（1）与（2）是等价的。

```
"[program " + commandListNode + "]";                ……（1）
"[program " + commandListNode.toString() + "]";     ……（2）
```

请注意，toString 方法的实现也与上面的 BNF 描述完全相符。

代码清单 23-2　ProgramNode 类（ProgramNode.java）

```
// <program> ::= program <command list>
public class ProgramNode extends Node {
    private Node commandListNode;
    public void parse(Context context) throws ParseException {
        context.skipToken("program");
        commandListNode = new CommandListNode();
        commandListNode.parse(context);
    }
    public String toString() {
        return "[program " + commandListNode + "]";
    }
}
```

CommandListNode 类

下面我们来看看 CommandListNode 类（代码清单 23-3）。<command list> 的 BNF 描述如下。

```
<command list> ::= <command>* end
```

即重复 0 次以上 <command>，然后以 end 结束。为了能保存 0 次以上的 <command>，我们定义了 java.util.ArrayList 类型的字段 list，在该字段中保存与 <command> 对应的 CommandNode 类的实例。

CommandListNode 类的 parse 方法是怎么实现的呢？首先，如果当前的标记 context.currentToken() 是 null，表示后面没有任何标记（也就是已经解析至迷你程序的末尾）了。这时，parse 方法会先设置 ParseException 异常中的消息为“缺少 end（Missing 'end'）”，然后抛出 ParseException 异常。

接下来，如果当前的标记是 end，表示已经解析至 <command list> 的末尾。这时，parse 方法会跳过 end，然后 break 出 while 循环。

再接下来，如果当前的标记不是 end，则表示当前标记是 <command>。这时，parse 方法会生成与 <command> 对应的 commandNode 的实例，并调用它的 parse 方法进行解析。然后，还会将 commandNode 的实例 add 至 list 字段中。

大家应该看出来了，这里的实现也没有超出 BNF 描述的范围。我们在编程时要尽量忠实于 BNF 描述，原封不动地将 BNF 描述转换为 Java 程序。这样做可以降低出现 Bug 的可能性。在编程过程中，往往很容易受到“如果这样改一下可以提高程序效率吧”这样的诱惑，会不自觉地想在类中加入读取更深层次的节点的处理，但这样反而可能会引入意想不到的 Bug。Interpreter 模式本来就采用了迷你语言这样的间接处理，所以要一些小聪明来试图提高效率并不明智。

代码清单 23-3 CommandListNode 类（CommandListNode.java）

```
import java.util.ArrayList;

// <command list> ::= <command>* end
public class CommandListNode extends Node {
    private ArrayList list = new ArrayList();
    public void parse(Context context) throws ParseException {
        while (true) {
            if (context.currentToken() == null) {
                throw new ParseException("Missing 'end'");
            } else if (context.currentToken().equals("end")) {
                context.skipToken("end");
                break;
            } else {
                Node commandNode = new CommandNode();
                commandNode.parse(context);
                list.add(commandNode);
            }
        }
    }
    public String toString() {
        return list.toString();
    }
}
```

CommandNode 类

如果大家理解了前面学习的 ProgramNode 类和 CommandListNode 类，那么应该也可以很快地理解 CommandNode 类（代码清单 23-4）。<command> 的 BNF 描述如下。

```
<command> ::= <repeat command> | <primitive command>
```

在代码中的 Node 类型的 node 字段中保存的是与 <repeat command> 对应的 RepeatCommandNode 类的实例，或与 <primitive command> 对应的 PrimitiveCommandNode 类的实例。

代码清单 23-4 CommandNode 类（CommandNode.java）

```
// <command> ::= <repeat command> | <primitive command>
public class CommandNode extends Node {
```

```
    private Node node;
    public void parse(Context context) throws ParseException {
        if (context.currentToken().equals("repeat")) {
            node = new RepeatCommandNode();
            node.parse(context);
        } else {
            node = new PrimitiveCommandNode();
            node.parse(context);
        }
    }
    public String toString() {
        return node.toString();
    }
}
```

RepeatCommandNode 类

RepeatCommandNode 类（代码清单 23-5）对应 <repeat command> 的类。<repeat command> 的 BNF 描述如下。

```
<repeat command> ::= repeat <number><command list>
```

在代码中，<number> 被保存在 int 型字段 number 中，<command list> 被保存在 Node 型字段 commandListNode 中。

现在，大家应该都注意到 parse 方法的递归关系了。让我们追溯一下 parse 方法的调用关系。

- 在 RepeatCommandNode 类的 parse 方法中，会生成 CommandListNode 的实例，然后调用它的 parse 方法
- 在 CommandListNode 的 parse 方法中，会生成 CommandNode 的实例，然后调用它的 parse 方法
- 在 CommandNode 类的 parse 方法中，会生成 RepeatCommandNode 的实例，然后调用它的 parse 方法
- 在 RepeatCommandNode 类的 parse 方法中……

这样的 parse 方法调用到底要持续到什么时候呢？其实，它的终点就是终结符表达式。在 CommandNode 类的 parse 方法中，程序并不会一直进入 if 语句的 RepeatCommandNode 处理分支中，最终总是会进入 PrimitiveCommandNode 的处理分支。并且，不会从 PrimitiveCommandNode 的 parse 方法中再调用其他类的 parse 方法。关于这一点，稍后我们来学习。

如果不习惯递归定义的处理方式，可能会感觉到这里似乎进入了死循环。其实这是错觉。不论是在 BNF 描述中还是在 Java 程序中，一定都会结束于终结符表达式。如果没有结束于终结符表达式，那么一定是语法描述有问题。

代码清单 23-5 RepeatCommandNode 类（RepeatCommandNode.java）

```
// <repeat command> ::= repeat <number> <command list>
public class RepeatCommandNode extends Node {
    private int number;
    private Node commandListNode;
```

```
    public void parse(Context context) throws ParseException {
        context.skipToken("repeat");
        number = context.currentNumber();
        context.nextToken();
        commandListNode = new CommandListNode();
        commandListNode.parse(context);
    }
    public String toString() {
        return "[repeat " + number + " " + commandListNode + "]";
    }
}
```

PrimitiveCommandNode 类

PrimitiveCommandNode 类（代码清单 23-6）对应的 BNF 描述如下。

```
<primitive command> ::= go | right | left
```

确实，PrimitiveCommandNode 类的 parse 方法没有调用其他类的 parse 方法。

代码清单 23-6 PrimitiveCommandNode 类（PrimitiveCommandNode.java）

```
// <primitive command> ::= go | right | left
public class PrimitiveCommandNode extends Node {
    private String name;
    public void parse(Context context) throws ParseException {
        name = context.currentToken();
        context.skipToken(name);
        if (!name.equals("go") && !name.equals("right") && !name.equals("left")) {
            throw new ParseException(name + " is undefined");
        }
    }
    public String toString() {
        return name;
    }
}
```

Context 类

至此，关于 Node 类以及它的子类的学习就全部结束了。剩下的就是 Context 类了。Context 类（代码清单 23-7）提供了语法解析所必须的方法。

表 23-2 Context 类提供的方法

名字	说明
NextTOken	获取下一个标记（前进至下一个标记）
currentToken	获取当前的标记（不会前进至下一个标记）
skipToken	先检查当前标记，然后获取下一个标记（前进至下一个标记）
currentNumber	获取当前标记对应的数值（不会前进至下一个标记）

这里，我们使用 java.util.StringTokenizer 类来简化了我们的程序，它会将接收到的字符串分割为标记。在分割字符串时使用的分隔符是空格“' '”、制表符“'\t'”、换行符“'\n'”、回车符“'\r'”、换页符“'\f'”（也可以使用其他分隔符，请根据需要查阅 Java 的 API 文档）。

表 23-3 Context 类使用的 java.util.StringTokenizer 的方法

名字	说明
NextTOken	获取下一个标记（前进至下一个标记）
hasMoreTokens	检查是否还有下一个标记

代码清单 23-7 Context 类（Context.java）

```
import java.util.*;

public class Context {
    private StringTokenizer tokenizer;
    private String currentToken;
    public Context(String text) {
        tokenizer = new StringTokenizer(text);
        nextToken();
    }
    public String nextToken() {
        if (tokenizer.hasMoreTokens()) {
            currentToken = tokenizer.nextToken();
        } else {
            currentToken = null;
        }
        return currentToken;
    }
    public String currentToken() {
        return currentToken;
    }
    public void skipToken(String token) throws ParseException {
        if (!token.equals(currentToken)) {
            throw new ParseException("Warning: " + token + " is expected, but " +
currentToken + " is found.");
        }
        nextToken();
    }
    public int currentNumber() throws ParseException {
        int number = 0;
        try {
            number = Integer.parseInt(currentToken);
        } catch (NumberFormatException e) {
            throw new ParseException("Warning: " + e);
        }
        return number;
    }
}
```

ParseException 类

ParseException 类（代码清单 23-7）是表示语法解析时可能发生的异常的类。该类比较简单，没有什么需要特别注意的地方。

代码清单 23-8 ParseException 类（ParseException.java）

```
public class ParseException extends Exception {
    public ParseException(String msg) {
        super(msg);
```

```
    }
}
```

Main 类

Main类(代码清单23-9)是启动我们之前学习的迷你语言解释器的程序。它会读取program.txt文件,然后逐行解析迷你程序,并将解析结果显示出来。

在显示结果中,以“text =”开头的部分是迷你程序语句,以“node =”开头的部分是语法解析结果。图23-11展示了示例程序的运行结果。通过查看运行结果我们可以发现,语法解释器识别出了program … end字符串中的迷你语言的语法元素,并为它们加上了[]。这表示语法解释器正确地理解了我们定义的迷你语言。

注意 将CommandListNode的实例转换为字符串显示出来——例如在[go, right]中加上大括号和逗号——的是java.util.ArrayList的toString方法。

代码清单23-9 Main类(Main.java)

```
import java.util.*;
import java.io.*;

public class Main {
    public static void main(String[] args) {
        try {
            BufferedReader reader = new BufferedReader(new FileReader("program.
txt"));
            String text;
            while ((text = reader.readLine()) != null) {
                System.out.println("text = \"" + text + "\"");
                Node node = new ProgramNode();
                node.parse(new Context(text));
                System.out.println("node = " + node);
            }
            reader.close();
        } catch (Exception e) {
            e.printStackTrace();
        }
    }
}
```

代码清单23-10 迷你程序示例(program.txt)

```
program end
program go end
program go right go right go right go right end
program repeat 4 go right end end
program repeat 4 repeat 3 go right go left end right end end
```

图 23-11　运行结果

```
text = "program end"      ←迷你程序的内容
node = [program []]       ←语法解析结果
text = "program go end"
node = [program [go]]
text = "program go right go right go right go right end"
node = [program [go, right, go, right, go, right, go, right]]
text = "program repeat 4 go right end end"
node = [program [[repeat 4 [go, right]]]]
text = "program repeat 4 repeat 3 go right go left end right end end"
node = [program [[repeat 4 [[repeat 3 [go, right, go, left]], right]]]]
```

23.4　Interpreter 模式中的登场角色

在 Interpreter 模式中有以下登场角色。

AbstractExpression（抽象表达式）

AbstractExpression 角色定义了语法树节点的共同接口（API）。在示例程序中，由 `Node` 类扮演此角色。在示例程序中，共同接口（API）的名字是 `parse`，不过在图 23-12 中它的名字是 `interpreter`。

◆ TerminalExpression（终结符表达式）

TerminalExpression 角色对应 BNF 中的终结符表达式。在示例程序中，由 `PrimitiveCommandNode` 类扮演此角色。

◆ NonterminalExpression（非终结符表达式）

NonterminalExpression 角色对应 BNF 中的非终结符表达式。在示例程序中，由 `ProgramNode` 类、`CommandNode` 类、`RepeatCommandNode` 类和 `CommandListNode` 类扮演此角色。

◆ Context（文脉、上下文）

Context 角色为解释器进行语法解析提供了必要的信息。在示例程序中，由 `Context` 类扮演此角色。

◆ Client（请求者）

为了推导语法树，Client 角色会调用 TerminalExpression 角色和 NonterminalExpression 角色。在示例程序中，由 `Main` 类扮演此角色。

图 23-12 Interpreter 模式的类图

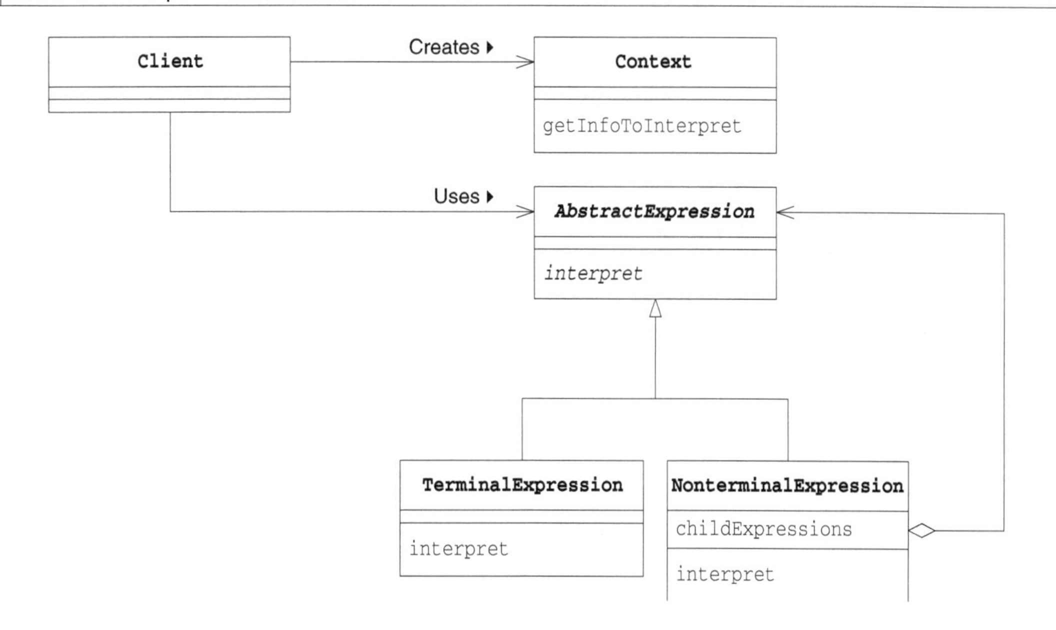

23.5 拓展思路的要点

还有其他哪些迷你语言

在本章中，我们设计了一种操控无线玩具车的迷你语言。当然，这不过是 Interpreter 模式的一个例子而已，这里我们再列举一些其他的迷你语言。

◆正则表达式

在 GoF 书（请参见附录 E [GoF]）中，作者使用正则表达式（regular expression）作为迷你语言示例。在书中，作者使用 Interpreter 模式解释了如下表达式，并推导出语法树。

```
raining & (dogs | cats) *
```

这个表达式的意思是“在 `raining` 后重复出现 0 次以上 `dogs` 或 `cats`”。

◆检索表达式

在 Grand 书（请参见附录 E [Grand]）中，作者讲解了表示单词组合的 Little Language 模式。在书中，该模式可以解释如下表达式并推导出语法树。

```
garlic and not onions
```

这个表达式的意思是“包含 `garlic` 但不包含 `onions`”。

◆批处理语言

Interpreter 模式还可以处理批处理语言，即将基本命令组合在一起，并按顺序执行或是循环执行的语言。本章中的无线玩具车操控就是一种批处理语言。

跳过标记还是读取标记

在制作解释器时，经常会出现多读了一个标记或是漏读了一个标记的 Bug。在编写各个终结符表达式对应的方法时，我们必须时刻注意“进入这个方法时已经读至哪个标记了？出了这个方法时应该读至哪个标记?”

23.6 相关的设计模式

◆ Composite 模式（第 11 章）

NonterminalExpression 角色多是递归结构，因此常会使用 Composite 模式来实现 NonterminalExpression 角色。

◆ Flyweight 模式（第 20 章）

有时会使用 Flyweight 模式来共享 TerminalExpression 角色。

◆ Visitor 模式（第 13 章）

在推导出语法树后，有时会使用 Visitor 模式来访问语法树的各个节点。

23.7 本章所学知识以及本书的结束语

在本章中，我们学习了使用迷你语言解决问题的 Interpreter 模式。此外，我们还讨论了使用 BNF 递归定义语言的方法和推导语法树的方法。

到此为止，我们的 GoF 的 23 种设计模式之旅已经到达终点了。大家有哪些感想呢？对于有些简单的模式大家可能理解得比较透彻了，而对于有些复杂的模式，可能大家还是一知半解。不过，暂且抛开这些具体的模式不谈，想必大家已经掌握了从**“设计模式”的角度去看程序的方法**。抽象类和接口的作用、继承和委托的使用方法、类与方法的可见性、类的可替换性、不用修改代码即可将类作为组件复用的方法……大家是否回忆起了从各章节中学习到的设计模式呢?

那么，本书的内容就到此结束了。希望大家能够使用设计模式编写出非常漂亮的代码。谢谢大家阅读本书。希望有机会与大家相见。

Enjoy Patterns！

23.8 练习题

答案请参见附录 A（P.350）

● 习题 23-1

在示例程序中，我们只进行了语法解析。请修改程序，让示例程序还可以“运行”迷你语言程序。关于如何“运行”`go`、`right` 和 `left` 等基本命令（`<primitive command>`），大家可以自由发挥。

提示 这是本书中最后一道习题了。为了同时总结一下设计模式，我们在答案中还增加了以下功能。

- 使用 GUI 显示基本命令的“运行”结果
- 使用 Facade 模式（第 15 章）使解释器更易于使用
- 编写了一个生成基本命令的类（Factory Method 模式（第 4 章））
- 将解释器的相关代码单独整理至一个包中

图 23-4 至图 23-7 是在学习迷你语言时给大家看过的运行结果图。

附　录

附录 A　习题解答
附录 B　示例程序的运行步骤
附录 C　GoF 对设计模式的分类
附录 D　设计模式 Q&A
附录 E　参考书籍

附录A 习题解答

第 1 章

习题 1-1 的答案

（习题见 P.11）

答案如下。无需对 Main 类中的 while 循环做任何修改。

代码清单 A1-1　BookShelf 类（BookShelf.java）

```
import java.util.ArrayList;

public class BookShelf implements Aggregate {
    private ArrayList books;
    public BookShelf(int initialsize) {
        this.books = new ArrayList(initialsize);
    }
    public Book getBookAt(int index) {
        return (Book)books.get(index);
    }
    public void appendBook(Book book) {
        books.add(book);
    }
    public int getLength() {
        return books.size();
    }
    public Iterator iterator() {
        return new BookShelfIterator(this);
    }
}
```

代码清单 A1-2　Main 类（Main.java）

```
import java.util.*;

public class Main {
    public static void main(String[] args) {
        BookShelf bookShelf = new BookShelf(4);
        bookShelf.appendBook(new Book("Around the World in 80 Days"));
        bookShelf.appendBook(new Book("Bible"));
        bookShelf.appendBook(new Book("Cinderella"));
        bookShelf.appendBook(new Book("Daddy-Long-Legs"));
        bookShelf.appendBook(new Book("East of Eden"));
        bookShelf.appendBook(new Book("Frankenstein"));
        bookShelf.appendBook(new Book("Gulliver's Travels"));
        bookShelf.appendBook(new Book("Hamlet"));
        Iterator it = bookShelf.iterator();
        while (it.hasNext()) {
            Book book = (Book)it.next();
            System.out.println(book.getName());
        }
```

```
    }
}
```

图 A1-1 运行结果

```
Around the World in 80 Days
Bible
Cinderella
Daddy-Long-Legs
East of Eden
Frankenstein
Gulliver's Travels
Hamlet
```

第 2 章

习题 2-1 的答案

（习题见 P.21）

这是想强调“只使用了 Print 接口的方法”。在本章的示例程序中，PrintBanner 类和 Print 接口对外提供的方法是相同的。但是在有些情况下，PrintBanner 类中的方法可能会比 Print 接口中的方法多。通过将对象保存在 Print 类型的变量中并使用该变量，可以明确地表明**程序的意图**，即“并不是使用 PrintBanner 类中的方法，而是使用 Print 接口中的方法”。

补充说明 即使将变量保存在 Print 类型的变量中，如果对象的实际类型是 PrintBanner 类型，那么依然可以通过下面这样的类型转换来调用 PrintBanner 类中独有的方法。

```
((PrintBanner)p).methodWhichExistsOnlyInPrintBanner();
```

如果变量 p 中保存的不是 PrintBanner 类以及它的子类，那么程序在运行时会出错（抛出 java.lang.ClassCastException 异常）。

习题 2-2 的答案

（习题见 P.21）

答案如下。这里使用了基于类的 Adapter 模式。

代码清单 A2-1 FileProperties 类（FileProperties.java）

```
import java.io.*;
import java.util.*;

public class FileProperties extends Properties implements FileIO {
    public void readFromFile(String filename) throws IOException {
        load(new FileInputStream(filename));
    }
    public void writeToFile(String filename) throws IOException {
        store(new FileOutputStream(filename), "written by FileProperties");
    }
    public void setValue(String key, String value) {
        setProperty(key, value);
```

```
    }
    public String getValue(String key) {
        return getProperty(key, "");
    }
}
```

第 3 章

习题 3-1 的答案

（习题见 P.31）

在子类中需要实现的方法是 java.io.InputStream 的 read() 方法（不带参数）。read() 方法会被 java.io.InputStream 的模板方法 read(byte[] b, int off, int len) 循环调用。

也就是说，程序中是子类负责实现具体的“读取 1 个字节”的处理，而在 java.io.InputStream 中只定义了“将指定数量的字节读取到数组中的指定位置”这个模板方法。

习题 3-2 的答案

（习题见 P.31）

这表示在子类中无法重写 display 方法。

该类的编写者强硬地要求子类的编写者“如果想要继承这个类，不要重写 display 方法，请编写其他方法”。

在 GoF 书（请参见附录 E [GoF]）中明确写着不应该重写模板方法。如果想让模板方法无法被重写，那么请使用 final 修饰符。

习题 3-3 的答案

（习题见 P.31）

可以将 AbstractDisplay 类中的 open, print, close 方法的可见性声明为 protected。这样就可以让继承该类的子类调用这些方法，而其他包中的类无法调用这些方法（不过同一个包中的类依然可以调用这些方法）。

习题 3-4 的答案

（习题见 P.31）

这是因为 TemplateMethod 模式中的 AbstractClass 角色必须实现处理的流程。在抽象类中可以实现一部分方法（例如 AbstractDisplay 类中的 display 方法），但是在接口中是无法实现方法的。因此，**在 TemplateMethod 模式中，无法用接口替代抽象类**。

第 4 章

习题 4-1 的答案

（习题见 P.41）

这是因为想让 idcard 包外的类无法 new 出 IDCard 类的实例。这样就可以强迫外部必须通过 IDCardFactory 来生成 IDCard 的实例。

例如，在Main类（无名包）中，是无法像下面这样生成IDCard的实例的。在编译时，这行代码会报错。

```
IDCard idcard = new IDCard("小明");
```

补充说明　在Java中，只有同一个包中的类可以访问不带public、protected、private等修饰符的构造函数和方法。

习题4-2的答案

（习题见P.41）

代码请参见代码清单A4-1和代码清单A4-2。不用修改framework.Product类（代码清单4-1）、framework.Factory类（代码清单4-2）和Main类（代码清单4-5）。请注意，即使修改了IDCard类和IDCardFactory类，也**完全不用修改框架的代码**。

编号是从100开始的，但是这并没有什么特别的意思。

之所以将IDCardFactory类的createProduct方法定义为synchronized方法，是为了防止程序在多线程运行时为不同的实例分配相同的编号。

代码清单A4-1　添加了编号的IDCard类（IDCard.java）

```
package idcard;
import framework.*;

public class IDCard extends Product {
    private String owner;
    private int serial;
    IDCard(String owner, int serial) {
        System.out.println("制作" + owner + "(" + serial + ")" + "的ID卡。");
        this.owner = owner;
        this.serial = serial;
    }
    public void use() {
        System.out.println("使用" + owner + "(" + serial + ")" + "的ID卡。");
    }
    public String getOwner() {
        return owner;
    }
    public int getSerial() {
        return serial;
    }
}
```

代码清单A4-2　添加了编号的IDCardFactory类（IDCardFactory.java）

```
package idcard;
import framework.*;
import java.util.*;

public class IDCardFactory extends Factory {
    private HashMap database = new HashMap();
    private int serial = 100;
    protected synchronized Product createProduct(String owner) {
        return new IDCard(owner, serial++);
    }
    protected void registerProduct(Product product) {
```

```
        IDCard card = (IDCard)product;
        database.put(new Integer(card.getSerial()), card.getOwner());
    }
    public Hashtable getDatabase() {
        return database;
    }
}
```

图 A4-1 运行结果

```
制作小明（100）的ID卡。
制作小红（101）的ID卡。
制作小刚（102）的ID卡。
使用小明（100）的ID卡。
使用小红（101）的ID卡。
使用小刚（102）的ID卡。
```

习题 4-3 的答案

（习题见 P.41）

这是因为在 Java 中**无法定义 abstract 的构造函数**。在 Java 中，构造函数是不会被继承的，因此定义 abstract 的构造函数没有任何意义。

要想实现习题中的需求，不应当在构造函数中设置产品的名字，而应当另外声明一个设置产品名字的专用方法。

第 5 章

习题 5-1 的答案

（习题见 P.47）

代码请参见代码清单 A5-1。

这里稍微有些偏离了 Singleton 模式的话题。请注意 getNextTicketNumber 方法是 synchronized 方法，这是为了能让 getNextTicketNumber 在多线程环境下正常工作。如果没有将它定义为 synchronized 方法，在多线程环境中可能会返回相同的编号。

代码清单 A5-1 Singleton 模式的 TicketMaker 类（TicketMaker.java）

```
public class TicketMaker {
    private int ticket = 1000;
    private static TicketMaker singleton = new TicketMaker();
    private TicketMaker() {
    }
    public static TicketMaker getInstance() {
        return singleton;
    }
    public synchronized int getNextTicketNumber() {
        return ticket++;
    }
}
```

代码清单 A5-2 调用 TicketMaker 类的 Main 类（Main.java）

```
public class Main {
    public static void main(String[] args) {
        System.out.println("Start.");
        for (int i = 0; i < 10; i++) {
            System.out.println(i + ":" + TicketMaker.getInstance().
getNextTicketNumber());
        }
        System.out.println("End.");
    }
}
```

图 A5-1 运行结果

```
Start.
0:1000
1:1001
2:1002
3:1003
4:1004
5:1005
6:1006
7:1007
8:1008
9:1009
End.
```

习题 5-2 的答案

（习题见 P.47）

让 `Triple` 类（代码清单 A5-3）的实例持有自己的编号（`id`）和一个静态 `Triple` 类型的数组，并事先在数组中保存 3 个 `Triple` 类的实例。`getInstance` 方法接收的参数是数组的下标，它会返回 1 个数组下标所对应的 `Triple` 的实例。

为了在用字符串表示 `Triple` 的实例时能看到它的编号，我们实现了 `toString` 方法。

代码清单 A5-3 Triple 类（Triple.java）

```
public class Triple {
    private static Triple[] triple = new Triple[] {
        new Triple(0),
        new Triple(1),
        new Triple(2),
    };
    private int id;
    private Triple(int id) {
        System.out.println("The instance " + id + " is created.");
        this.id = id;
    }
    public static Triple getInstance(int id) {
        return triple[id];
    }
    public String toString() {
        return "[Triple id=" + id + "]";
    }
}
```

代码清单 A5-4 调用 Triple 类的 Main 类（Main.java）

```
public class Main {
    public static void main(String[] args) {
        System.out.println("Start.");
        for (int i = 0; i < 9; i++) {
            Triple triple = Triple.getInstance(i % 3);
            System.out.println(i + ":" + triple);
        }
        System.out.println("End.");
    }
}
```

图 A5-2 运行结果

```
Start.
The instance 0 is created.
The instance 1 is created.
The instance 2 is created.
0:[Triple id=0]
1:[Triple id=1]
2:[Triple id=2]
3:[Triple id=0]
4:[Triple id=1]
5:[Triple id=2]
6:[Triple id=0]
7:[Triple id=1]
8:[Triple id=2]
End.
```

●请不习惯静态字段的读者注意

在代码清单 A5-3 中，Triple 类的 triple 字段会在生成 Triple 类的实例时被初始化，但这并不会形成无限循环。大家可能会有“在生成 Triple 类的实例时需要 Triple 类的实例”这种错觉，其实不然。之所以不会形成无限循环，是因为 triple 字段并不是实例的字段，而是静态字段。triple 字段的初始化只会在第一次生成时进行，之后生成 Triple 类的实例时不会再初始化 triple 字段。如果不将 triple 字段定义为静态字段，就会进入无限循环，在运行时会报错（堆栈溢出）。

习题 5-3 的答案

（习题见 P.47）

这是因为在多个线程几乎同时调用 Singleton.getInstances 方法时，可能会生成多个实例。

代码清单 A5-5 多个线程调用 Singleton.getInstances 方法（Main.java）

```
public class Main extends Thread {
    public static void main(String[] args) {
        System.out.println("Start.");
        new Main("A").start();
        new Main("B").start();
        new Main("C").start();
        System.out.println("End.");
    }
```

```
    public void run() {
        Singleton obj = Singleton.getInstance();
        System.out.println(getName() + ": obj = " + obj);
    }
    public Main(String name) {
        super(name);
    }
}
```

代码清单 A5-5 的运行结果会根据运行时计算机的状态不同而不同，为了确保能生成多个实例，我们将 `Singleton` 类修改为代码清单 A5-6 中的代码。图 A5-3 是运行结果示例。

代码清单 A5-6　为了确保能生成多个实例，我们故意降低了程序处理速度（Singleton.java）

```
public class Singleton {
    private static Singleton singleton = null;
    private Singleton() {
        System.out.println("生成了一个实例。");
        slowdown();
    }
    public static Singleton getInstance() {
        if (singleton == null) {
            singleton = new Singleton();
        }
        return singleton;
    }
    private void slowdown() {
        try {
            Thread.sleep(1000);
        } catch (InterruptedException e) {
        }
    }
}
```

图 A5-3　运行结果示例

```
Start.
End.
生成了一个实例。                    ←生成多个实例
生成了一个实例。
生成了一个实例。
A: obj = Singleton@6ec612           ←A, B, C 中实例的内容不同
B: obj = Singleton@dd1f7
C: obj = Singleton@53c015
```

在以上代码中，如下条件判断是线程不安全的。

```
if (singleton == null) {
    singleton = new Singleton();
}
```

在使用 `singleton == null` 判断第一个实例是否为 `null` 后，执行了下面的语句。

```
singleton = new Singleton();
```

但是，在赋值之前，其他线程可能会进行 singleton == null 判断。

因此，只有像代码清单 A5-7 中那样，定义 getInstance 方法为 synchronized 方法后才是严谨的 Singleton 模式（该解决方案参考了 Warren 书（请参见附录 E [Warren]））。详细内容请参见笔者的另外一本拙著《图解设计模式：多线程》[①]（附录 E [Yuki02]）中的附录 B。

代码清单 A5-7　严谨的 Singleton 模式（Singleton.java）

```
public class Singleton {
    private static Singleton singleton = null;
    private Singleton() {
        System.out.println("生成了一个实例。");
        slowdown();
    }
    public static synchronized Singleton getInstance() {
        if (singleton == null) {
            singleton = new Singleton();
        }
        return singleton;
    }
    private void slowdown() {
        try {
            Thread.sleep(1000);
        } catch (InterruptedException e) {
        }
    }
}
```

第 6 章

习题 6-1 的答案

（习题见 P.59）

例如，有以下两种方法。

- 将 Product 接口修改为 Product 类，在 Product 类中实现 createClone 方法（Template Method 模式）
- 定义一个 ConcreteProduct 类作为 UnderlinePen 类和 MessagePen 类的父类，让 ConcreteProduct 类实现 Product 接口，并实现 createClone 方法

不论哪种解决方法，都是通过继承来共用 createClone 方法。

习题 6-2 的答案

（习题见 P.59）

没有，java.lang.Object 类并没有实现 java.lang.Cloneable 接口。

如果 Object 类实现了 Cloneable 接口，那么无论是哪个类的实例调用 clone 方法，都不会抛出 CloneNotSupportedException 异常。

① 原书名为『Java 言語で学ぶデザインパターン入門　マルチスレッド編』，人民邮电出版社即将引进出版。——译者注

第 7 章

习题 7-1 的答案

（习题见 P.70）

需要修改如下 3 个地方。代码清单 7-2 中的 Director 类和 7-5 中的 Main 类则无需修改。

- **Builder 类（代码清单 7-1）中的修改点**

```
public abstract class Builder
  ↓
public interface Builder
```

- **TextBuilder 类（代码清单 7-3）中的修改点**

```
public class TextBuilder extends Builder
  ↓
public class TextBuilder implements Builder
```

- **HTMLBuilder 类（代码清单 7-4）中的修改点**

```
public class HTMLBuilder extends Builder
  ↓
public class HTMLBuilder implements Builder
```

习题 7-2 的答案

（习题见 P.70）

在 Builder 类中加入检查调用顺序的方法。然后，像下面这样修改子类中需要实现的方法（Template Method 模式）。

```
makeTitle  → buildTitle
makeString → buildString
makeItems  → buildItems
close      → buildDone
```

由于只有 Builder 类的子类需要使用以上这些方法，所以我们将这些方法的可见性从 public 变为 protected。

这样一来，就无需对 Director 类做任何修改了。

代码清单 A7-1　Builder 类（Builder.java）

```
public abstract class Builder {
    private boolean initialized = false;
    public void makeTitle(String title) {
        if (!initialized) {
            buildTitle(title);
            initialized = true;
        }
    }
    public void makeString(String str) {
        if (initialized) {
            buildString(str);
        }
    }
```

```
    public void makeItems(String[] items) {
        if (initialized) {
            buildItems(items);
        }
    }
    public void close() {
        if (initialized) {
            buildDone();
        }
    }
    protected abstract void buildTitle(String title);
    protected abstract void buildString(String str);
    protected abstract void buildItems(String[] items);
    protected abstract void buildDone();
}
```

代码清单 A7-2　HTMLBuilder 类（HTMLBuilder.java）

```
import java.io.*;

public class HTMLBuilder extends Builder {
    private String filename;                                  // 文件名
    private PrintWriter writer;                               // 用于编写文件的 PrintWriter
    protected void buildTitle(String title) {                 // HTML 文件的标题
        filename = title + ".html";                           // 将标题作为文件名
        try {
           writer = new PrintWriter(new FileWriter(filename));   // 生成 PrintWriter
        } catch (IOException e) {
            e.printStackTrace();
        }
        writer.println("<html><head><title>" + title + "</title></head><body>"); // 输出标题
        writer.println("<h1>" + title + "</h1>");
    }
    protected void buildString(String str) {                  // HTML 中的文字
        writer.println("<p>" + str + "</p>");                 // 输出 <p> 标签
    }
    protected void buildItems(String[] items) {               // HTML 中的条目
        writer.println("<ul>");                               // 输出 <ul> 和 <li>
        for (int i = 0; i < items.length; i++) {
            writer.println("<li>" + items[i] + "</li>");
        }
        writer.println("</ul>");
    }
    protected void buildDone() {                              // 完成文档
        writer.println("</body></html>");                     // 关闭标签
        writer.close();                                       // 关闭文件
    }
    public String getResult() {
        return filename;                                      // 返回文件名
    }
}
```

代码清单 A7-3　TextBuilder 类（TextBuilder.java）

```
public class TextBuilder extends Builder {
    private StringBuffer buffer = new StringBuffer();         // 文档内容保存在该字段中
    protected void buildTitle(String title) {                 // 纯文本的标题
        buffer.append("==============================\n");    // 装饰线
        buffer.append("『" + title + "』\n");                 // 为标题添加『』
```

```
        buffer.append("\n");                                    // 换行
    }
    protected void buildString(String str) {                    // 纯文本的字符串
        buffer.append('■' + str + "\n");                        // 为字符串添加■
        buffer.append("\n");                                    // 换行
    }
    protected void buildItems(String[] items) {                 // 纯文本的条目
        for (int i = 0; i < items.length; i++) {
            buffer.append(" · " + items[i] + "\n");             // 为条目添加·
        }
        buffer.append("\n");                                    // 换行
    }
    protected void buildDone() {                                // 完成文档
        buffer.append("==============================\n");      // 装饰线
    }
    public String getResult() {
        return buffer.toString();                               // 将StringBuffer转换为String
    }
}
```

然后，我们还可以在程序中加上“close 方法处理完成后，不能再调用其他方法”等限制。

以上只是一种答案。除此之外，还有很多方法可以解答该题。

习题 7-3 的答案　（习题见 P.71）

这里，我们编写了一个基于 JFC（Java Foundation Classes）的 GUI 界面来扮演 ConreteBuilder 角色。在 FrameBuilder 类中，我们使用窗口上的标签（JLabel）实现了 makeString 部分，使用窗口上的按钮（JButton）实现了 makeItems 部分。而 Builder 类和 Director 类则与示例程序完全相同。

程序运行后会显示图 A7-1 中的窗口。点击“早上好”按钮，按钮中的“早上好”会在标准输出中显示出来。

代码清单 A7-4　FrameBuilder 类（FrameBuilder.java）

```
import javax.swing.*;
import java.awt.event.*;
import java.awt.*;

public class FrameBuilder extends Builder implements ActionListener {
    private JFrame frame = new JFrame();
    private Box box = new Box(BoxLayout.Y_AXIS);
    public void makeTitle(String title) {
        frame.setTitle(title);
    }
    public void makeString(String str) {
        box.add(new JLabel(str));
    }
    public void makeItems(String[] items) {
        Box innerbox = new Box(BoxLayout.Y_AXIS);
        for (int i = 0; i < items.length; i++) {
            JButton button = new JButton(items[i]);
            button.addActionListener(this);
            innerbox.add(button);
        }
        box.add(innerbox);
```

```
    }
    public void close() {
        frame.getContentPane().add(box);
        frame.pack();
        frame.addWindowListener(new WindowAdapter() {
            public void windowClosing(WindowEvent e) {
                System.exit(0);
            }
        });
    }
    public JFrame getResult() {
        return frame;
    }
    public void actionPerformed(ActionEvent e) {
        System.out.println(e.getActionCommand());
    }
}
```

代码清单 A7-5　Main 类（Main.java）

```
import javax.swing.*;

public class Main {
    public static void main(String[] args) {
        FrameBuilder framebuilder = new FrameBuilder();
        Director director = new Director(framebuilder);
        director.construct();
        JFrame frame = framebuilder.getResult();
        frame.setVisible(true);
    }
}
```

图 A7-1　运行结果

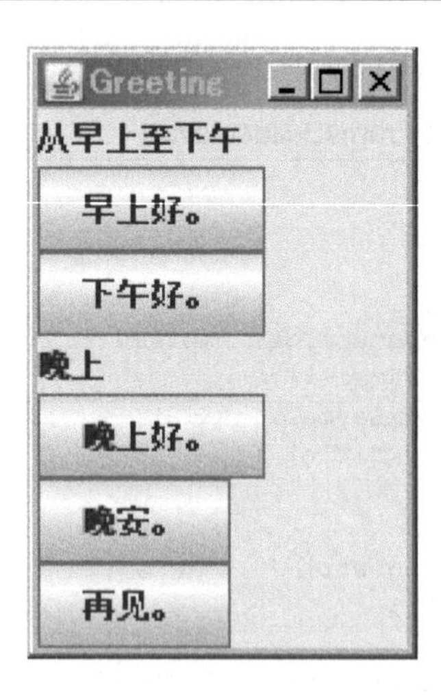

习题 7-4 的答案

（习题见 P.71）

可以像下面这样，使用 String 类型的变量作为参数，然后将 append 修改为 += 即可。不过当像示例程序中这样，频繁地改变和连接字符串时，使用 StringBuffer 的效率比使用 String

更高。这是因为，在使用 String 修改和连接字符串时，每次都会生成一个新的 String 类的实例，产生额外的开销。

代码清单 A7-6 TextBuilder 类（TextBuilder.java）

```
public class TextBuilder extends Builder {
    private String buffer = "";                                  // 文档内容保存在该字段中
    public void makeTitle(String title) {                        // 纯文本的标题
        buffer += "==============================\n";            // 装饰线
        buffer += "『" + title + "』\n";                         // 为标题加上『』
        buffer += "\n";                                          // 换行
    }
    public void makeString(String str) {                         // 纯文本的字符串
        buffer += '■' + str + "\n";                              // 为字符串添加■
        buffer += "\n";                                          // 换行
    }
    public void makeItems(String[] items) {                      // 纯文本的条目
        for (int i = 0; i < items.length; i++) {
            buffer += "    ·" + items[i] + "\n";                  // 为条目添加·
        }
        buffer += "\n";                                          // 换行
    }
    public void close() {                                        // 完成文档
        buffer += "==============================\n";            // 装饰线
    }
    public String getResult() {                                  // 完成后的文档
        return buffer;
    }
}
```

第 8 章

习题 8-1 的答案

（习题见 P.91）

可见性设置为 private 的优点是 Tray 的子类（即具体的零件）不会依赖于 tray 字段的实现。

可见性设置为 private 的缺点是必须重新编写一些方法，让外部可以访问自身。

通常，与将字段的可见性设置为 protected 相比，将字段的可见性设置为 private，然后编写用于访问字段的方法会更安全。

习题 8-2 的答案

（习题见 P.91）

修改方法如下。需要修改的只有 Factory 类和 Main 类。

代码清单 A8-1 Factory 类（Factory.java）

```
package factory;

public abstract class Factory {
    public static Factory getFactory(String classname) {
        Factory factory = null;
        try {
            factory = (Factory)Class.forName(classname).newInstance();
```

```
        } catch (ClassNotFoundException e) {
            System.err.println(" 没有找到 " + classname + " 类。");
        } catch (Exception e) {
            e.printStackTrace();
        }
        return factory;
    }
    public abstract Link createLink(String caption, String url);
    public abstract Tray createTray(String caption);
    public abstract Page createPage(String title, String author);
    public Page createYahooPage() {
        Link link = createLink("Yahoo!", "http://www.yahoo.com/");
        Page page = createPage("Yahoo!", "Yahoo!");
        page.add(link);
        return page;
    }
}
```

代码清单 A8-2 Main 类（Main.java）

```
import factory.*;

public class Main {
    public static void main(String[] args) {
        if (args.length != 1) {
            System.out.println("Usage: java Main class.name.of.ConcreteFactory");
            System.out.println("Example 1: java Main listfactory.ListFactory");
            System.out.println("Example 2: java Main tablefactory.TableFactory");
            System.exit(0);
        }
        Factory factory = Factory.getFactory(args[0]);
        Page page = factory. createYahooPage ();
        page.output();
    }
}
```

图 A8-1 使用了 listfactory 的指向 Yahoo! 的链接

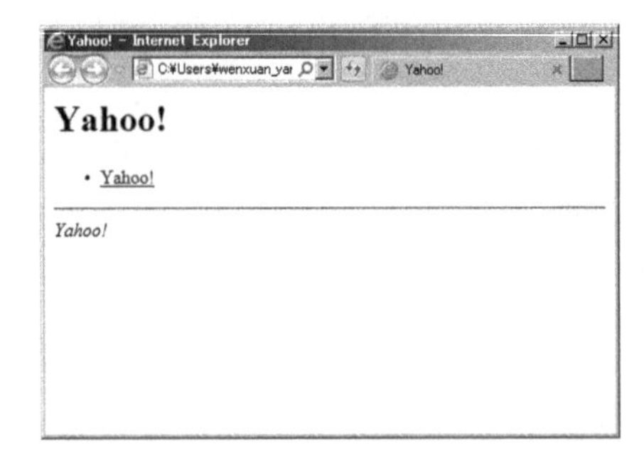

图 A8-2　使用了 tablefactory 的指向 Yahoo! 的链接

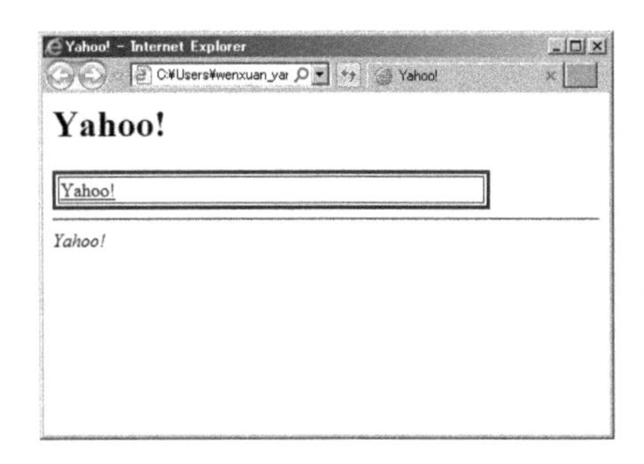

习题 8-3 的答案

（习题见 P.91）

这是因为在 Java 中无法继承构造函数。

即使在父类中有 `Link(String caption, String url)` 构造函数，如果在 `ListLink` 类中不定义 `ListLink(String caption, String url)` 构造函数，就无法像下面这样生成实例，还会在编译代码时出错。

```
new ListLink("Yahoo!", "http://www.yahoo.com/")
```

习题 8-4 的答案

（习题见 P.91）

这是因为无法向 `Tray` 中添加 `Page`（不符合 HTML 规范）。如果将 `Page` 类定义为 `Tray` 类的子类，那么 `Page` 也就变成了 `Item` 类的子类，导致其可以被添加至 `Tray` 中。

我们没有这么做，因此我们需要在 `Page` 类中声明 `makeHTML` 方法。当然，如果像下面这样定义一个 Java 接口 `HTMLable`，在其中声明一个 `makeHTML` 方法，然后让 `Item` 类和 `Page` 类都实现（`implements`）`HTMLable` 接口，代码会变得更加简洁和干净。

```
public interface HTMLable {
    public abstract String makeHTML();
}
```

第 9 章

习题 9-1 的答案

（习题见 P.102）

这里应该在“类的功能层次”中增加类。

直接让 `RandomCountDisplay` 类（代码清单 A9-1）继承 `Display` 类也可以，不过这里我们让它继承 `CountDisplay` 类。

`java.util.Random` 是一个随机数生成器，`nextInt(n)` 方法会随机生成和返回一个大于 `0` 小于 `n` 的随机数。

`Main` 类（代码清单 A9-2）调用了 `RandomCountDisplay` 的 `randomDisplay` 方法。程序运行后，会随机显示 0 至 9 次 `"Hello, China."`。

代码清单 A9-1　RandomCountDisplay 类（RandomCountDisplay.java）

```
import java.util.Random;

public class RandomCountDisplay extends CountDisplay {
    private Random random = new Random();
    public RandomCountDisplay(DisplayImpl impl) {
        super(impl);
    }
    public void randomDisplay(int times) {
        multiDisplay(random.nextInt(times));
    }
}
```

代码清单 A9-2　Main 类（Main.java）

```
public class Main {
    public static void main(String[] args) {
        RandomCountDisplay d = new RandomCountDisplay(new StringDisplayImpl("Hello,
China."));
        d.randomDisplay(10);
    }
}
```

图 A9-1　程序运行结果示例 1（重复运行了 4 次。每次运行结果可能都不同）

```
+-------------+
|Hello, China.|
|Hello, China.|
|Hello, China.|
|Hello, China.|
+-------------+
```

图 A9-2　程序运行结果示例 2（重复运行了 8 次）

```
+-------------+
|Hello, China.|
|Hello, China.|
|Hello, China.|
|Hello, China.|
|Hello, China.|
|Hello, China.|
|Hello, China.|
|Hello, China.|
+-------------+
```

图 A9-2　程序运行结果示例 3（重复运行了 0 次）

```
+-------------+
+-------------+
```

类图请参见图 A9-4。

图 A9-4　增加 RandomCountDisplay类后的类图

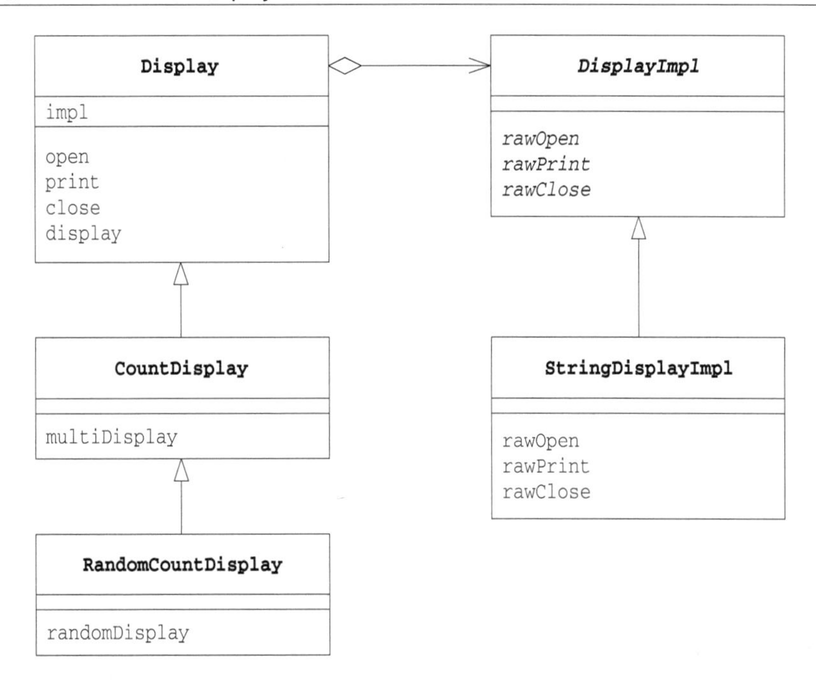

习题 9-2 的答案

（习题见 P.102）

这里应该在“类的实现层次”中添加类，我们编写了一个 `DisplayImpl` 类的子类——`FileDisplayImpl` 类。

在代码清单 A9-3 中的 `FileDisplayImpl` 类中，只是负责显示太过简单了，所以我们用其添加了一些装饰。

代码清单 A9-4 中的 `Main` 类调用 `CountDisplay` 类和 `FileDisplayImpl` 类来显示 3 次 `star.txt` 文件中的内容（代码清单 A9-5）。

如果使用上一道习题中的 `RandomCountDisplay` 类和 `FileDisplayImpl` 类，则可以显示随机次 `star.txt` 文件中的内容。

代码清单 A9-3　FileDisplayImpl 类（FileDisplayImpl.java）

```
import java.io.*;

public class FileDisplayImpl extends DisplayImpl {
    private String filename;
    private BufferedReader reader;
    private final int MAX_READAHEAD_LIMIT = 4096; // 循环显示的极限（缓存大小限制）
    public FileDisplayImpl(String filename) {
        this.filename = filename;
    }
    public void rawOpen() {
        try {
            reader = new BufferedReader(new FileReader(filename));
            reader.mark(MAX_READAHEAD_LIMIT);
        } catch (IOException e) {
            e.printStackTrace();
        }
```

```
        System.out.println("=-=-=-=-=-= " + filename + " =-=-=-=-=-="); // 装饰框
    }
    public void rawPrint() {
        try {
            String line;
            reader.reset(); // 回到 mark 的位置
            while ((line = reader.readLine()) != null) {
                System.out.println("> " + line);
            }
        } catch (IOException e) {
            e.printStackTrace();
        }
    }
    public void rawClose() {
        System.out.println("=-=-=-=-=-= "); // 装饰框
        try {
            reader.close();
        } catch (IOException e) {
            e.printStackTrace();
        }
    }
}
```

代码清单 A9-4　Main 类（Main.java）

```
public class Main {
    public static void main(String[] args) {
        CountDisplay d = new CountDisplay(new FileDisplayImpl("star.txt"));
        d.multiDisplay(3);
    }
}
```

代码清单 A9-5　要显示的文件（Star.txt）

```
Twinkle, twinkle, little star,
How I wonder what you are.
```

图 A9-5　运行结果

```
=-=-=-=-=-= star.txt =-=-=-=-=-=
> Twinkle, twinkle, little star,
> How I wonder what you are.
> Twinkle, twinkle, little star,
> How I wonder what you are.
> Twinkle, twinkle, little star,
> How I wonder what you are.
=-=-=-=-=-=
```

类图请参见图 A9-6。

图 A9-6　增加 FileDisplayImpl类后的类图

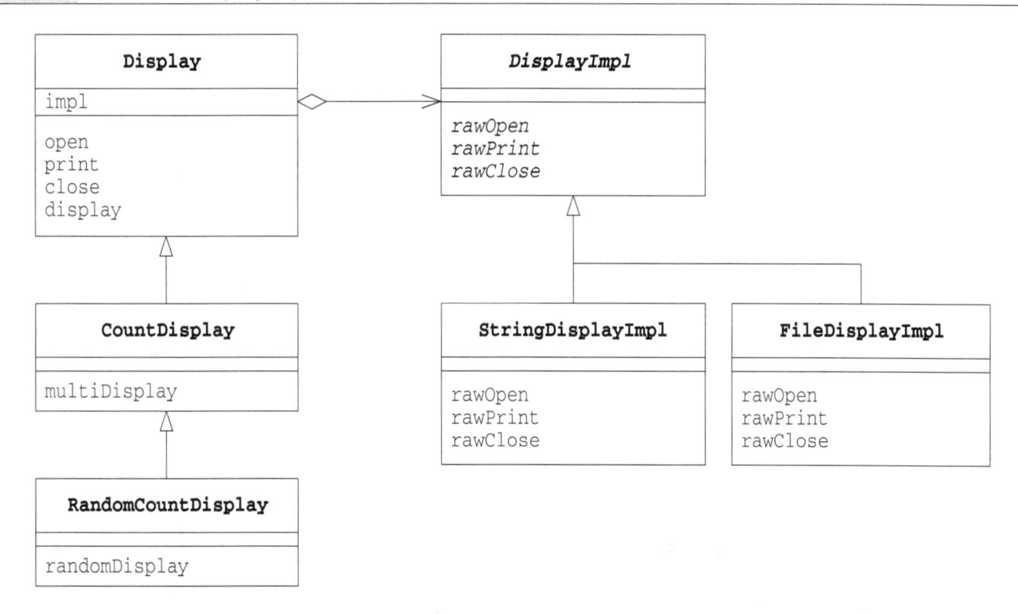

习题 9-3 的答案

（习题见 P.102）

习题让我们将一个类同时加入到类的功能层次结构中和类的实现层次结构中。但是，如果我们将要增加的类**从功能上和实现上分为两个类，将"功能类"加入到类的功能层次结构中，将"实现类"加入类的实现层次结构中**，Bridge 模式就非常适用于这种场景了。而且，采用这样的实现方法，"功能类"还可以被其他类（`CountDisplay` 类和 `RandomCountDisplay` 类）使用，"实现类"也可以在其他类（`StringDisplayImpl` 类和 `FileDisplayImpl` 类）上正常工作。

我们将习题中的类从实现和功能上分为以下两个类。

- `IncreaseDisplay` 类（代码清单 A9-6）：表示逐渐增加显示次数的"功能上"的类
- `CharDisplayImpl` 类（代码清单 A9-7）：表示以字符显示的"实现上"的类

代码清单 A9-6　IncreaseDisplay 类（IncreaseDisplay.java）

```
public class IncreaseDisplay extends CountDisplay {
    private int step; // 递增步长
    public IncreaseDisplay(DisplayImpl impl, int step) {
        super(impl);
        this.step = step;
    }
    public void increaseDisplay(int level) {
        int count = 0;
        for (int i = 0; i < level; i++) {
            multiDisplay(count);
            count += step;
        }
    }
}
```

代码清单 A9-7　CharDisplayImpl 类（CharDisplayImpl.java）

```
public class CharDisplayImpl extends DisplayImpl {
    private char head;
    private char body;
    private char foot;
    public CharDisplayImpl(char head, char body, char foot) {
        this.head = head;
        this.body = body;
        this.foot = foot;
    }
    public void rawOpen() {
        System.out.print(head);
    }
    public void rawPrint() {
        System.out.print(body);
    }
    public void rawClose() {
        System.out.println(foot);
    }
}
```

代码清单 A9-8　Main 类（Main.java）

```
public class Main {
    public static void main(String[] args) {
        IncreaseDisplay d1 = new IncreaseDisplay(new CharDisplayImpl('<', '*', '>'), 1);
        IncreaseDisplay d2 = new IncreaseDisplay(new CharDisplayImpl('|', '#', '-'), 2);
        d1.increaseDisplay(4);
        d2.increaseDisplay(6);
    }
}
```

图 A9-7　运行结果

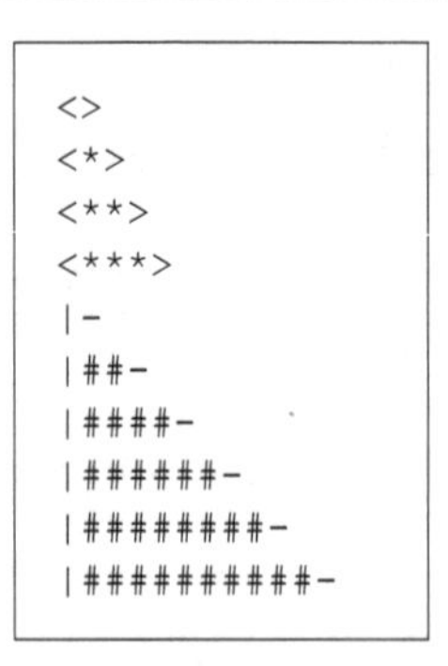

类图请参见图 A9-8。类图中包含了示例程序中的所有类和练习题中的所有类。大家可以看出图中左侧是类的功能层次结构，右侧是类的实现层次结构，中间是通过委托连接它们二者的桥梁吗？

图 A9-8　增加了 IncreaseDisplay类和 CharDisplayImpl类的类图

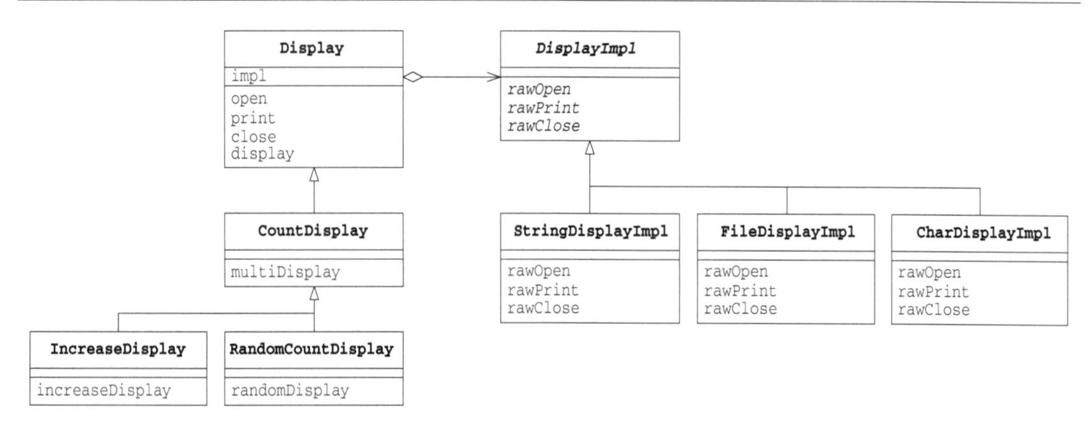

第 10 章

习题 10-1 的答案

（习题见 P.113）

如代码清单 A10-1 所示。由于我们让其随意出手势，因此 study 方法是空方法。

代码清单 A10-1　RandomStrategy 类（RandomStrategy.java）

```
import java.util.Random;

public class RandomStrategy implements Strategy {
    private Random random;
    public RandomStrategy(int seed) {
        random = new Random(seed);
    }
    public void study(boolean win) {
    }
    public Hand nextHand() {
        return Hand.getHand(random.nextInt(3));
    }
}
```

代码清单 A10-2　Main 类（Main.java）

```
public class Main {
    public static void main(String[] args) {
        if (args.length != 2) {
            System.out.println("Usage: java Main randomseed1 randomseed2");
            System.out.println("Example: java Main 314 15");
            System.exit(0);
        }
        int seed1 = Integer.parseInt(args[0]);
        int seed2 = Integer.parseInt(args[1]);
        Player player1 = new Player("Taro", new ProbStrategy(seed1));
        Player player2 = new Player("Hana", new RandomStrategy(seed2));
        for (int i = 0; i < 10000; i++) {
            Hand nextHand1 = player1.nextHand();
            Hand nextHand2 = player2.nextHand();
```

```
            if (nextHand1.isStrongerThan(nextHand2)) {
                System.out.println("Winner:" + player1);
                player1.win();
                player2.lose();
            } else if (nextHand2.isStrongerThan(nextHand1)) {
                System.out.println("Winner:" + player2);
                player1.lose();
                player2.win();
            } else {
                System.out.println("Even...");
                player1.even();
                player2.even();
            }
        }
        System.out.println("Total result:");
        System.out.println(player1.toString());
        System.out.println(player2.toString());
    }
}
```

习题 10-2 的答案

（习题见 P.113）

这是因为本来 Hand 类的实例就只有 3 个（石头、剪刀、布）。如果两个实例中的 handvalue 字段的值相等，那么也就意味着它们是相同的实例。

习题 10-3 的答案

（习题见 P.113）

在 Java 中，没有被显式地初始化的字段会被自动初始化。boolean 类型的字段会被初始化为 false；数值类型的字段会被初始化为 0；引用类型的字段会被初始化为 null。

注意 虽然字段会被自动初始化，但局部变量不会被自动初始化。

习题 10-4 的答案

（习题见 P.114）

QuickSorter 类（代码清单 A10-3）使用了快速排序算法。

代码清单 A10-3 QuickSorter 类（QuickSorter.java）

```
public class QuickSorter implements Sorter {
    Comparable[] data;
    public void sort(Comparable[] data) {
        this.data = data;
        qsort(0, data.length - 1);
    }
    private void qsort(int pre, int post) {
        int saved_pre = pre;
        int saved_post = post;
        Comparable mid = data[(pre + post) / 2];
        do {
            while (data[pre].compareTo(mid) < 0) {
                pre++;
            }
            while (mid.compareTo(data[post]) < 0) {
                post--;
```

```
            }
            if (pre <= post) {
                Comparable tmp = data[pre];
                data[pre] = data[post];
                data[post] = tmp;
                pre++;
                post--;
            }
        } while (pre <= post);
        if (saved_pre < post) {
            qsort(saved_pre, post);
        }
        if (pre < saved_post) {
            qsort(pre, saved_post);
        }
    }
}
```

代码清单 A10-4　Main 类（Main.java）

```
public class Main {
    public static void main(String[] args) {
        String[] data = {
            "Dumpty", "Bowman", "Carroll", "Elfland", "Alice",
        };
        SortAndPrint sap = new SortAndPrint(data, new QuickSorter());
        sap.execute();
    }
}
```

第 11 章

习题 11-1 的答案

（习题见 P.127）

例如，HTML 中的列表（ul 标签、ol 标签、dl 标签）和表格等都可以用 Composite 模式表示。

习题 11-2 的答案

（习题见 P.127）

有许多实现方法。这里我们在 Entry 类中定义一个 parent 字段（它表示当前目录条目的上一级文件夹）。根目录（最上级目录）的 parent 是 null。然后通过从 Entry 类接收到的实例，即 parent 字段开始向上追溯来显示出完整的目录路径。需要修改的是 Entry 类和 Directory 类。可以通过 Directory 类的 add 方法改变 parent 字段。

代码清单 A11-1　修改后的 Entry 类（Entry.java）

```
public abstract class Entry {
    protected Entry parent;
    public abstract String getName();
    public abstract int getSize();
    public Entry add(Entry entry) throws FileTreatmentException {
```

```
        throw new FileTreatmentException();
    }
    public void printList() {
        printList("");
    }
    protected abstract void printList(String prefix);
    public String toString() {
        return getName() + " (" + getSize() + ")";
    }
    public String getFullName() {
        StringBuffer fullname = new StringBuffer();
        Entry entry = this;
        do {
            fullname.insert(0, "/" + entry.getName());
            entry = entry.parent;
        } while (entry != null);
        return fullname.toString();
    }
}
```

代码清单 A11-2　修改后的 Directory 类（Directory.java）

```
import java.util.Iterator;
import java.util.ArrayList;

public class Directory extends Entry {
    private String name;
    private ArrayList directory = new ArrayList();
    public Directory(String name) {
        this.name = name;
    }
    public String getName() {
        return name;
    }
    public int getSize() {
        int size = 0;
        Iterator it = directory.iterator();
        while (it.hasNext()) {
            Entry entry = (Entry)it.next();
            size += entry.getSize();
        }
        return size;
    }
    public Entry add(Entry entry) {
        directory.add(entry);
        entry.parent = this;
        return this;
    }
    protected void printList(String prefix) {
        System.out.println(prefix + "/" + this);
        Iterator it = directory.iterator();
        while (it.hasNext()) {
            Entry entry = (Entry)it.next();
            entry.printList(prefix + "/" + name);
        }
    }
}
```

代码清单 A11-3 修改后的 Main 类（Main.java）

```
public class Main {
    public static void main(String[] args) {
        try {
            Directory rootdir = new Directory("root");

            Directory usrdir = new Directory("usr");
            rootdir.add(usrdir);

            Directory yuki = new Directory("yuki");
            usrdir.add(yuki);

            File file = new File("Composite.java", 100);
            yuki.add(file);
            rootdir.printList();

            System.out.println("");
            System.out.println("file = " + file.getFullName());
            System.out.println("yuki = " + yuki.getFullName());
        } catch (FileTreatmentException e) {
            e.printStackTrace();
        }
    }
}
```

图 A11-1 运行结果

```
/root (100)
/root/usr (100)
/root/usr/yuki (100)
/root/usr/yuki/Composite.java (100)

file = /root/usr/yuki/Composite.java
yuki = /root/usr/yuki
```

第 12 章

习题 12-1 的答案 （习题见 P.142）

答案如下。

代码清单 A12-1 UpDownBorder 类（UpDownBorder.java）

```
public class UpDownBorder extends Border {
    private char borderChar;                                 // 表示装饰边框的字符
    public UpDownBorder(Display display, char ch) { // 通过构造函数指定Display和装饰边框字符
        super(display);
        this.borderChar = ch;
    }
    public int getColumns() {                                // 字符数与要显示的内容的字符数相同
        return display.getColumns();
    }
    public int getRows() {                                   // 行数是内容的行数加上上下边框
```

```
        return 1 + display.getRows() + 1;
    }
    public String getRowText(int row) {            // 获取指定行的内容
        if (row == 0 || row == getRows() - 1) {
            return makeLine(borderChar, getColumns());
        } else {
            return display.getRowText(row - 1);
        }
    }
    private String makeLine(char ch, int count) {  // 生成一个由 count 个字符 ch 连续组成
                                                   // 的字符串
        StringBuffer buf = new StringBuffer();
        for (int i = 0; i < count; i++) {
            buf.append(ch);
        }
        return buf.toString();
    }
}
```

在 FullBorder 类（代码清单 12-5）中也有一个 makeLine 方法。因此，我们也可以将 makeLine 方法放置在父类 Border 类中，并设置它的可见性为 protected。

习题 12-2 的答案

（习题见 P.143）

答案如下。为了保持宽度固定，updateColumn 方法会在字符串的最后补上空格。

代码清单 A12-2 MultiStringDisplay 类（MultiStringDisplay.java）

```
import java.util.ArrayList;

public class MultiStringDisplay extends Display {
    private ArrayList body = new ArrayList();      // 要显示的字符串
    private int columns = 0;                       // 最大字符数
    public void add(String msg) {                  // 添加字符串
        body.add(msg);
        updateColumn(msg);
    }
    public int getColumns() {                      // 获取字符数
        return columns;
    }
    public int getRows() {                         // 获取行数
        return body.size();
    }
    public String getRowText(int row) {            // 获取指定行的内容
        return (String)body.get(row);
    }
    private void updateColumn(String msg) {        // 更新字符数
        if (msg.getBytes().length > columns) {
            columns = msg.getBytes().length;
        }
        for (int row = 0; row < body.size(); row++) {
            int fills = columns - ((String)body.get(row)).getBytes().length;
            if (fills > 0) {
                body.set(row, body.get(row) + spaces(fills));
            }
        }
    }
    private String spaces(int count) {             // 补上空格
```

```
        StringBuffer buf = new StringBuffer();
        for (int i = 0; i < count; i++) {
            buf.append(' ');
        }
        return buf.toString();
    }
}
```

第 13 章

习题 13-1 的答案

（习题见 P.157）

代码请参见代码清单 A13-1。不需要修改 File.java（代码清单 13-4）和 Directory.java（代码清单 13-5）。

代码清单 A13-1　FileFindVisitor 类（FileFindVisitor.java）

```
import java.util.Iterator;
import java.util.ArrayList;

public class FileFindVisitor extends Visitor {
    private String filetype;
    private ArrayList found = new ArrayList();
    public FileFindVisitor(String filetype) {      // 指定 . 后面的文件后缀名，如 ".txt"
        this.filetype = filetype;
    }
    public Iterator getFoundFiles() {              // 获取已经找到的文件
        return found.iterator();

    public void visit(File file) {                 // 在访问文件时被调用
        if (file.getName().endsWith(filetype)) {
            found.add(file);
        }
    }
    public void visit(Directory directory) {       // 在访问文件夹时被调用
        Iterator it = directory.iterator();
        while (it.hasNext()) {
            Entry entry = (Entry)it.next();
            entry.accept(this);
        }
    }
}
```

习题 13-2 的答案

（习题见 P.158）

代码请参见代码清单 A13-2 和代码清单 A13-3。运行结果与修改 `Directory` 类前相同。

代码清单 A13-2　Directory 类（Directory.java）

```
import java.util.Iterator;
import java.util.ArrayList;

public class Directory extends Entry {
```

```
    private String name;                          // 文件夹名字
    private ArrayList dir = new ArrayList();  // 目录条目的集合
    public Directory(String name) {               // 构造函数
        this.name = name;
    }
    public String getName() {                     // 获取名字
        return name;
    }
    public int getSize() {                        // 获取大小
        SizeVisitor v = new SizeVisitor();
        accept(v);
        return v.getSize();
    }
    public Entry add(Entry entry) {               // 添加目录条目
        dir.add(entry);
        return this;
    }
    public Iterator iterator() {
        return dir.iterator();
    }
    public void accept(Visitor v) {
        v.visit(this);
    }
}
```

代码清单 A13-3　SizeVisitor 类（SizeVisitor.java）

```
import java.util.Iterator;

public class SizeVisitor extends Visitor {
    private int size = 0;
    public int getSize() {
        return size;
    }
    public void visit(File file) {
        size += file.getSize();
    }
    public void visit(Directory directory) {
        Iterator it = directory.iterator();
        while (it.hasNext()) {
            Entry entry = (Entry)it.next();
            entry.accept(this);
        }
    }
}
```

习题 13-3 的答案

（习题见 P.158）

我们定义了一个实现了 Element 接口并继承了 java.util.ArrayList 类的 ElementArrayList 类（代码清单 A13-4）。这里没有必要定义 add 方法，因为它是继承于 ArrayList 类。

代码清单 A13-4　ElementArrayList 类（ElementArrayList.java）

```
import java.util.ArrayList;
import java.util.Iterator;

class ElementArrayList extends ArrayList implements Element {
```

```
    public void accept(Visitor v) {
        Iterator it = iterator();
        while (it.hasNext()) {
            Element e = (Element)it.next();
            e.accept(v);
        }
    }
}
```

习题 13-4 的答案

（习题见 P.159）

是效率原因。

String 类是 Java 语言中用于处理字符串的基本类，扮演着非常重要的角色。因此，Java 编译器以“不能继承 String 类”为前提对 String 类的处理速度和内存消耗量都进行了优化。

第 14 章

习题 14-1 的答案

（习题见 P.169）

next 字段中保存的多是控件父窗口。当控件自身无法处理接收到的请求时，会将请求转交给它的父窗口。

习题 14-2 的答案

（习题见 P.170）

图 A14-1 展示了图 14-5 中的对话框的责任链。箭头指向要推卸给的对象，即 next。

“键盘方向键被按下”的事件（请求）会被发送给当前焦点所处的列表框或是勾选框。如果当时焦点在列表框中，列表框会自己处理↑↓键被按下的事件，不会将请求推卸给 next 所对应的父对话框；但如果当时焦点在勾选框中，它则不会自己处理↑↓键被按下的事件，而是将请求推卸给 next 所对应的父对话框。当父对话框接收到↑↓键被按下的事件时，会将焦点移动至列表框中。这样就解释了习题 14-2 中描述的现象。

图 A14-1　对话框、列表、勾选框之间的关系图

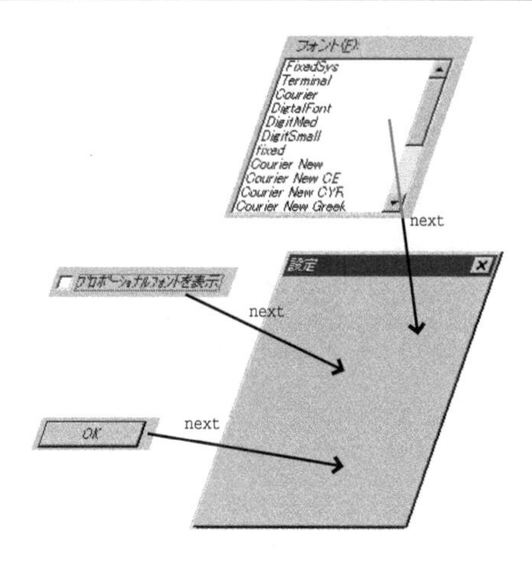

习题 14-3 的答案

（习题见 P.170）

这表示设计者希望 Support 类接收到“解决问题”的请求后，不要使用 resolve 方法，而是使用 support 方法。

如果将 resolve 方法的可见性设为 public，那么与 Support 类无关的其他类就都可以调用 resolve 方法了。这样可能会导致外部对 resolve 方法的使用方法与 Support 类所期待的使用方法不符。

此外，如果将 resolve 方法的可见性设为 public，可能会发生当 resolve 方法的名字和签名发生改变时，必须修改散落在程序中各个地方的代码的问题。

注意 在 Java 中，如果方法的可见性是 protected，不仅该类的子类可以看到该方法，同一个包中的其他类也可以看到该方法。因此，像在示例中这样所有代码放在一个包中时，可见性设置为 public 和 protected 是没有区别的。不过假如将来将它们分别放在不同的包中，protected 就可以发挥出它的威力了。

习题 14-4 的答案

（习题见 P.170）

使用循环来实现的代码请参见代码清单 A14-1。

代码清单 A14-1　修改后的 Support 类（Support.java）

```
public abstract class Support {
    private String name;                          // 解决问题的实例的名字
    private Support next;                         // 要推卸给的对象
    public Support(String name) {                 // 生成解决问题的实例
        this.name = name;
    }
    public Support setNext(Support next) {        // 设置要推卸给的对象
        this.next = next;
        return next;
    }
    public final void support(Trouble trouble) {
        for (Support obj = this; true; obj = obj.next) {
            if (obj.resolve(trouble)) {
                obj.done(trouble);
                break;
            } else if (obj.next == null) {
                obj.fail(trouble);
                break;
            }
        }
    }
    public String toString() {                    // 显示字符串
        return "[" + name + "]";
    }
    protected abstract boolean resolve(Trouble trouble); // 解决问题的方法
    protected void done(Trouble trouble) {        // 解决
        System.out.println(trouble + " is resolved by " + this + ".");
    }
    protected void fail(Trouble trouble) {        // 未解决
        System.out.println(trouble + " cannot be resolved.");
    }
}
```

第 15 章

习题 15-1 的答案

（习题见 P.179）

在 Database 类（代码清单 15-1）和 HtmlWriter 类（代码清单 15-2）的定义中，像下面这样将 public 去掉后，就无法从 pagemaker 包外部使用 Database 类和 HtmlWriter 类的名字了（即使不删除它们中的方法所带有的 public 修饰符也无所谓）。

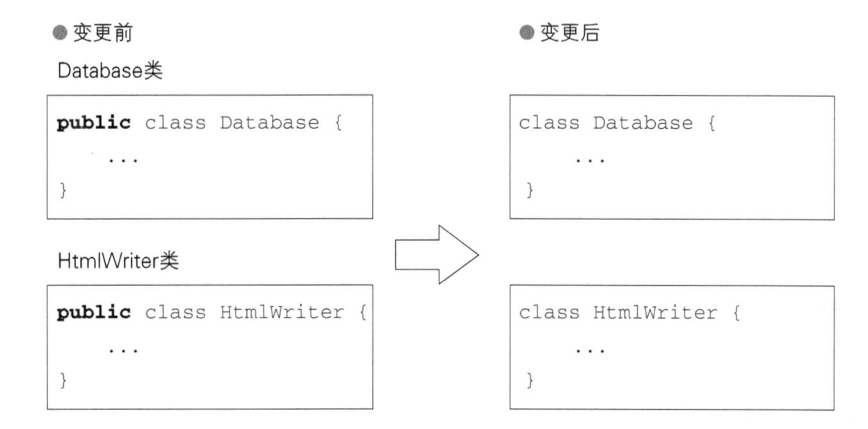

习题 15-2 的答案

（习题见 P.179）

答案如下面的代码清单 15-1 所示。

代码清单 A15-1　修改后的 PageMaker 类（PageMaker.java）

```
package pagemaker;

import java.io.FileWriter;
import java.io.IOException;
import java.util.Properties;
import java.util.Enumeration;

public class PageMaker {
    private PageMaker() {    // 不允许生成 PageMaker 类的实例，因此将构造函数设为 private
    }
    public static void makeWelcomePage(String mailaddr, String filename) {
        try {
            Properties mailprop = Database.getProperties("maildata");
            String username = mailprop.getProperty(mailaddr);
            HtmlWriter writer = new HtmlWriter(new FileWriter(filename));
            writer.title("Welcome to " + username + "'s page!");
            writer.paragraph(" 欢迎来到 " + username + " 的主页。");
            writer.paragraph(" 等着你的邮件哦！ ");
            writer.mailto(mailaddr, username);
            writer.close();
            System.out.println(filename + " is created for " + mailaddr + " (" +
username + ")");
        } catch (IOException e) {
            e.printStackTrace();
        }
```

```
    }
    public static void makeLinkPage(String filename) {
        try {
            HtmlWriter writer = new HtmlWriter(new FileWriter(filename));
            writer.title("Link page");
            Properties mailprop = Database.getProperties("maildata");
            Enumeration en = mailprop.propertyNames();
            while (en.hasMoreElements()) {
                String mailaddr = (String)en.nextElement();
                String username = mailprop.getProperty(mailaddr, "(unknown)");
                writer.mailto(mailaddr, username);
            }
            writer.close();
            System.out.println(filename + " is created.");
        } catch (IOException e) {
            e.printStackTrace();
        }
    }
}
```

第 16 章

习题 16-1 的答案

（习题见 P.194）

对 LoginFrame 类（代码清单 16-6）中的 userpassChanged 方法做如下修改即可，无需对其他类做任何修改。

```
if (textPass.getText().length() > 0) {
↓
if (textUser.getText().length() >= 4 && textPass.getText().length() >= 4) {
```

图 A16-1　当密码输入框中只输入了三个字符时，无法按下 OK 按钮

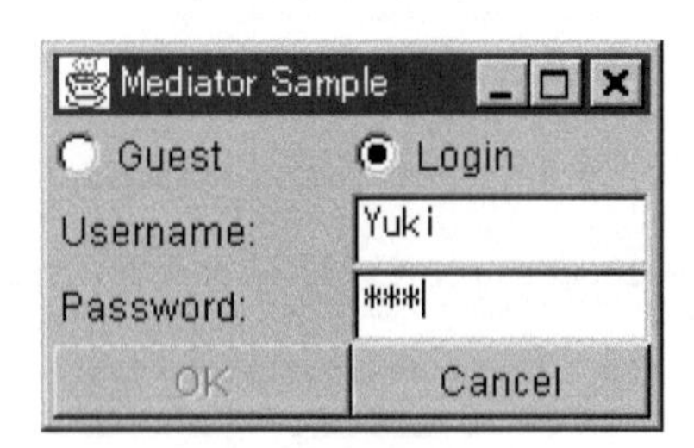

图 A16-2　当密码输入框中输入了四个字符后，可以按下 OK 按钮

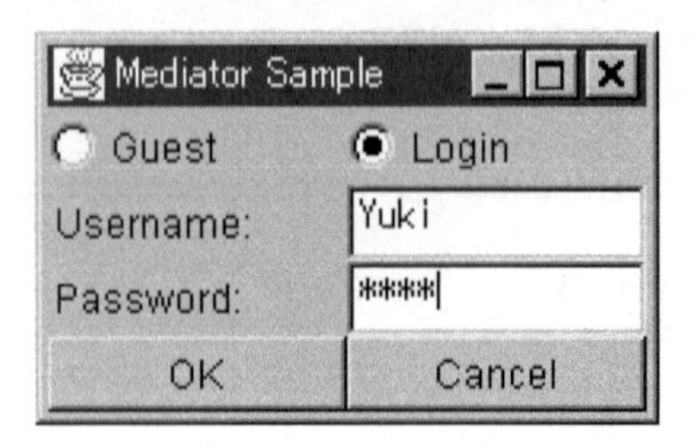

代码清单 A16-1　LoginFrame 类 (LoginFrame.java)

```
import java.awt.Frame;
import java.awt.Label;
import java.awt.Color;
import java.awt.CheckboxGroup;
import java.awt.GridLayout;
import java.awt.event.ActionListener;
import java.awt.event.ActionEvent;

public class LoginFrame extends Frame implements ActionListener, Mediator {
    private ColleagueCheckbox checkGuest;
    private ColleagueCheckbox checkLogin;
    private ColleagueTextField textUser;
    private ColleagueTextField textPass;
    private ColleagueButton buttonOk;
    private ColleagueButton buttonCancel;

    // 构造函数
    // 生成并配置各个 Colleague 后，显示对话框
    public LoginFrame(String title) {
        super(title);
        setBackground(Color.lightGray);
        // 使用布局管理器生成 4×2 窗格
        setLayout(new GridLayout(4, 2));
        // 生成各个 Colleague
        createColleagues();
        // 配置
        add(checkGuest);
        add(checkLogin);
        add(new Label("Username:"));
        add(textUser);
        add(new Label("Password:"));
        add(textPass);
        add(buttonOk);
        add(buttonCancel);
        // 设置初始的启用 / 禁用状态
        colleagueChanged();
        // 显示
        pack();
        show();
    }

    // 生成各个 Colleague
    public void createColleagues() {
        // 生成
        CheckboxGroup g = new CheckboxGroup();
        checkGuest = new ColleagueCheckbox("Guest", g, true);
        checkLogin = new ColleagueCheckbox("Login", g, false);
        textUser = new ColleagueTextField("", 10);
        textPass = new ColleagueTextField("", 10);
        textPass.setEchoChar('*');
        buttonOk = new ColleagueButton("OK");
        buttonCancel = new ColleagueButton("Cancel");
        // 设置 Mediator
        checkGuest.setMediator(this);
        checkLogin.setMediator(this);
        textUser.setMediator(this);
        textPass.setMediator(this);
        buttonOk.setMediator(this);
```

```
        buttonCancel.setMediator(this);
        // 设置 Listener
        checkGuest.addItemListener(checkGuest);
        checkLogin.addItemListener(checkLogin);
        textUser.addTextListener(textUser);
        textPass.addTextListener(textPass);
        buttonOk.addActionListener(this);
        buttonCancel.addActionListener(this);
    }

    // 接收来自于 Colleage 的通知并判断各 Colleage 的启用 / 禁用状态
    public void colleagueChanged() {
        if (checkGuest.getState()) {                // Guest mode
            textUser.setColleagueEnabled(false);
            textPass.setColleagueEnabled(false);
            buttonOk.setColleagueEnabled(true);
        } else {                                    // Login mode
            textUser.setColleagueEnabled(true);
            userpassChanged();
        }
    }
    // 当 textUser 或是 textPass 文本输入框中的文字发生变化时
    // 判断各 Colleage 的启用 / 禁用状态
    private void userpassChanged() {
        if (textUser.getText().length() > 0) {
            textPass.setColleagueEnabled(true);
            if (textUser.getText().length() >= 4 && textPass.getText().length() >= 4) {
                buttonOk.setColleagueEnabled(true);
            } else {
                buttonOk.setColleagueEnabled(false);
            }
        } else {
            textPass.setColleagueEnabled(false);
            buttonOk.setColleagueEnabled(false);
        }
    }
    public void actionPerformed(ActionEvent e) {
        System.out.println(e.toString());
        System.exit(0);
    }
}
```

习题 16-2 的答案

（习题见 P.194）

无法实现。

因为在接口中是无法定义实例字段（实例变量），也无法实现具体方法（非抽象方法）的。

如果只是将 Colleague 从接口变为类，那么也无法实现习题中的需求。而如果不仅将 Colleague 从接口变为类，还让 ColleagueButton 类继承它，那么 ColleagueButton 类会无法继承 Button 类，因为在 Java 中，只能继承于一个父类。

第 17 章

习题 17-1 的答案

（习题见 P.204）

代码请参见代码清单 A17-1。

代码清单 A17-1　具有数值递增功能的 IncrementalNumberGenerator（IncrementalNumberGenerator.java）

```
public class IncrementalNumberGenerator extends NumberGenerator {
    private int number;                         // 当前数值
    private int end;                            // 结束数值（不包含该值）
    private int inc;                            // 递增步长
    public IncrementalNumberGenerator(int start, int end, int inc) {
        this.number = start;
        this.end = end;
        this.inc = inc;
    }
    public int getNumber() {                    // 获取当前数值
        return number;
    }
    public void execute() {
        while (number < end) {
            notifyObservers();
            number += inc;
        }
    }
}
```

习题 17-2 的答案

（习题见 P.205）

我们编写了一个带 GUI 界面的 ConcreteObserver 角色，它使用饼图来显示变化（图 A17-1）。

此外，这里一共有 3 个 ConcreteObserver 角色，但实际上 `RandomNumberGenerator` 调用的只有 `FrameObserver`（代码清单 17-2）。`FrameObserver` 会调用（委托）`GraphText` 和 `GraphCanvas`。

图 A17-1　运行状态

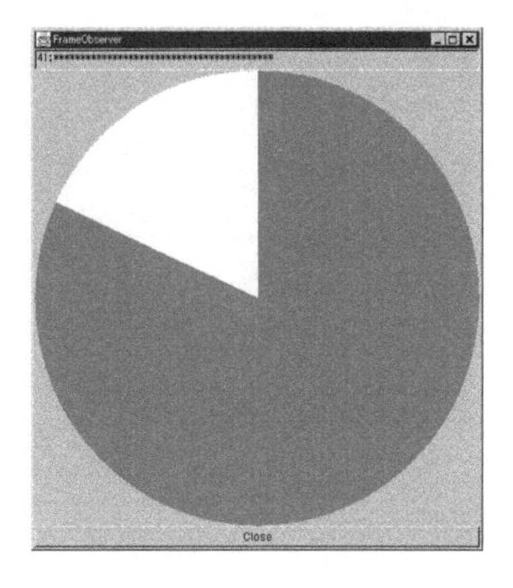

代码清单 17-2 使用 GUI 界面来显示变化的 FrameObserver 类（FrameObserver.java）

```
import java.awt.Frame;
import java.awt.TextField;
import java.awt.Canvas;
import java.awt.Color;
import java.awt.Button;
import java.awt.Graphics;
import java.awt.BorderLayout;
import java.awt.event.ActionListener;
import java.awt.event.ActionEvent;

public class FrameObserver extends Frame implements Observer, ActionListener {
    private GraphText textGraph = new GraphText(60);
    private GraphCanvas canvasGraph = new GraphCanvas();
    private Button buttonClose = new Button("Close");

    public FrameObserver() {
        super("FrameObserver");
        setLayout(new BorderLayout());
        setBackground(Color.lightGray);
        textGraph.setEditable(false);
        canvasGraph.setSize(500, 500);
        add(textGraph, BorderLayout.NORTH);
        add(canvasGraph, BorderLayout.CENTER);
        add(buttonClose, BorderLayout.SOUTH);
        buttonClose.addActionListener(this);
        pack();
        show();
    }
    public void actionPerformed(ActionEvent e) {
        System.out.println(e.toString());
        System.exit(0);
    }
    public void update(NumberGenerator generator) {
        textGraph.update(generator);
        canvasGraph.update(generator);
    }
}
class GraphText extends TextField implements Observer {
    public GraphText(int columns) {
        super(columns);
    }
    public void update(NumberGenerator generator) {
        int number = generator.getNumber();
        String text = number + ":";
        for (int i = 0; i < number; i++) {
            text += '*';
        }
        setText(text);
    }
}
class GraphCanvas extends Canvas implements Observer {
    private int number;
    public void update(NumberGenerator generator) {
        number = generator.getNumber();
        repaint();
    }
    public void paint(Graphics g) {
        int width = getWidth();
```

```
        int height = getHeight();
        g.setColor(Color.white);
        g.fillArc(0, 0, width, height, 0, 360);
        g.setColor(Color.red);
        g.fillArc(0, 0, width, height, 90, - number * 360 / 50);
    }
}
```

代码清单 17-3　Main 类（Main.java）

```
public class Main {
    public static void main(String[] args) {
        NumberGenerator generator = new RandomNumberGenerator();
        Observer observer1 = new DigitObserver();
        Observer observer2 = new GraphObserver();
        Observer observer3 = new FrameObserver();
        generator.addObserver(observer1);
        generator.addObserver(observer2);
        generator.addObserver(observer3);
        generator.execute();
    }
}
```

第 18 章

习题 18-1 的答案

（习题见 P.218）

这会导致 Caretaker 角色失去与 Originator 角色和 Memento 角色之间的独立性。

如果 Caretaker 角色可以随意地操作 Memento 角色，当要修改 Originator 角色内部的代码时，就必须要同样地修改 Caretaker 角色。

而如果 Caretaker 角色只能使用窄接口（API），只要不修改那个接口（API），就可以自由地修改 Originator 角色和 Memento 角色。

习题 18-2 的答案

（习题见 P.219）

如果计算一下与上次保存的 `Memento` 之间的差值，可能就可以以较少的内存空间保存数据。另外还有一种方法是将数据压缩后再保存，这样也可以减少所需的内存空间（我们将在习题 18-4 的答案中稍微接触一下数据压缩的例子）。

习题 18-3 的答案

（习题见 P.219）

可以通过将 `number` 的可见性设置为 `private`，然后将获取 `number` 值的 `getNumber` 方法的可见性设置为默认（即不带 `public`、`protected`、`private` 修饰符）来实现习题中的需求。

```
public class Memento {
    ...
    private int number;
    ...
```

```
    int getNumber() {
        return number;
    }
}
```

Gamer 类可以通过 getNumber 方法获取 number 的值。

习题 18-4 的答案

（习题见 P.219）

代码请参见代码清单 A18-1、代码清单 A18-2。

代码清单 A18-1　对应序列化的 Memeto 类（Memeto.java）

```
package game;
import java.io.*;
import java.util.*;

public class Memento implements Serializable {
    int money;                                      // 所持金钱
    ArrayList fruits;                               // 获得的水果
    public int getMoney() {                         // 获取当前所持金钱 (narrow interface)
        return money;
    }
    Memento(int money) {                            // 构造函数 (wide interface)
        this.money = money;
        this.fruits = new ArrayList();
    }
    void addFruit(String fruit) {                   // 添加水果 (wide interface)
        fruits.add(fruit);
    }
    List getFruits() {                              // 获取水果 (wide interface)
        return (List)fruits.clone();
    }
}
```

代码清单 A18-2　对应序列化的 Main 类（Main.java）

```
import game.Memento;
import game.Gamer;
import java.io.*;

public class Main {
    public static final String SAVEFILENAME = "game.dat";
    public static void main(String[] args) {
        Gamer gamer = new Gamer(100);               // 最初的所持金钱数为 100
        Memento memento = loadMemento();            // 从文件中读取起始状态
        if (memento != null) {
            System.out.println("读取上次保存存档开始游戏。");
            gamer.restoreMemento(memento);
        } else {
            System.out.println("新游戏。");
            memento = gamer.createMemento();
        }
        for (int i = 0; i < 100; i++) {
            System.out.println("==== " + i);        // 显示次数
            System.out.println("当前状态:" + gamer);  // 显示当前主人公的状态
```

```
            gamer.bet();      // 进行游戏

            System.out.println("所持金钱为" + gamer.getMoney() + "元。");

            // 决定如何处理Memento
            if (gamer.getMoney() > memento.getMoney()) {
                System.out.println("    (所持金钱增加了许多，因此保存游戏当前的状态)");
                memento = gamer.createMemento();
                saveMemento(memento);     // 保存至文件
            } else if (gamer.getMoney() < memento.getMoney() / 2) {
                System.out.println("    (所持金钱减少了许多，因此将游戏恢复至以前的状态");
                gamer.restoreMemento(memento);
            }

            // 等待一段时间
            try {
                Thread.sleep(1000);
            } catch (InterruptedException e) {
            }
            System.out.println("");
        }
    }
    public static void saveMemento(Memento memento) {
        try {
            ObjectOutput out = new ObjectOutputStream(new FileOutputStream(SAVEFILENAME));
            out.writeObject(memento);
            out.close();
        } catch (IOException e) {
            e.printStackTrace();
        }
    }
    public static Memento loadMemento (){
        Memento memento = null;
        try {
            ObjectInput in = new ObjectInputStream(new FileInputStream(SAVEFILENAME));
            memento = (Memento)in.readObject();
            in.close();
        } catch (FileNotFoundException e) {
            System.out.println(e.toString());
        } catch (IOException e) {
            e.printStackTrace();
        } catch (ClassNotFoundException e) {
            e.printStackTrace();
        }
        return memento;
    }
}
```

如果对代码清单A18-2中的Main类做如下修改，即可压缩要保存的数据。在保存大量数据时这种方法非常有效。

（1）增加 import java.util.zip.*;

（2）在输出中加入 DeflaterOutputStream

```
ObjectOutput out = new ObjectOutputStream(new FileOutputStream(SAVEFILENAME));
  ↓
ObjectOutput out = new ObjectOutputStream(new DeflaterOutputStream(new FileOutput
Stream(SAVEFILENAME)));
```

（3）在输入中加入 **InflaterOutputStream**

```
ObjectInput in = new ObjectInputStream(new FileInputStream(SAVEFILENAME));
  ↓
ObjectInput in = new ObjectInputStream(new InflaterInputStream(new FileInputStrea
m(SAVEFILENAME)));
```

第 19 章

习题 19-1 的答案　　（习题见 P.236）

因为在 Java 中只能单一继承，所以如果将 Context 角色定义为类，那么由于 SafeFrame 类已经是 Frame 类的子类了，它将无法再继承 Context 类。

不过，如果另外编写一个 Context 类的子类，并将它的实例保存在 SafeFrame 类的字段中，那么通过将处理委托给这个实例是可以实现习题中的需求的。

习题 19-2 的答案　　（习题见 P.236）

需要修改 DayState 类（代码清单 19-4）以及 NightState 类（代码清单 19-5）的 doClock 方法。

如果事先在 SafeFrame 类中定义一个 isDay 方法和一个 isNight 方法，让外部可以判断当前究竟是白天还是晚上，那么就可以将白天和晚上的具体时间范围限制在 SafeFrame 类内部。这样修改后，当时间范围发生变更时，只需要修改 SafeFrame 类即可。

习题 19-3 的答案　　（习题见 P.236）

这里我们编写一个扮演 ConcreteState 角色的表示“午餐时间”的状态 NoonState 类（代码清单 A19-1）。此外，还需要修改 DayState 类（代码清单 19-4）以及 NightState 类（代码清单 19-5）的 doClock 方法（代码清单 A19-2、代码清单 A19-3）。

代码清单 A19-1　NoonState 类（NoonState.java）

```
public class NoonState implements State {
    private static NoonState singleton = new NoonState();
    private NoonState() {                                  // 构造函数的可见性是 private
    }
    public static State getInstance() {                    // 获取唯一实例
        return singleton;
    }
    public void doClock(Context context, int hour) {       // 设置时间
        if (hour < 9 || 17 <= hour) {
            context.changeState(NightState.getInstance());
        } else if (9 <= hour && hour < 12 || 13 <= hour && hour < 17) {
            context.changeState(DayState.getInstance());
        }
    }
    public void doUse(Context context) {                   // 使用金库
        context.callSecurityCenter("紧急：午餐时间使用金库！");
```

```
    }
    public void doAlarm(Context context) {               // 按下警铃
        context.callSecurityCenter("按下警铃(午餐时间)");
    }
    public void doPhone(Context context) {               // 正常通话
        context.recordLog("午餐时间的通话录音");
    }
    public String toString() {                           // 显示表示类的文字
        return "[午餐时间]";
    }
}
```

代码清单 A19-2　DayState 类(DayState.java)

```
public class DayState implements State {
    private static DayState singleton = new DayState();
    private DayState() {                                 // 构造函数的可见性是 private
    }
    public static State getInstance() {                  // 获取唯一实例
        return singleton;
    }
    public void doClock(Context context, int hour) {     // 设置时间
        if (hour < 9 || 17 <= hour) {
            context.changeState(NightState.getInstance());
        } else if (12 <= hour && hour < 13) {
            context.changeState(NoonState.getInstance());
        }
    }
    public void doUse(Context context) {                 // 使用金库
        context.recordLog("使用金库(白天)");
    }
    public void doAlarm(Context context) {               // 按下警铃
        context.callSecurityCenter("按下警铃(白天)");
    }
    public void doPhone(Context context) {               // 正常通话
        context.callSecurityCenter("正常通话(白天)");
    }
    public String toString() {                           // 显示表示类的文字
        return "[白天]";
    }
}
```

代码清单 A19-3　NightState 类(NightState.java)

```
public class NightState implements State {
    private static NightState singleton = new NightState();
    private NightState() {                               // 构造函数的可见性是 private
    }
    public static State getInstance() {                  // 获取唯一实例
        return singleton;
    }
    public void doClock(Context context, int hour) {     // 设置时间
        if (12 <= hour && hour < 13) {
            context.changeState(NoonState.getInstance());
        } else if (9 <= hour && hour < 17) {
            context.changeState(DayState.getInstance()) ;
        }
    }
```

```
    public void doUse(Context context) {                    // 使用金库
        context.callSecurityCenter("紧急：晚上使用金库！ ");
    }
    public void doAlarm(Context context) {                  // 按下警铃
        context.callSecurityCenter("按下警铃（晚上）");
    }
    public void doPhone(Context context) {                  // 正常通话
        context.recordLog("晚上的通话录音");
    }
    public String toString() {                              // 显示表示类的文字
        return "[晚上]";
    }
}
```

习题 19-4 的答案

（习题见 P.236）

这里我们编写一个表示“紧急状态”的 UrgentState 类（代码清单 A19-5）。此外，我们还需要在 DayState 类以及 NightState 类的 doAlarm 方法中加入状态迁移的代码（请参见代码清单 A19-5、代码清单 A19-6）。

习题中的需求中有一个问题点，就是一旦进入了紧急状态就没有办法恢复至原来的状态。

代码清单 A19-4 UrgentState 类（UrgentState.java）

```
public class UrgentState implements State {
    private static UrgentState singleton = new UrgentState();
    private UrgentState() {                                 // 构造函数的可见性是private
    }
    public static State getInstance() {                     // 获取唯一实例
        return singleton;
    }
    public void doClock(Context context, int hour) {        // 设置时间
        // 在设置时间处理中什么都不做
    }
    public void doUse(Context context) {                    // 使用金库
        context.callSecurityCenter("紧急：紧急时使用金库！ ");
    }
    public void doAlarm(Context context) {                  // 按下警铃
        context.callSecurityCenter("按下警铃（紧急时）");
    }
    public void doPhone(Context context) {                  // 正常通话
        context.callSecurityCenter("正常通话（紧急时）");
    }
    public String toString() {                              // 显示表示类的文字
        return "[紧急时]";
    }
}
```

代码清单 A19-5 DayState 类（DayState.java）

```
public class DayState implements State {
    private static DayState singleton = new DayState();
    private DayState() {                                    // 构造函数的可见性是private
    }
    public static State getInstance() {                     // 获取唯一实例
        return singleton;
    }
```

```
    public void doClock(Context context, int hour) {    // 设置时间
        if (hour < 9 || 17 <= hour) {
            context.changeState(NightState.getInstance());
        }
    }
    public void doUse(Context context) {                // 使用金库
        context.recordLog("使用金库（白天）");
    }
    public void doAlarm(Context context) {              // 按下警铃
        context.callSecurityCenter("按下警铃（白天）");
        context.changeState(UrgentState.getInstance());
    }
    public void doPhone(Context context) {              // 正常通话
        context.callSecurityCenter("正常通话（白天）");
    }
    public String toString() {                          // 显示表示类的文字
        return "[白天]";
    }
}
```

代码清单 A19-6　NightState 类（NightState.java）

```
public class NightState implements State {
    private static NightState singleton = new NightState();
    private NightState() {                              // 构造函数的可见性是 private
    }
    public static State getInstance() {                 // 获取唯一实例
        return singleton;
    }
    public void doClock(Context context, int hour) {    // 设置时间
        if (9 <= hour && hour < 17) {
            context.changeState(DayState.getInstance());
        }
    }
    public void doUse(Context context) {                // 使用金库
        context.callSecurityCenter("紧急：晚上使用金库！");
    }
    public void doAlarm(Context context) {              // 按下警铃
        context.callSecurityCenter("按下警铃（晚上）");
        context.changeState(UrgentState.getInstance());
    }
    public void doPhone(Context context) {              // 正常通话
        context.recordLog("晚上的通话录音");
    }
    public String toString() {                          // 显示表示类的文字
        return "[晚上]";
    }
}
```

第 20 章

习题 20-1 的答案

（习题见 P.247）

如果不共享 BigChar，就不使用 BigCharFactory，直接 new BigChar 即可。在代码清单 A20-1 中，为了使程序更容易理解，我们编写了两个间接负责生成初始化的 private 的 initShared 方法和 initUnshared 方法。

代码清单 A20-1 BigString 类（BigString.java）

```
public class BigString {
    // 大型文字的数组
    private BigChar[] bigchars;
    // 构造函数
    public BigString(String string) {
        initShared(string);
    }
    // 构造函数
    public BigString(String string, boolean shared) {
        if (shared) {
            initShared(string);
        } else {
            initUnshared(string);
        }
    }
    // 共享方式初始化
    private void initShared(String string) {
        bigchars = new BigChar[string.length()];
        BigCharFactory factory = BigCharFactory.getInstance();
        for (int i = 0; i < bigchars.length; i++) {
            bigchars[i] = factory.getBigChar(string.charAt(i));
        }
    }
    // 非共享方式初始化
    private void initUnshared(String string) {
        bigchars = new BigChar[string.length()];
        for (int i = 0; i < bigchars.length; i++) {
            bigchars[i] = new BigChar(string.charAt(i));
        }
    }
    // 显示
    public void print() {
        for (int i = 0; i < bigchars.length; i++) {
            bigchars[i].print();
        }
    }
}
```

代码清单 A20-2 Main 类（Main.java）

```
public class Main {
    public static void main(String[] args) {
        if (args.length == 0) {
            System.out.println("Usage: java Main digits");
            System.out.println("Example: java Main 1212123");
```

```
            System.exit(0);
        }
        BigString bs;
        bs = new BigString(args[0], false);      // 非共享
        bs.print();
        bs = new BigString(args[0], true);       // 共享
        bs.print();
    }
}
```

习题 20-2 的答案

（习题见 P.248）

在代码清单 A20-3 中的 Main 类中，为 1000 个 "1212123" 对应的 BigString 类的实例分配了内存空间，并比较了两种情况下的内存使用量。从对比结果中我们可以发现，在共享的情况下确实大幅减少了内存使用量。

此外，运行程序后我们还可以发现，在非共享的情况下，运行速度也变慢了。这是因为在非共享的情况下生成 BigChar 的实例时，需要每次都读取文件。

代码清单 A20-3　Main 类（Main.java）

```
public class Main {
    private static BigString[] bsarray = new BigString[1000];
    public static void main(String[] args) {
        System.out.println("共享时:");
        testAllocation(true);
        System.out.println("非共享时:");
        testAllocation(false);
    }
    public static void testAllocation(boolean shared) {
        for (int i = 0; i < bsarray.length; i++) {
            bsarray[i] = new BigString("1212123", shared);
        }
        showMemory();
    }
    public static void showMemory() {
        Runtime.getRuntime().gc();
        long used = Runtime.getRuntime().totalMemory() - Runtime.getRuntime().
freeMemory();
        System.out.println("使用内存 = " + used);
    }
}
```

图 A20-1　运行结果（结果根据环境不同而不同）

```
共享时:
使用内存 = 162176
非共享时:
使用内存 = 2515032
```

习题 20-3 的答案

（习题见 P.248）

当多个线程几乎同时调用该方法时，在判断是否已经生成实例时可能会出错，导致 new 出多个实例。

我们看看以下代码。

代码清单 A20-4 没有加上 synchronized 修饰符的情况（为了便于讲解，我们在最左边加上了数字）

```
1:  public BigChar getBigChar(char charname) {
2:      BigChar bc = (BigChar)pool.get("" + charname);
3:      if (bc == null) {
4:          bc = new BigChar(charname);
5:          pool.put("" + charname, bc);
6:      }
7:      return bc;
8:  }
```

假设线程 A 和线程 B 同时调用 getBigChar 方法，且传递参数 charname 也相同，那么其结果可能会如图 A20-2 所示。

图 A20-2 不使用 synchronized 修饰符可能会导致 new 出多个实例

线程A	线程B
在2：获取bc的值	
在3：判断bc是否为null	
在4：new BigChar	
	在2：获取bc的值（※B）
	在3：判断bc是否为null
	在4：new BigChar
	在5：pool.put
	在7：return
在5：pool.put（※A）	
在7：return	

这种情况下，线程 A 和线程 B 都会 new BigChar。这是因为在（※A）之前先执行了（※B）的缘故。

为了防止这种现象发生，必须在获取 bc 值与 pool.put 之间，防止其他线程的中断处理。我们可以使用 synchronized 关键字来达到这个目的。

第 21 章

习题 21-1 的答案

（习题见 P.257）

代码请参见代码清单 A21-1、代码清单 A21-2。生成实例的部分被修改为如下代码。

```
real = (Printable)Class.forName(className).newInstance();
```

此外，real 的类型也从 Printer 类型变为了 Printable 类型。

这样，PrinterProxy 类可以从 Printer 类中分离出来作为独立的组件使用，而且只要是实现了 Printable 接口的类都可以扮演 Proxy 的角色。

注意 在编译代码时，必须像下面这样，不仅指定Main.java，还需要指定Printer.java（因为Printer类并没有被直接使用）。

```
javac Main.java Printer.java
```

关于Class类和forName方法，请参见Abstract Factory模式（本书第8章）中的详细讲解。

代码清单A21-1 PrinterProxy类（PrinterProxy.java）

```
public class PrinterProxy implements Printable {
    private String name;             // 名字
    private Printable real;          // "本人"
    private String className;        // "本人"的类名
    public PrinterProxy(String name, String className) {      // 构造函数
        this.name = name;
        this.className = className;
    }
    public synchronized void setPrinterName(String name) {   // 设置名字
        if (real != null) {
            real.setPrinterName(name);  // 同时设置"本人"的名字
        }
        this.name = name;
    }
    public String getPrinterName() {      // 获取名字
        return name;
    }
    public void print(String string) {  // 显示
        realize();
        real.print(string);
    }
    private synchronized void realize() {   // 生成"本人"
        if (real == null) {
            try {
                real = (Printable)Class.forName(className).newInstance();
                real.setPrinterName(name);
            } catch (ClassNotFoundException e) {
                System.err.println("没有找到" + className + "类。");
            } catch (Exception e) {
                e.printStackTrace();
            }
        }
    }
}
```

代码清单21-2 Main类（Main.java）

```
public class Main {
    public static void main(String[] args) {
        Printable p = new PrinterProxy("Alice", "Printer");
        System.out.println("现在的名字是" + p.getPrinterName() + "。");
        p.setPrinterName("Bob");
        System.out.println("现在的名字是" + p.getPrinterName() + "。");
        p.print("Hello, world.");
    }
}
```

图 A21-1 编译和运行结果

```
javac Main.java Printer.java
java Main
现在的名字是 Alice。
现在的名字是 Bob。
Printer 的实例生成中 ····· 结束。
=== Bob ===
Hello, world.
```

请大家仔细对比一下示例程序的运行结果（图 21-3）与图 A21-1 中的运行结果。在图 A21-1 中，在“Printer 的实例生成中”处并没有显示名字（Bob）。这是因为实例是通过 newInstance 方法生成的，调用的是 Printer 类的不带参数的构造函数。

习题 21-2 的答案

（习题见 P.258）

如果没有使用修饰符 synchronized，当多个线程分别调用 setPrinterName 方法和 realize 方法时，可能会导致 PrinterProxy 类的 name 与 Printer 类的 name 不同。

代码清单 A21-3 展示了不使用修饰符 synchronized 的程序。

代码清单 A21-3 不使用修饰符 synchronized 时（为了便于讲解，我们在最左边加上了字母和数字）

```
1:  public void setPrinterName(String name) {  // 设置名字
2:      if (real != null) {
3:          real.setPrinterName(name);          // 同时设置“本人”的名字
4:      }
5:      this.name = name;
6:  }
 ...
a:  private void realize() {                   // 生成“本人”
b:      if (real == null) {
c:          real = new Printer(name);
d:      }
e:   }
```

图 A21-2 不使用 synchronized修饰符时导致名字不同

name的值	real的值	线程A	线程B
"Alice"	null	运行至1:	
"Alice"	null	在2:判断real是否为null	
		切换至线程B	
"Alice"	null		运行至a:
"Alice"	null		在b:判断real是否为null
"Alice"	非null		在c:生成名叫Alice的Printer的实例并将它赋值给real
		切换至线程A	
"Bob"	非null	在5:将Bob赋值给name	

※这时，PrinterProxy类的name变成了Bob，但Printer类的name却是Alice。

最开始时，PrinterProxy 类的 name 字段的值是 "Alice"，real 字段的值是 null（即还没有生成 Printer 类的实例）。

假设线程 A 在执行 setPrinterName("Bob") 的同时，线程 B（通过 print 方法）调用了 realize 方法。这时，如果发生了图 A21-2 所示的线程切换，会出现 PrinterProxy 类的 name 字段的值是 "Bob"，但 Printer 类的 name 却是 Alice 的问题。

通过将 setPrinterName 方法和 realize 方法定义为 synchronized 方法，可以避免发生这样的线程切换，防止分别进行判断 real 字段值的处理和设置 real 字段值的处理。可以说，synchronized 方法"守护着"real 字段。

第 22 章

习题 22-1 的答案

（习题见 P.272）

有多种方法可以实现习题中的要求。这里我们采用的方法如下：

① 在 drawer 包中增加表示"设置颜色的命令"的 ColorCommand 类（代码清单 A22-1）

② 在 Drawable 接口中增加"改变颜色的方法"setColor 方法（代码清单 A22-2）

③ 根据以上修改内容相应地修改 DrawCanvas 类（代码清单 A22-3）

④ 在 Main 类中增加"红色""绿色""蓝色"按钮（代码清单 A22-4）

无需对 command 包中的类和接口做任何修改。

图 A22-1　在示例程序中添加了设置颜色的功能

代码清单 A22-1　ColorCommand 类（ColorCommand.java）

```
package drawer;

import command.Command;
import java.awt.Color;

public class ColorCommand implements Command {
    // 绘制对象
    protected Drawable drawable;
    // 颜色
```

```
    private Color color;
    // 构造函数
    public ColorCommand(Drawable drawable, Color color) {
        this.drawable = drawable;
        this.color = color;
    }
    // 执行
    public void execute() {
        drawable.setColor(color);
    }
}
```

代码清单 A22-2　Drawable 接口（Drawable.java）

```
package drawer;

import java.awt.Color;

public interface Drawable {
    public abstract void init();
    public abstract void draw(int x, int y);
    public abstract void setColor(Color color);
}
```

代码清单 A22-3　DrawCanvas 类（DrawCanvas.java）

```
package drawer;

import command.*;

import java.util.*;
import java.awt.*;
import java.awt.event.*;
import javax.swing.*;

public class DrawCanvas extends Canvas implements Drawable {
    // 颜色
    private Color color;
    // 要绘制的圆点的半径
    private int radius;
    // 命令的历史记录
    private MacroCommand history;
    // 构造函数
    public DrawCanvas(int width, int height, MacroCommand history) {
        setSize(width, height);
        setBackground(Color.white);
        this.history = history;
        init();
    }
    // 重新全部绘制
    public void paint(Graphics g) {
        history.execute();
    }
    // 初始化
    public void init() {
        color = Color.red;
        radius = 6;
        history.append(new ColorCommand(this,color));
    }
    // 绘制
```

```
    public void draw(int x, int y) {
        Graphics g = getGraphics();
        g.setColor(color);
        g.fillOval(x - radius, y - radius, radius * 2, radius * 2);
    }
    public void setColor(Color color) {
        this.color = color;
    }
}
```

代码清单 A22-4　Main 类（Main.java）

```
import command.*;
import drawer.*;

import java.awt.*;
import java.awt.event.*;
import javax.swing.*;

public class Main extends JFrame implements ActionListener, MouseMotionListener,
WindowListener {
    // 绘制的历史记录
    private MacroCommand history = new MacroCommand();
    // 绘制区域
    private DrawCanvas canvas = new DrawCanvas(400, 400, history);
    // 删除按钮
    private JButton clearButton  = new JButton("clear");
    // 红色按钮
    private JButton redButton  = new JButton("red");
    // 绿色按钮
    private JButton greenButton  = new JButton("green");
    // 蓝色按钮
    private JButton blueButton  = new JButton("blue");

    // 构造函数
    public Main(String title) {
        super(title);

        this.addWindowListener(this);
        canvas.addMouseMotionListener(this);
        clearButton.addActionListener(this);
        redButton.addActionListener(this);
        greenButton.addActionListener(this);
        blueButton.addActionListener(this);

        Box buttonBox = new Box(BoxLayout.X_AXIS);
        buttonBox.add(clearButton);
        buttonBox.add(redButton);
        buttonBox.add(greenButton);
        buttonBox.add(blueButton);
        Box mainBox = new Box(BoxLayout.Y_AXIS);
        mainBox.add(buttonBox);
        mainBox.add(canvas);
        getContentPane().add(mainBox);

        pack();
        show();
    }

    // ActionListener 接口中的方法
```

```
    public void actionPerformed(ActionEvent e) {
        if (e.getSource() == clearButton) {
            history.clear();
            canvas.init();
            canvas.repaint();
        } else if (e.getSource() == redButton) {
            Command cmd = new ColorCommand(canvas, Color.red);
            history.append(cmd);
            cmd.execute();
        } else if (e.getSource() == greenButton) {
            Command cmd = new ColorCommand(canvas, Color.green);
            history.append(cmd);
            cmd.execute();
        } else if (e.getSource() == blueButton) {
            Command cmd = new ColorCommand(canvas, Color.blue);
            history.append(cmd);
            cmd.execute();
        }
    }

    // MouseMotionListener 接口中的方法
    public void mouseMoved(MouseEvent e) {
    }
    public void mouseDragged(MouseEvent e) {
        Command cmd = new DrawCommand(canvas, e.getPoint());
        history.append(cmd);
        cmd.execute();
    }

    // WindowListener 接口中的方法
    public void windowClosing(WindowEvent e) {
        System.exit(0);
    }
    public void windowActivated(WindowEvent e) {}
    public void windowClosed(WindowEvent e) {}
    public void windowDeactivated(WindowEvent e) {}
    public void windowDeiconified(WindowEvent e) {}
    public void windowIconified(WindowEvent e) {}
    public void windowOpened(WindowEvent e) {}

    public static void main(String[] args) {
        new Main("Command Pattern Sample");
    }
}
```

习题 22-2 的答案

（习题见 P.272）

对 Main 类作如下修改。修改后的代码请参见代码清单 A22-5。

- **增加撤销按钮**
- **按下撤销按钮后调用 history.undo 重新绘制（repaint）**

command 包和 draw 包中的代码无需做任何修改。

图 A22-2　对画出的图形不太满意，想重画……

图 A22-3　多次撤销之后

图 A22-4　再次多次撤销之后

代码清单 A22-5　Main 类（Main.java）

```
import command.*;
import drawer.*;

import java.awt.*;
import java.awt.event.*;
import javax.swing.*;

public class Main extends JFrame implements ActionListener, MouseMotionListener,
WindowListener {
    // 绘制的历史记录
    private MacroCommand history = new MacroCommand();
    // 绘制区域
    private DrawCanvas canvas = new DrawCanvas(400, 400, history);
    // 删除按钮
    private JButton clearButton  = new JButton("clear");
    // 撤销按钮
    private JButton undoButton  = new JButton("undo");

    // 构造函数
    public Main(String title) {
```

```
        super(title);

        this.addWindowListener(this);
        canvas.addMouseMotionListener(this);
        clearButton.addActionListener(this);
        undoButton.addActionListener(this);

        Box buttonBox = new Box(BoxLayout.X_AXIS);
        buttonBox.add(clearButton);
        buttonBox.add(undoButton);
        Box mainBox = new Box(BoxLayout.Y_AXIS);
        mainBox.add(buttonBox);
        mainBox.add(canvas);
        getContentPane().add(mainBox);

        pack();
        show();
    }

    // ActionListener 接口中的方法
    public void actionPerformed(ActionEvent e) {
        if (e.getSource() == clearButton) {
            history.clear();
            canvas.repaint();
        } else if (e.getSource() == undoButton) {
            history.undo();
            canvas.repaint();
        }
    }

    // MouseMotionListener 接口中的方法
    public void mouseMoved(MouseEvent e) {
    }
    public void mouseDragged(MouseEvent e) {
        Command cmd = new DrawCommand(canvas, e.getPoint());
        history.append(cmd);
        cmd.execute();
    }

    // WindowListener 接口中的方法
    public void windowClosing(WindowEvent e) {
        System.exit(0);
    }
    public void windowActivated(WindowEvent e) {}
    public void windowClosed(WindowEvent e) {}
    public void windowDeactivated(WindowEvent e) {}
    public void windowDeiconified(WindowEvent e) {}
    public void windowIconified(WindowEvent e) {}
    public void windowOpened(WindowEvent e) {}

    public static void main(String[] args) {
        new Main("Command Pattern Sample");
    }
}
```

习题 22-3 的答案

（习题见 P.272）

代码请参见代码清单 A22-6。

代码清单 A22-6　Main 类（Main.java）

```
import command.*;
import drawer.*;

import java.awt.*;
import java.awt.event.*;
import javax.swing.*;

public class Main extends JFrame implements ActionListener {
    // 绘制的历史记录
    private MacroCommand history = new MacroCommand();
    // 绘制区域
    private DrawCanvas canvas = new DrawCanvas(400, 400, history);
    // 删除按钮
    private JButton clearButton  = new JButton("clear");

    // 构造函数
    public Main(String title) {
        super(title);

        this.addWindowListener(new WindowAdapter() {
            public void windowClosing(WindowEvent e) {
                System.exit(0);
            }
        });
        canvas.addMouseMotionListener(new MouseMotionAdapter() {
            public void mouseDragged(MouseEvent e) {
                Command cmd = new DrawCommand(canvas, e.getPoint());
                history.append(cmd);
                cmd.execute();
            }
        });
        clearButton.addActionListener(this);

        Box buttonBox = new Box(BoxLayout.X_AXIS);
        buttonBox.add(clearButton);
        Box mainBox = new Box(BoxLayout.Y_AXIS);
        mainBox.add(buttonBox);
        mainBox.add(canvas);
        getContentPane().add(mainBox);

        pack();
        show();
    }

    // ActionListener 接口中的方法
    public void actionPerformed(ActionEvent e) {
        if (e.getSource() == clearButton) {
            history.clear();
            canvas.repaint();
        }
    }

    public static void main(String[] args) {
        new Main("Command Pattern Sample");
    }
}
```

第 23 章

习题 23-1 的答案

（习题见 P.290）

这里，我们将与 GUI 相关的类集中在 turtle 包中，而在 language 包中不放入任何与 GUI 相关的类。这样，只要在其他包中定义的类实现了 Executor 和 ExecutorFactory 接口，就可以在完全不修改 language 包的前提下编写另外一个程序来“运行”相同的程序。

表 A23-1　类和接口的一览表

包	类	说明
language	InterpreterFacade	使解释器更好用的类 （Facade 模式中的 Facade 角色）
language	ExecutorFactory	生成基本命令的接口 （Factory Method 模式中的 Creator 角色）
language	Context	与示例程序相同
language	Node	与示例程序相同
language	Executor	表示“运行”的接口
language	ProgramNode	与示例程序相同
language	CommandNode	与示例程序相同
language	RepeatCommandNode	与示例程序相同
language	CommandListNode	与示例程序相同
language	PrimitiveCommandNode	与示例程序相同
language	ExecuteException	运行时的异常类
language	ParseException	语法解析时的异常类
turtle	TurtleCanvas	实现海龟绘图的类 （Factory Method 模式中的 ConcreteCreator 角色）
turtle	TurtleExecutor	（内部类）
turtle	GoExecutor	（内部类）
turtle	DirectionExecutor	（内部类）
无名	Main	测试程序行为的类

代码清单 A23-1　InterpreterFacade 类（InterpreterFacade.java）

```
package language;

public class InterpreterFacade implements Executor {
    private ExecutorFactory factory;
    private Context context;
    private Node programNode;
    public InterpreterFacade(ExecutorFactory factory) {
        this.factory = factory;
    }
    public boolean parse(String text) {
        boolean ok = true;
        this.context = new Context(text);
        this.context.setExecutorFactory(factory);
        this.programNode = new ProgramNode();
        try {
```

```
            programNode.parse(context);
            System.out.println(programNode.toString());
        } catch (ParseException e) {
            e.printStackTrace();
            ok = false;
        }
        return ok;
    }
    public void execute() throws ExecuteException {
        try {
            programNode.execute();
        } catch (ExecuteException e) {
            e.printStackTrace();
        }
    }
}
```

代码清单 A23-2　ExecutorFactory 接口（ExecutorFactory.java）

```
package language;

public interface ExecutorFactory {
    public abstract Executor createExecutor(String name);
}
```

代码清单 A23-3　Context 类（Context.java）

```
package language;

import java.util.*;

public class Context implements ExecutorFactory {
    private ExecutorFactory factory;
    private StringTokenizer tokenizer;
    private String currentToken;
    public Context(String text) {
        tokenizer = new StringTokenizer(text);
        nextToken();
    }
    public String nextToken() {
        if (tokenizer.hasMoreTokens()) {
            currentToken = tokenizer.nextToken();
        } else {
            currentToken = null;
        }
        return currentToken;
    }
    public String currentToken() {
        return currentToken;
    }
    public void skipToken(String token) throws ParseException {
        if (!token.equals(currentToken)) {
            throw new ParseException("Warning: " + token + " is expected, but " +
currentToken + " is found.");
        }
        nextToken();
    }
    public int currentNumber() throws ParseException {
        int number = 0;
```

```
        try {
            number = Integer.parseInt(currentToken);
        } catch (NumberFormatException e) {
            throw new ParseException("Warning: " + e);
        }
        return number;
    }
    public void setExecutorFactory(ExecutorFactory factory) {
        this.factory = factory;
    }
    public Executor createExecutor(String name) {
        return factory.createExecutor(name);
    }
}
```

代码清单 A23-4　Node 类（Node.java）

```
package language;

public abstract class Node implements Executor {
    public abstract void parse(Context context) throws ParseException;
}
```

代码清单 A23-5　Executor 接口（Executor.java）

```
package language;

public interface Executor {
    public abstract void execute() throws ExecuteException;
}
```

代码清单 A23-6　ProgramNode 类（ProgramNode.java）

```
package language;

// <program> ::= program <command list>
public class ProgramNode extends Node {
    private Node commandListNode;
    public void parse(Context context) throws ParseException {
        context.skipToken("program");
        commandListNode = new CommandListNode();
        commandListNode.parse(context);
    }
    public void execute() throws ExecuteException {
        commandListNode.execute();
    }
    public String toString() {
        return "[program " + commandListNode + "]";
    }
}
```

代码清单 A23-7　CommandNode 类（CommandNode.java）

```
package language;

// <command> ::= <repeat command> | <primitive command>
public class CommandNode extends Node {
    private Node node;
```

```
    public void parse(Context context) throws ParseException {
        if (context.currentToken().equals("repeat")) {
            node = new RepeatCommandNode();
            node.parse(context);
        } else {
            node = new PrimitiveCommandNode();
            node.parse(context);
        }
    }
    public void execute() throws ExecuteException {
        node.execute();
    }
    public String toString() {
        return node.toString();
    }
}
```

代码清单 A23-8　RepeatCommandNode 类（RepeatCommandNode.java）

```
package language;

// <repeat command> ::= repeat <number> <command list>
public class RepeatCommandNode extends Node {
    private int number;
    private Node commandListNode;
    public void parse(Context context) throws ParseException {
        context.skipToken("repeat");
        number = context.currentNumber();
        context.nextToken();
        commandListNode = new CommandListNode();
        commandListNode.parse(context);
    }
    public void execute() throws ExecuteException {
        for (int i = 0; i < number; i++) {
            commandListNode.execute();
        }
    }
    public String toString() {
        return "[repeat " + number + " " + commandListNode + "]";
    }
}
```

代码清单 A23-9　CommandListNode 类（CommandListNode.java）

```
package language;

import java.util.*;

// <command list> ::= <command>* end
public class CommandListNode extends Node {
    private ArrayList list = new ArrayList();
    public void parse(Context context) throws ParseException {
        while (true) {
            if (context.currentToken() == null) {
                throw new ParseException("Missing 'end'");
            } else if (context.currentToken().equals("end")) {
                context.skipToken("end");
                break;
            } else {
```

```
                Node commandNode = new CommandNode();
                commandNode.parse(context);
                list.add(commandNode);
            }
        }
    }
    public void execute() throws ExecuteException {
        Iterator it = list.iterator();
        while (it.hasNext()) {
            ((CommandNode)it.next()).execute();
        }
    }
    public String toString() {
        return list.toString();
    }
}
```

代码清单 A23-10　PrimitiveCommandNode 类（PrimitiveCommandNode.java）

```
package language;

// <primitive command> ::= go | right | left
public class PrimitiveCommandNode extends Node {
    private String name;
    private Executor executor;
    public void parse(Context context) throws ParseException {
        name = context.currentToken();
        context.skipToken(name);
        executor = context.createExecutor(name);
    }
    public void execute() throws ExecuteException {
        if (executor == null) {
            throw new ExecuteException(name + ": is not defined");
        } else {
            executor.execute();
        }
    }
    public String toString() {
        return name;
    }
}
```

代码清单 A23-11　ExecuteException 类（ExecuteException.java）

```
package language;

public class ExecuteException extends Exception {
    public ExecuteException(String msg) {
        super(msg);
    }
}
```

代码清单 A23-12　ParseException 类（ParseException.java）

```
package language;

public class ParseException extends Exception {
    public ParseException(String msg) {
```

```
        super(msg);
    }
}
```

代码清单 A23-13　TurtleCanvas 类（TurtleCanvas.java）

```
package turtle;

import language.Executor;
import language.ExecutorFactory;
import language.ExecuteException;
import java.awt.*;


public class TurtleCanvas extends Canvas implements ExecutorFactory {
    final static int UNIT_LENGTH = 30;      // 前进时的长度单位
    final static int DIRECTION_UP = 0;      // 上方
    final static int DIRECTION_RIGHT = 3;   // 右方
    final static int DIRECTION_DOWN = 6;    // 下方
    final static int DIRECTION_LEFT = 9;    // 左方
    final static int RELATIVE_DIRECTION_RIGHT = 3; // 右转
    final static int RELATIVE_DIRECTION_LEFT = -3; // 左转
    final static int RADIUS = 3; // 半径
    private int direction = 0;
    private Point position;
    private Executor executor;
    public TurtleCanvas(int width, int height) {
        setSize(width, height);
        initialize();
    }
    public void setExecutor(Executor executor) {
        this.executor = executor;
    }
    void setRelativeDirection(int relativeDirection) {
        setDirection(direction + relativeDirection);
    }
    void setDirection(int direction) {
        if (direction < 0) {
            direction = 12 - (-direction) % 12;
        } else {
            direction = direction % 12;
        }
        this.direction = direction % 12;
    }
    void go(int length) {
        int newx = position.x;
        int newy = position.y;
        switch (direction) {
        case DIRECTION_UP:
            newy -= length;
            break;
        case DIRECTION_RIGHT:
            newx += length;
            break;
        case DIRECTION_DOWN:
            newy += length;
            break;
        case DIRECTION_LEFT:
            newx -= length;
            break;
```

```
        default:
            break;
        }
        Graphics g = getGraphics();
        if (g != null) {
            g.drawLine(position.x, position.y, newx, newy);
            g.fillOval(newx - RADIUS, newy - RADIUS, RADIUS * 2 + 1, RADIUS * 2 + 1);
        }
        position.x = newx;
        position.y = newy;
    }
    public Executor createExecutor(String name) {
        if (name.equals("go")) {
            return new GoExecutor(this);
        } else if (name.equals("right")) {
            return new DirectionExecutor(this, RELATIVE_DIRECTION_RIGHT);
        } else if (name.equals("left")) {
            return new DirectionExecutor(this, RELATIVE_DIRECTION_LEFT);
        } else {
            return null;
        }
    }
    public void initialize() {
        Dimension size = getSize();
        position = new Point(size.width / 2, size.height / 2);
        direction = 0;
        setForeground(Color.red);
        setBackground(Color.white);
        Graphics g = getGraphics();
        if (g != null) {
            g.clearRect(0, 0, size.width, size.height);
        }
    }
    public void paint(Graphics g) {
        initialize();
        if (executor != null) {
            try {
                executor.execute();
            } catch (ExecuteException e) {
            }
        }
    }
}

abstract class TurtleExecutor implements Executor {
    protected TurtleCanvas canvas;
    public TurtleExecutor(TurtleCanvas canvas) {
        this.canvas = canvas;
    }
    public abstract void execute();
}

class GoExecutor extends TurtleExecutor {
    public GoExecutor(TurtleCanvas canvas) {
        super(canvas);
    }
    public void execute() {
        canvas.go(TurtleCanvas.UNIT_LENGTH);
    }
}
```

```
class DirectionExecutor extends TurtleExecutor {
    private int relativeDirection;
    public DirectionExecutor(TurtleCanvas canvas, int relativeDirection) {
        super(canvas);
        this.relativeDirection = relativeDirection;
    }
    public void execute() {
        canvas.setRelativeDirection(relativeDirection);
    }
}
```

代码清单 A23-14　Main 类（Main.java）

```
import language.InterpreterFacade;
import turtle.TurtleCanvas;

import java.util.*;
import java.io.*;
import java.awt.*;
import java.awt.event.*;

public class Main extends Frame implements ActionListener {
    private TurtleCanvas canvas = new TurtleCanvas(400, 400);
    private InterpreterFacade facade = new InterpreterFacade(canvas);
    private TextField programTextField = new TextField("program repeat 3 go right go
left end end");

    // 构造函数
    public Main(String title) {
        super(title);

        canvas.setExecutor(facade);

        setLayout(new BorderLayout());

        programTextField.addActionListener(this);

        this.addWindowListener(new WindowAdapter() {
            public void windowClosing(WindowEvent e) {
                System.exit(0);
            }
        });

        add(programTextField, BorderLayout.NORTH);
        add(canvas, BorderLayout.CENTER);
        pack();
        parseAndExecute();
        show();
    }

    // ActionListener 接口中的方法
    public void actionPerformed(ActionEvent e) {
        if (e.getSource() == programTextField) {
            parseAndExecute();
        }
    }

    private void parseAndExecute() {
        String programText = programTextField.getText();
        System.out.println("programText = " + programText);
```

```
        facade.parse(programText);
        canvas.repaint();
    }

    public static void main(String[] args) {
        new Main("Interpreter Pattern Sample");
    }
}
```

示例程序的运行步骤

示例程序的获取方法

本书中的所有示例程序均可从以下网站下载。

`http://www.ituring.com.cn/book/1811`（点击“随书下载”）

示例程序分为 Windows 和 UNIX 两个版本。请读者根据自己的操作系统选择合适的版本。

下载

Windows 版的示例程序以 UTF-8 编码编写，保存为 zip 形式。需要用 Winzip 或是 unzip 等解压工具将它们解压出来。

UNIX 版的示例程序以 UTF-8 编码编写，保存为 tar+gzip 形式。

示例程序的目录结构

示例程序的目录结构如下所示。

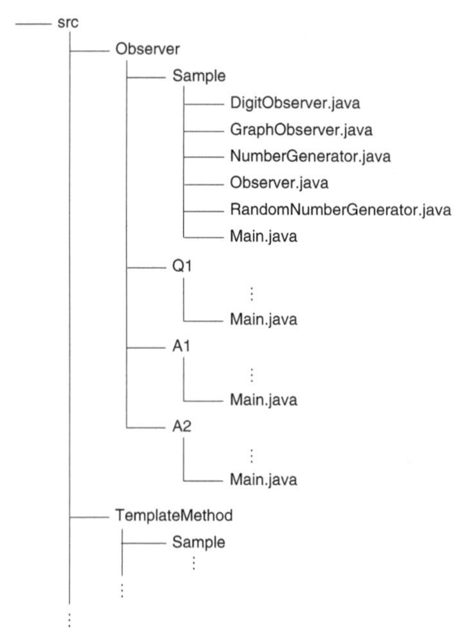

各个目录中保存的代码如下。

src/ 模式名 /Sample：各章中讲解的示例程序

src/ 模式名 /Q☆…：各章习题中的代码清单（☆表示习题编号）

src/ 模式名 /A ☆… ：各章习题的答案中的代码清单（☆表示习题编号）

编译和运行步骤

本书中的所有代码全部是用 Java 语言编写的。在编译和运行代码时需要有支持 Java 2（例如 Sun Microsystems[①] 公司免费提供的 J2SDK）以后的版本的开发环境。

下载 J2SDK

可以从以下地址下载 J2SDK。

http://java.sun.com[②]

以下步骤用于将本书代码解压缩至 work 目录，然后使用 J2SDK 来编译和运行程序。

① 安装 J2SDK

② 移动至 Main.java 所在目录

③ 编译 Main.java

④ 运行 Main 类文件

Windows 示例

在命令行界面中输入以下命令。

```
C:\> cd \work\src\Iterator\Sample
C:\work\src\Iterator\Sample> javac Main.java
C:\work\src\Iterator\Sample> java Main
```

UNIX 示例

```
$ cd /work/src/Iterator/Sample
$ javac Main.java
$ java Main
```

① Sun Microsystems 是 IT 及互联网技术服务公司，创建于 1982 年，已于 2009 年被甲骨文（Oracle）公司收购。——译者注

② 现在访问该网址会自动跳转至 Oracle 的主页。——译者注

GoF 对设计模式的分类

在 GoF 书（请参见附录 E [GoF]）中，设计模式的分类如下所示。( ) 中的部分是该模式在本书中的章节号。

创建型设计模式

Abstract Factory 模式（第 8 章）
Builder 模式（第 7 章）
Factory Method 模式（第 4 章）
Prototype 模式（第 6 章）
Singleton 模式（第 5 章）

结构型设计模式

Adapter 模式（第 2 章）
Bridge 模式（第 9 章）
Composite 模式（第 11 章）
Decorator 模式（第 12 章）
Facade 模式（第 15 章）
Flyweight 模式（第 20 章）
Proxy 模式（第 21 章）

行为型设计模式

Chain of Responsibility 模式（第 14 章）
Command 模式（第 22 章）
Interpreter 模式（第 23 章）
Iterator 模式（第 1 章）
Mediator 模式（第 16 章）
Memento 模式（第 18 章）
Observer 模式（第 17 章）
State 模式（第 19 章）
Strategy 模式（第 19 章）
Template Method 模式（第 3 章）
Visitor 模式（第 13 章）

附录D 设计模式 Q&A

这里我们挑选了一些容易被误解的问题，以 Q&A 的形式进行讲解。

关于设计模式以及相关的 FAQ，请参见以下网页。

◆ Patterns-Discussion FAQ

http://gee.cs.oswego.edu/dl/pd-FAQ/pd-FAQ.html

什么是设计模式

Q：什么是设计模式？

A： 设计模式是指针对软件开发过程中重复发生的问题的解决办法。其中以被称为 Gang of Four（GoF）的 4 人整理出的 23 种设计模式最为有名。

当然，除此之外，还有许多其他的设计模式。请参考以下网页。

◆ DesignPatterns in Wiki

http://c2.com/cgi/wiki?DesignPatterns

◆ Patterns Home Page

http://www.hillside.net/patterns/

设计模式是万能的吗

Q：设计模式能够解决软件开发中的所有问题吗？

A： 不能，每个设计模式都是用于解决软件开发过程中遇到的问题的，但是无论使用什么解决方法，都需要从整体权衡。设计模式并不能解决所有问题。

如何选择合适的设计

Q：怎样才能选择出合适的设计模式呢？

A： 首先必须要明确知道自己的软件中存在什么样的问题。如果问题不够明确，是无法选择出合适的设计模式的。

例如，如果当前面临的问题非常明确，就是“对象太多，浪费了很多内存”，那么我们就会知道“或许 Flyweight 模式比较合适”。这是因为 Flyweight 模式是通过共享对象来减少内存使用量的模式。

在学习设计模式时，我们要注意该模式“可以解决什么问题”。

设计模式是理所当然的

Q：所谓设计模式，其解决方法都是理所当然的。我并不认为有值得我们关注和重新学习的价值。为什么设计模式很重要呢？

A： 在向经验丰富的开发人员介绍设计模式时，他们会认为这是“理所当然”的。当然是这样的，因为本来设计模式就是开发人员对反复遇到的问题总结出来的解决方法。

设计模式的重要性在于，可以帮助大家很快地掌握那些经验丰富的开发人员才具有的知识和经验。

设计模式很难背下来

Q：GoF 的设计模式一共有 23 种，很难将它们全部背下来。应该怎么办呢？

A： 没有必要全部背下来。因为 GoF 整理出的 23 种设计模式并非都是经常使用到的设计模式。

机械地背下这些设计模式没有任何意义。重要的是在自己脑海中理解设计模式是怎样解决问题的。

初级开发人员与设计模式

Q：设计模式对初级开发人员也有帮助吗？

A： 当然有帮助。

对于刚刚掌握了编程语言，并逐渐开始慢慢地编写一些程序的初级开发人员来说，通过设计模式可以学习到“在进行面向对象编程时，应该注意什么”。例如，通过设计模式，我们可以学到本书中讲解过的可复用性、可替换性、接口（API）、继承和委托、抽象化等。

此外，设计模式的知识也会对我们自己使用类库有所帮助。这是因为类库中的许多部分都与设计模式有关。

当然，随着自己的技术水平越来越高，开始设计类库时，设计模式的知识对我们的帮助会更大。

设计模式与模式

Q：除了“设计模式”外，我还常常听到“模式”这个词。两者的意思是相同的吗？

A： 严格地说，两者的意思是有区别的。

不论是在什么领域，给“在某种场景下重复发生的问题的解决办法”赋予名字，并整理而成的东西一般都被称为“模式”。

设计模式是适用于软件设计和开发领域的模式，它是模式中的一种。

不过，有时候在软件领域也会将“设计模式”简称为“模式”。

设计模式与算法

Q：“设计模式”与“算法”是一样的吗?

A： 这两者不同，但它们之间有着很深的联系。

算法（algorithm）是指根据输入数据获取输出数据的一系列机械的步骤。算法必须在有限的时间内结束。二分查找算法和快速排序算法都是典型的算法。

我们也可以将算法看作是“解决问题的办法”，将其描述为模式，但是算法并不等于模式。

设计模式不仅与算法有关系，它还与**习语**（idiom）有关。习语是指编程时经常使用的固定语法（惯用句）。通常，习语具有“高度依赖于编程语言”的特征。与算法一样，习语也可以被看作是“解决问题的办法”，可以描述为模式，但是习语也并不等于模式。

在本书中，我们使用了具体的示例程序来帮助大家理解设计模式，但设计模式并非具体的实现。这些实现背后的思考方式和解决方法才是设计模式。

附录E 参考书籍

设计模式原书

[GoF] *Design Patterns: Elements of Resuable Ojbect-Oriented Software*①
Erich Gamma, Richard Helm, Ralph Johnson, John Vlissides
本位田眞一、吉田和樹　監訳
『オブジェクト指向における再利用のためのデザインパターン　改訂版』
ソフトバンクパブリッシング株式会社　1999 年
ISBN 4-7973-1112-6（和訳）

学习 Java 编程技巧

[Warren] *Java in Practice: Design Styles and Idioms for Effective Java*
Nigel Warren, Philip Bishop
『Java の格言』
安藤慶一　訳
株式会社ピアソン・エデュケーション　2000 年
ISBN 4-89471-187-7（和訳）

学习 GoF 以外的其他设计模式

[Grand] *Patterns in Java: A Catalog of Reusable Design Patterns Illustrated with UML*
Mark Grand
『UML を使った Java デザインパターン—再利用可能なプログラミング設計集—』
原潔、宮本道夫、瀬尾明志　訳
株式会社カットシステム　2000 年
ISBN 4-87783-013-8（和訳）

详细学习使用接口编程

[Coad] *Java Design: Building Better Apps and Applets, 2/e*
Peter Coad, Mark Mayfield
『UML による Java オブジェクト設計　第 2 版』
今野睦、依田智夫　監訳
依田光江　訳
株式会社ピアソン・エデュケーション　2000 年
ISBN 4-89471-152-4（和訳）

① 《设计模式：可复用面向对象软件的基础》，李英军、马晓星、蔡敏、刘建中等译，机械工业出版社，2007 年 1 月。——译者注

从零开始学 Java 语言

[Yuki03] 『改訂版　Java 言語プログラミングレッスン』（上・下）
結城浩　著
ソフトバンクパブリッシング株式会社　2003 年
ISBN 4-7973-2525-1（上巻）
ISBN 4-7973-2516-X（下巻）

学习 Java 语言规范

[JLS] *The Java Language Specification, second Edition*
James Gosling, Bill Joy, Guy Steele, Gilad Bracha
Addison Wesley Publishing Company, ISBN: 0201310082.
『Java 言語仕様　第 2 版』
村上雅章　訳
株式会社ピアソン・エデュケーション　2000 年
ISBN4-8947-1306-3（和訳）

学习 Java 多线程编程

[Yuki02] 『Java 言語で学ぶデザインパターン入門　マルチスレッド編』①
結城浩　著
ソフトバンクパブリッシング株式会社　2002 年
ISBN 4-7973-1912-7

获取 UML 的最新信息

- UML Resource Page
  http://www.omg.org/uml
- Object Management Group
  http://www.omg.org

获取设计模式的最新信息

- 设计模式主页
  http://www.hillside.net/patterns
- DesignsPatterns in Wiki
  http://c2.com/cgi/wiki?DesignPatterns

获取本书的最新信息

- 图解设计模式
  http://www.ituring.com.cn/book/1811

---

① 《图解 Java 多线程设计模式》，侯振龙、杨文轩译，人民邮电出版社，2017 年 8 月。——译者注